Oswald Klingmüller · Michael Lawo · Georg Thierauf

Stabtragwerke, Matrizenmethoden der Statik und Dynamik

Teil 2: Dynamik

Stabtragwerke
Matrizenmethoden der Statik und Dynamik

Teil 1: Statik

Michael Lawo · Georg Thierauf

Teil 2: Dynamik

Oswald Klingmüller · Michael Lawo · Georg Thierauf

Oswald Klingmüller · Michael Lawo · Georg Thierauf

Stabtragwerke

Matrizenmethoden der Statik und Dynamik

Teil 2: Dynamik

Friedr. Vieweg & Sohn Braunschweig/Wiesbaden

CIP-Kurztitelaufnahme der Deutschen Bibliothek

Klingmüller, Oswald:
Stabtragwerke, Matrizenmethoden der Statik und Dynamik/Oswald Klingmüller; Michael Lawo; Georg Thierauf. – Braunschweig; Wiesbaden: Vieweg

Teil 1 u. d. T.: Lawo, Michael: Stabtragwerke, Matrizenmethoden der Statik und Dynamik

NE: Lawo, Michael:; Thierauf, Georg:

Teil 2. Dynamik. – 1983.
ISBN-13:978-3-528-08691-6

Prof. Dr. Ing. *Georg Thierauf* und Dr.-Ing. *Michael Lawo* sind an der Universität Gesamthochschule Essen im Fachbereich Bauwesen, Fachgebiet Baumechanik/Statik tätig.
Dr.-Ing. *Oswald Klingmüller* ist im Technischen Büro der Firma Bilfinger und Berger in Mannheim tätig.

Umschlagentwurf: Peter Neitzke, Köln

ISBN-13:978-3-528-08691-6 e-ISBN-13:978-3-322-83182-8
DOI: 10.1007/978-3-322-83182-8

Vorwort

Der vorliegende zweite Teil des Buches "Stabtragwerke" beinhaltet die Dynamik der Stabtragwerke, d.h. Methoden zur Berechnung von Stabtragwerken unter zeitlich veränderlicher Belastung.
Im ersten Kapitel wird die Entwicklung und die Notwendigkeit baudynamischer Berechnungen aufgezeigt. Das zweite Kapitel ist im wesentlichen eine Zusammenfassung der Dynamik des Einmassenschwingers, wie sie in den folgenden Kapiteln für die Berechnung von Mehrmassenschwingern benötigt wird. Mit Kapitel 3 werden die Grundlagen für die Anwendung der Matrizenmethoden zur Berechnung von Stabwerken eingeführt. Die Ableitung der in der Baudynamik benötigten Elementmatrizen wird, wie in Teil 1, anhand von typischen Stabelementen gezeigt. Für weitere Stabelemente werden die Elementmatrizen im Anhang zusammengefaßt.
Kapitel 4 und 5 behandeln die freien und erzwungenen Schwingungen von Stabtragwerken ohne Dämpfung, auf das Problem der gedämpften Schwingungen wird in Kapitel 6 eingegangen.
In Kapitel 7 werden Möglichkeiten zur Vereinfachung der Probleme und Näherungsverfahren dargestellt. Abschließend wird in Kapitel 8 das Problem der nichtlinearen Schwingungen aufgezeigt.
Spezielle Lösungsverfahren, Lösungen für Einmassenschwinger und die Elementmatrizen für alle aus Teil 1 bekannten Elementtypen findet man im Anhang.

Wie der erste Teil dieses Buches entstand auch der vorliegende zweite Teil aus einer Überarbeitung von Vorlesungen und Übungen an der Universität Gesamthochschule Essen für Studierende im Bauingenieurwesen mit Vertiefungsrichtung Konstruktiver Ingenieurbau.
Die Inhalte wurden so gewählt, daß die Grundlagen der heute in der Praxis üblichen Berechnungsmethoden im Vordergrund

stehen.
Soweit möglich, wurden für alle behandelten Berechnungsmethoden einfache Beispiele aufgenommen; diese Beispiele werden, wie in Teil 1, mit dem Programmsystem SMIS gelöst.

Die Verfasser möchten sich bei Frau U. Lechtenböhmer für die sorgfältige Erledigung der umfangreichen Schreibarbeiten auf einer Textverarbeitungsanlage und bei Frau U. Heinze für die Anfertigung der Zeichnungen bedanken.
Die Berechnung der meisten Beispiele erfolgte auf den Rechenanlagen der Universität Gesamthochschule Essen, die Beispiele 6.3, 8.2 und 8.4 wurden auf der Rechenanlage der Firma Bilfinger & Berger in Mannheim berechnet.

Inhaltsverzeichnis

Bezeichnungen

Im folgenden sind die wichtigsten Bezeichnungen und Vereinbarungen zusammengestellt. Matrizen und Vektoren sind unterstrichen (_). Elementmatrizen und -vektoren werden im allgemeinen durch einen Kopfzeiger und Komponenten von Matrizen und Vektoren durch Fußzeiger gekennzeichnet. Größen in lokalen Koordinaten sind überstrichen (¯). In Matrizen wird für die Stablänge der Buchstabe ℓ verwendet, die Indizes ℓ und r bezeichnen das linke oder rechte Stabende. Das linke Stabende ist der Koordinatenursprung der lokalen Koordinaten. Ableitungen nach der lokalen Koordinate $\bar{x}$ werden durch Striche z.B. $(\ )'$, $(\ )''$, die Ableitung nach der Zeit durch Punkte gekennzeichnet z.B. $(\dot{\ })$, $(\ddot{\ })$.

- Kräfte:

$\underline{S}$, $\underline{S}_R$, $\underline{S}^+$	Stabendkräfte
$\underline{R}$	Knotenlasten
$\underline{R}_R$	Ersatzknotenlasten

- Verformungen:

$\underline{u}$, $\underline{\ddot{u}}$	Stabendverformungen, Stabendbeschleunigungen
$\underline{r}$, $\underline{\ddot{r}}$	Knotenverformungen, Knotenbeschleunigungen

- Transformationen von Kräften bzw. Verformungen:

$\underline{L}_D$	Drehungsmatrix
$\underline{C}$	Verknüpfungsmatrix
$\underline{I}$	Einheitsmatrix

- Kraft-Verformungstransformationen:

$\underline{f}$	Flexibilitätsmatrix
$\underline{k}$, $\underline{k}_D$	Elementsteifigkeitsmatrix, dynamische Elementsteifigkeitsmatrix
$\underline{m}$	Elementmassenmatrix
$\underline{K}$	Gesamtsteifigkeitsmatrix
$\underline{C}$	Dämpfungsmatrix
$\underline{M}$	Gesamtmassenmatrix

- Skalare Größen:

t	Zeit
ω, $\tilde{\Omega}$	(Eigen)- kreisfrequenz, Kreisfrequenz einer harmonischen Erregerfunktion
φ, Φ	Phasenwinkel, Phasenwinkel einer harmonischen Erregerfunktion
T_o	Periode
n	Frequenz
D	Dämpfungszahl nach Lehr
δ	logarithmisches Dekrement
V	Vergrößerungsfunktion
g	Gravitationskonstante
$\ddot{r}_a$	Lagerbeschleunigung
A, I_y, I_c, I_T, I_o	Querschnittswerte
E	Elastizitätsmodul
G	Schub- oder Gleitmodul

1 Einführung

Ziel dieser Einführung ist es, die Zusammenhänge zwischen statischer, quasistatischer und dynamischer Belastung darzustellen und die Notwendigkeit einer baudynamischen Untersuchung zu begründen. Es soll gezeigt werden, daß negative Auswirkungen von Schwingungen auf Bauwerke schon sehr früh - weit vor Einführung von Berechnungsmethoden - bekannt waren und Schäden mit konstruktiven Maßnahmen nur unzureichend verhindert werden konnten.

Erst mit dem Beginn der Industrialisierung, dem verbreiteten Einsatz der Dampfmaschine und der in Größe und Anzahl wachsenden dynamisch beanspruchten Konstruktionen wurden Ansätze zur Berechnung und Bemessung von Tragwerken entwikkelt. Zunächst wurden zeitlich unveränderliche Belastungen betrachtet; erst später - nachdem die Schadensfälle sich häuften - berücksichtigte man auch zeitlich veränderliche Belastungen.

Da nach den Erfahrungen der Verfasser dynamische Lasteinflüsse heute häufig unterschätzt werden und deshalb auch die Notwendigkeit der Baudynamik in Frage gestellt wird, wurden in dieser Einführung auch Abschätzungen und Hinweise auf die derzeitige Normung aufgenommen.

1.1 Statische, quasistatische und dynamische Belastung

Es ist Aufgabe der Baustatik, alle Berechnungen durchzuführen, die für eine sichere und wirtschaftliche Bemessung eines Tragwerkes erforderlich sind. Ihr zentrales Thema ist deshalb die Standsicherheit der Bauwerke unter allen einwirkenden Lasten, nicht etwa nur die Berechnung von inneren Kräften unter zeitlich unveränderlichen (statischen) Lasten, wie dies vielfach irrtümlich angenommen wird.

Die Berechnung der Standsicherheit unter statischer Belastung ist jedoch mit einfachen Methoden durchführbar, und dies ist der Grund, warum frühzeitig versucht wurde, die Auswirkungen von zeitlich veränderlichen Belastungen durch eine zeitlich unveränderliche Ersatzbelastung (quasistatisch) zu erfassen. Anstelle der plötzlichen Belastung eines Kragarmes durch eine Last kann z.B. der Kragarm mit einer Ersatzlast betrachtet werden, die "unendlich" langsam auf einen Wert anwächst, der größer ist als der Wert der plötzlichen Belastung. Der Verhältniswert der Ersatzlast zur ursprünglichen Belastung (> 1) wird als **dynamischer Faktor** bezeichnet. Die Methoden zur Lösung solcher und komplizierterer Schwingungsprobleme sind Gegenstand der Baumechanik.

1.2 Zur Entwicklung der Baudynamik

Die ältesten Bauwerke, die überwiegend durch dynamische Lasten beansprucht und teilweise auch zerstört worden sind, sind Glockentürme von Kirchen. Bis zum 12. Jahrhundert wurden die Glocken angeschlagen, nicht geschwungen (vgl. Köpcke [29], S. 70).
Unter Berücksichtigung der Masse der Glocken (wenige 100 bis zu 26250 kg, Kaiserglocke im Kölner Dom) verursacht das Anschlagen relativ geringe Kräfte im Vergleich zu der Pendelbewegung einer schwingenden Glocke. Vor allem aber wurde durch das Anschlagen der Glocke der Glockenturm nicht zum Mitschwingen angeregt. Wir wissen heute, daß durch das Mitschwingen des Turmes (Resonanz, Abschn. 2.4) der dynamische Faktor über alle Grenzen wachsen kann, so daß Zerstörungen unvermeidbar sind. Von solchen Schäden wird in der Literatur berichtet, so werden u.a. von Drechsel ([17], S. 182) Schäden an den beiden 50 m hohen Türmen der evangelischen Stadtkirche in Bayreuth aus dem 15. Jh. auf ein Mitschwingen der Glockentürme zurückgeführt. Köpcke [29] erwähnt Schäden an romanischen Kirchen, bei denen nachträglich schwere schwingende Glocken eingebaut wurden.

Solche Schäden sollten durch die "sichere Bauart" der gotischen Glockentürme vermieden werden.
Verschiedene Glockentürme dieser Zeit erscheinen uns heute noch als sehr kühne Konstruktionen, so z.B. der 115 m hohe Einzelturm des Freiburger Münsters (i. Br.), der im Jahre 1510 fertiggestellt wurde. Die Kunst, hohe Türme zu bauen, reicht jedoch weit zurück: Im 3. Jh. v. Chr. wurde der 135 m hohe Leuchtturm von Pharos gebaut, aus Natursteinen mit bleivergossenen Fugen [29]. Er hielt den Belastungen aus Wind bis zum 13. Jh. stand und wurde dann durch ein Erdbeben zerstört. Windbelastung und Erdbebenbelastung können turmartige Bauwerke in gefährliche Schwingungen versetzen und werden deshalb heute sorgfältig untersucht. Diese Erkenntnis scheint jedoch relativ neu zu sein. Auf einer Sitzung des Hannoverschen Bezirksvereines des Vereins deutscher Ingenieure vom 22. Feb. 1895 [61] wird über den damals höchsten Industrieschornstein mit 132,7 m Höhe berichtet, der in St. Röllex (England) seit 1841 für die Ableitung schwefelhaltiger Abgase bei der Baumwollverarbeitung diente. Auf einer späteren Sitzung des Sächsischen Bezirksvereines des VDI (28. April 1896, [62]) werden die Belastungsannahmen hoher Industrieschornsteine diskutiert. Bei der Windbelastung wird nur der Staudruck des Windes, der mit dem Quadrat der Windgeschwindigkeit zunimmt, diskutiert. Die Böigkeit des Windes, durch die Schwingungen hervorgerufen werden können, und Wirbelablösungserscheinungen bei hohen Windgeschwindigkeiten, die ebenfalls zu Schwingungen führen können, wurden in dieser Zeit bei der Bemessung von Tragwerken nicht berücksichtigt. Das Ausmaß der Zerstörung, das durch Wind entstehen kann, scheint erst durch den Einsturz der Tacoma Brücke im Jahre 1940 in vollem Umfang erkannt worden zu sein. Die Tacoma Brücke, eine Hängebrücke mit Spannweiten von 835 m (Mittelfeld) und 335 m (Seitenfelder), wurde ohne nennenswerte sonstige Belastung nur durch starken Wind und Wirbelablösungserscheinungen zu Torsionsschwingungen angeregt; die Schwin-

Bild 1.1 Die Tacoma Brücke (USA 1940) vor und während des Einsturzes (Quelle: Zeitschr. VDI 1941 [8])

gungsausschläge erreichten nach kurzer Zeit solche Ausmaße, daß die Versteifungsträger der Fahrbahn versagten (Bild 1.1).

Der Brückeneinsturz wurde - nicht zuletzt durch Filmaufnahmen eines Amateurs - weltweit bekannt und gab wesentliche Anstöße zur Untersuchung winderregter Schwingungen von Bauwerken.

Einen Hinweis (1726) auf Schwingungen von Brücken findet man im Werk Leupolds "Theatrum pontificiale" (zitiert bei Werner [58]). Demnach sollen Holzträger für Balkenbrücken so stark sein, daß "selbst die übliche Last keine Biegung hervorrufe, ... und die Brücke nicht tanzet". Wir wissen heute, daß im Brückenbau Schwingungen nur bei leichten Bauweisen oder bei schnell bewegten Lasten zu befürchten sind. Bei alten Stützbogenbrücken aus Natursteinen konnten deshalb mit Sicherheit keine Schwingungen beobachtet werden. Daran änderte sich wenig, als in England 1779 die erste gußeiserne Brücke gebaut wurde (Severn-Brücke). Das bewährte Prinzip der Bogentragwirkung wurde hier beibehalten, nicht zuletzt wegen der geringen Zugfestigkeit des Gußeisens (vgl. hierzu E. Werner [57]). Erst mit der Entwicklung neuer Verfahren der Eisenverhüttung zur Gewinnung von Schmiede- und Flußeisen mit relativ hoher Zug- und Druckfestigkeit konnten auch neue Brückenformen entwickelt werden. Der Umfang der Bautätigkeit in der Mitte des letzten Jahrhunderts läßt sich am besten anhand der Verbreitung der Eisenbahnlinien abschätzen: In Europa wuchs das Eisenbahnnetz von 1835 bis 1871 von 646 km auf 111909 km, in Amerika in derselben Zeit von 1773 km auf 109961 km [53]. Im Verlauf dieser Entwicklung wurde eine Vielzahl von Eisenbahnbrücken gebaut, die aus heutiger Sicht meist als schwingungsanfällige Tragwerke betrachtet werden müßten.

Die Geschwindigkeit, mit der Eisenbahnnetze gebaut wurden, erforderte schnelle Bauverfahren und deshalb leichte Bauweisen in Holz und Eisen; die Lasten bewegten sich relativ schnell über die Brücken und zudem noch mit periodisch einwirkenden Kräften durch schwere Schwungräder der Dampflokomotiven und durch Schienenstöße. Im gleichen Zeitraum, in dem sich der Brückenbau derart schnell entwickelte, liegen auch die Anfänge der Statik (Navier 1827, Müller-Breslau 1886, vgl. Teil 1); eine Untersuchung der durch Schwingungen verursachten Beanspruchungen war zu dieser Zeit jedoch noch nicht möglich. Schäden und folgenschwere Einstürze an gußeisernen Bogenbrücken (vgl. E. Werner [57]), die mit großer Wahrscheinlichkeit auch auf Sprödbruch des Gußeisens bei dynamischer Beanspruchung hinweisen, wurden Mitte des 19. Jahrhunderts möglicherweise falsch interpretiert. Mit Anwendung des Flußeisens konnten Eisenbahnbrücken weiter gespannt werden. Bekannte Beispiele solcher Eisenbahnbrücken sind

- die Britannia Brücke (England 1846) mit einer Mittenspannweite von 140 m,
- die Weichselbrücke bei Dirschau (Deutschland 1857),
- die erste Mississippi Brücke mit Hauptträgern aus chrom-

legiertem Stahl (USA 1873, vgl. [9]),

- die Brücke über den Firth of Forth (s. Bild 1.2) mit einer Mittenspannweite von 521 m (Schottland 1892 vgl. [2]).
- die Quebec-Brücke (Kanada 1917) mit 549 m Mittenspannweite als weitestgespannte Balkenbrücke mit Gerbergelenken (Bild 1.2).
  Bei der Quebec-Brücke versagte im Jahre 1907 während der Montage ein Untergurtstab durch Ausknicken (vgl. [63]).

Angaben für Ursachen von Brückeneinstürzen aus dieser Zeit stützen sich weitgehend auf frühe Untersuchungen, die den damaligen Wissensstand wiederspiegeln. Ermüdungsbruch und Überbeanspruchung durch dynamische Lasteinwirkung werden selten genannt. Es ist jedoch zu vermuten, daß solche Einflüsse bei einigen bekannten Brückeneinstürzen eine entscheidende Rolle gespielt haben:
Am 30.8.1892 stürzte die damals zwei Jahre alte eiserne Straßenbrücke bei Praunheim (Spannweite 24 m) "in dem Augenblick ein, als eine Dampfstraßenwalze darüber hinfuhr" (vgl. [68], S. 426). Als Ursache für den Einsturz nennt der Gutachter Zweigle [68] die mangelhafte Bemessung. In seinen

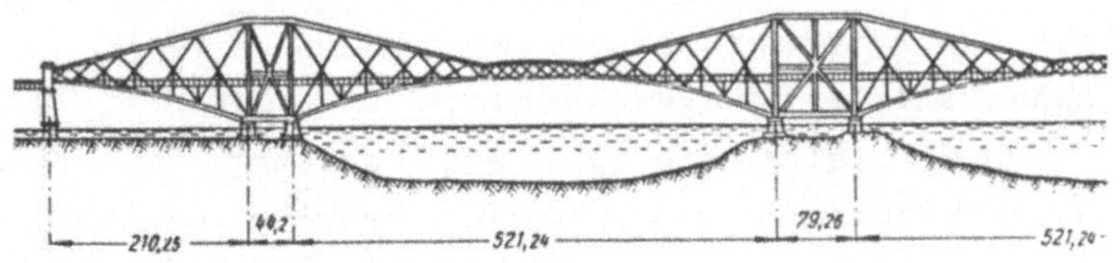

Eisenbahnbrücke über den Firth of Forth

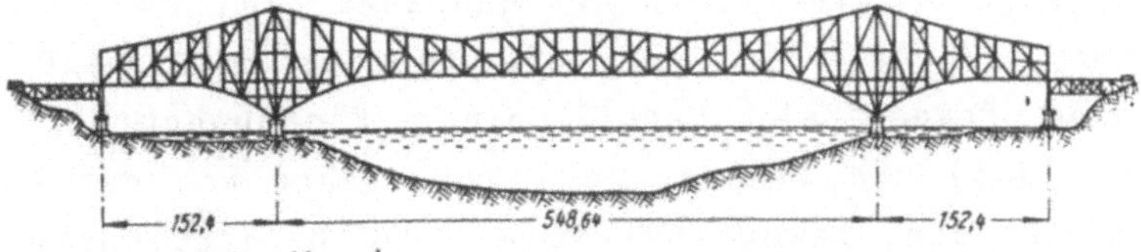

Quebec - Brücke, Kanada

Bild 1.2 Firth of Forth und Quebec-Brücke [51]

Untersuchungen werden nur statisch wirkende Lasten betrachtet, d.h. das Gewicht der schweren Dampfwalze wird ohne dynamischen Faktor in Rechnung gestellt.
Am 29.12.1876 versagte die Ashtabula Brücke (USA), als sie bei einem Schneesturm durch einen Schnellzug befahren wurde, es gab 80 Tote (vgl. [9]).
Den Verfassern sind keine Unterlagen zu diesem Brückeneinsturz bekannt; eine Überbeanspruchung durch Schwingungen erscheint jedoch bei der angegebenen Art der Belastung nicht unwahrscheinlich zu sein.
Am 14.6.1891 versagte die Mönchensteiner Brücke (Schweiz 1874), eine eingleisige Fachwerkbrücke mit 42 m Spannweite, als sie von einem Personenzug befahren wurde. Es wurden 73 Menschen getötet und 131 mehr oder weniger schwer verletzt. Es liegen ausführliche Untersuchungen zu diesem Schadensfall vor (ZVDI 1892 [22]); hieraus geht hervor, daß der dynamische Faktor bei dieser Brücke mit 1,5 geschätzt wurde - ein Wert, der nach heutigem Kenntnisstand kaum erreicht worden sein dürfte.
Bezüglich der Schwingungsbeanspruchung erwähnt der Gutachter "seitliche Schwankungen mit erheblichen Beträgen". Dies läßt den Schluß zu, daß neben konstruktiven Mängeln und mangelhafter Dauerfestigkeit auch seitliche Schwingungen unter Last zum Einsturz beigetragen haben.
Sicher haben solche Brückeneinstürze dazu geführt, daß sich in der Folgezeit eine Vielzahl von Forschern mit dem Problem der Schwingungen von Eisenbahnbrücken beschäftigten. Wir nennen hier nur einige dieser Arbeiten, umfangreiche Literaturangaben findet man bei Hawranek [23].
Zimmermann führte 1896 [64] die bewegte Masse auf einen masselosen Träger als Modell einer Eisenbahnbrücke ein, Kriloff (1905) und Timoshenko (1911) gehen von der Annahme einer masselosen, bewegten Last aus und berücksichtigen die Masse des Trägers (vgl. Hawranek [23]). Zschetzsche [65] behandelt die "Berechnung dynamisch beanspruchter Konstruktionen bei einer Stoßbelastung" und H. Reißner be-

schäftigt sich mit "Schwingungsaufgaben aus der Theorie des Fachwerkes" [47].
Diese und viele andere Arbeiten wurden sicher nicht nur aber doch wesentlich durch die Schäden an Eisenbahnbrücken angeregt.
Ein weiterer Schwerpunkt der Untersuchungen gegen Ende des letzten Jahrhunderts waren dynamisch beanspruchte Maschinenfundamente. Bibliographische Daten hierzu und eine umfassende Darstellung der heute üblichen Berechnungsverfahren findet man bei Rausch [46].

Die folgenschwersten Beschädigungen von Bauwerken entstehen bei Erdbeben. In der Zeit von 1926 bis 1960 wurden weltweit 350000 Menschen durch Erdbebenauswirkungen getötet [38]. Schadensfälle bei Erdbeben wurden lange Zeit als unabwendbare Naturkatastrophen betrachtet und die Möglichkeit, durch eine "erdbebensichere" Bauweise Schäden zu mindern, wurde erst mit dem Bau weitgespannter Hängebrücken und Hochhäuser näher untersucht. Wie bei der Beanspruchung durch böigen Wind, spielen hier neben der dynamischen Untersuchung des Bauwerkes statistische Untersuchungen der Lasteinwirkungen eine entscheidende Rolle. Dies gilt gleichermaßen für die dynamische Untersuchung von Stoßeinwirkungen auf Tragwerke durch Explosion, Flugzeugabsturz und Aufprall von Fahrzeugen.
Bei der Bemessung von Bohrplattformen mit Bauhöhen von 386 m (Shell Oil, Cognac Plattform 1982 [10]), die bis zu 3/4 ihrer Bauhöhe im Meer stehen, müssen gefährliche Schwingungen durch Wellen- und Windbeanspruchung vermieden werden. Fernseh- und Fernmeldetürme erfordern umfangreiche Untersuchungen der Schwingungen im böigen Wind und bei einem möglichen Anprall von leichten Fluggeräten.

Bei der Standortfestlegung von Kernkraftwerken spielen geophysikalische Untersuchungen eine entscheidende Rolle; Erdbebenzonen werden üblicherweise vermieden:wo Kernkraftwerke doch in Erdbebenzonen gebaut werden [44], sind genaueste Berechnungen des Schwingungsverhaltens unter Erdbebenbelastung erforderlich.

Die Methoden der Berechnung von Tragwerken unter zufälligen und periodisch wiederkehrenden Belastungen haben heute einen hohen Stand erreicht; die Unsicherheiten liegen in den Lastannahmen und in der Erfassung konstruktions- und werkstoffabhängiger Daten, die in die Schwingungsberechnung eingehen.

1.3 Erfahrungswerte und Abschätzungen

Die folgende beispielhafte Zusammenstellung einiger Erfahrungswerte und Abschätzungen der Baudynamik ist nicht für den Nachweis von Tragwerken geeignet, sie soll vielmehr die Notwendigkeit baudynamischer Untersuchungen anhand einfacher Beispiele verdeutlichen.
Wir betrachten zunächst ein System mit einem Freiheitsgrad, das plötzlich belastet wird. Hierfür läßt sich zeigen, daß die größte Beanspruchung doppelt so groß ist wie die statische Beanspruchung unter derselben Belastung [25].
Da die üblichen Sicherheiten doppelte Beanspruchungen nicht abdecken, müssen die dynamischen Auswirkungen kurzzeitiger Laständerungen bei der Berechnung von Tragwerken berücksichtigt werden.
In engem Zusammenhang damit steht folgende Aussage: Die potentielle Energie der Bewegungsform nach einer plötzlichen Belastung eines beliebigen Stabwerkes kann nicht größer sein als die doppelte Formänderungsenergie der statischen Biegelinie unter dieser Belastung [6]. Dies gilt jedoch nur für die Gesamtenergie: Bei einem Kragarm mit einer plötzlichen Belastung am freien Ende entstehen 2,36-fache Einspannmomente verglichen mit der statischen Belastung.

Diese Näherungen dienten lange Zeit als Anhalt für die Festlegung des dynamischen Faktors für Eisenbahnbrücken: Man erhält nämlich einen Näherungswert für die größte Durchbiegung und die größten Biegemomente eines frei aufliegenden Trägers mit bewegter Last, indem man die größte Durchbiegung und die größten Biegemomente unter "unendlich langsam" bewegter Last mit einem dynamischen Faktor $1/(1-\beta)$, $0<\beta<1$ multipliziert [25]. Für kleinere Spannweiten bis etwa 20 m ist $\beta = v/400$, wobei v die Geschwindigkeit der bewegten Last im m/s ist; für größere Spannweiten bis etwa 150 m gilt $\beta = v/600$.

Weit gefährlicher als die plötzliche Lastaufbringung können periodisch einwirkende Kräfte sein: Für jedes Tragwerk gibt es eine systemabhängige, kritische Anzahl von Lastwechseln pro Zeiteinheit, bei welcher der dynamische Faktor über alle Grenzen wachsen kann. Dieser kritische Belastungsbereich wird als Resonanz bezeichnet (Abschnitt 2.4). Tragwerke mit periodischer Belastung müssen so ausgelegt werden, daß dieser Zustand nicht eintritt. Dies soll hier am Beispiel eines Biegeträgers mit mittiger Einzellast verdeutlicht werden (Bild 1.3).

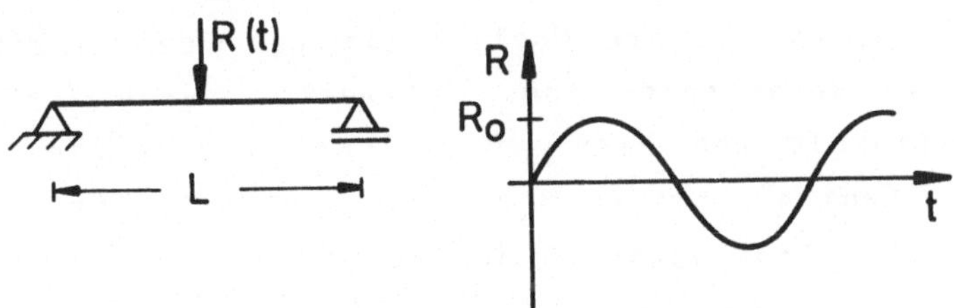

Bild 1.3 Periodische Belastung

Die Anzahl der Transversalschwingungen eines unbelasteten Biegeträgers beträgt (Eigenfrequenz, s. Kap. 2):

$$n = \frac{\pi}{2L^2}\sqrt{\frac{EI}{m_0}}.$$

EI ist die aus der Statik bekannte Steifigkeit, m_0 ist die Masse des Trägers pro Längeneinheit und L ist die Stützweite. Damit ergibt sich n als Anzahl der Schwingungen in der Zeiteinheit (Frequenz, Abschn. 2.2). Bezeichnet man mit n_R die Anzahl der Schwingungen der periodischen Belastung R(t), dann erhält man näherungsweise für den dynamischen Faktor:

$$\beta = 1\Big/\left(1-\left(\frac{n_R}{n}\right)^2\right).$$

Je näher also n und n_R beieinander liegen, desto größer wird der dynamische Faktor. Für beliebige Tragwerke können solche Überlegungen zur Abschätzung des dynamischen Verhaltens herangezogen werden: Die Eigenfrequenz eines Tragwerkes wächst mit der Steifigkeit und sinkt mit der Erhöhung der Masse des Tragwerkes. Da alle periodischen Belastungen von Null beginnend bis zu einer gewissen Lastfrequenz anwachsen, sollten Tragwerke nach Möglichkeit so ausgelegt werden, daß die Frequenz möglicher Eigenschwingungen wesentlich größer ist als die maximale Lastfrequenz (vgl. Abschn. 2.4, hohe Abstimmung).
Derartige Abschätzungen geben jedoch die tatsächlichen Zusammenhänge nur in grober Näherung wieder und wurden hier nur aufgenommen, um die Möglichkeit der Beeinflussung des dynamischen Verhaltens eines Tragwerkes durch Veränderung der Steifigkeit und Massenverteilung aufzuzeigen. In den folgenden Kapiteln werden Berechnungsmethoden für alle hier angeführten Belastungsarten dargestellt.

1.4 Berechnungsvorschriften

Eine Vielzahl von Tragwerkstypen müssen nach den heute geltenden Normen unter zeitlich veränderlicher Belastung nachgewiesen werden. Die meisten dieser Nachweise erfordern

ein gründliches Verständnis der Berechnungsmethoden der Baudynamik.
Im folgenden werden einige wesentliche Berechnungsvorschriften aufgeführt:

DIN 4025 (1958): Fundamente für Amboß-Hämmer
DIN 4112 (1960): Fliegende Bauten (z.B. Karusselle, Luftschaukeln ...)
DIN 4131 (1969): Antennentragwerke aus Stahl
DIN 4133 (1973): Schornsteine aus Stahl
DIN 4149 (1981): Bauten in deutschen Erdbebengebieten
DIN 4150 (1975): Erschütterungen im Bauwesen
DIN 4178 (1978): Glockentürme
KTA 2201 (1975): Auslegung von Kernkraftwerken gegen seismische Einwirkungen (Kerntechnischer Ausschuß).
DIN 1045 (1974): Richtlinien für die Bemessung von Stahlbetonbauteilen von Kernkraftwerken für außergewöhnliche Belastungen (Erdbeben, äußere Explosion, Flugzeugabsturz)

Diese Zusammenstellung ist keineswegs vollständig, sie reicht jedoch aus, um festzustellen, daß ohne Kenntnisse der Baudynamik das Tätigkeitsfeld des Bauingenieurs erheblich eingeschränkt wird.

2 Schwingungen mit einem Freiheitsgrad

2.1 Grundbegriffe

Die folgende Zusammenstellung einiger Grundbegriffe aus der Schwingungslehre kann nicht die bekannten Lehrinhalte (vgl. Lehmann [33]) ersetzen; sie ermöglicht jedoch einen einheitlichen Bezug in den folgenden Abschnitten und ist deshalb auf die dort benötigten Grundlagen beschränkt.

Wir betrachten die Bewegung eines Massenpunktes für den der Massenmittelpunkt-Satz [32] gilt und setzen die Newton'schen Axiome als bekannt voraus. Für das Produkt von Masse und Geschwindigkeit des Massenpunktes (Bewegungsgröße) gilt insbesondere:
lex secunda (Newton) - Die zeitliche Änderung der Bewegungsgröße ist der Kraft proportional, die sie hervorruft, und erfolgt in der Richtung der geraden Linie, in welcher die Kraft wirkt.
Der Massenpunkt durchläuft in einem Betrachtungszeitraum Δt eine Bahn, die von den einwirkenden Kräften abhängt. Zu jedem Zeitpunkt wird der Zustand des Massenpunktes durch die Angabe von Zustandsgrößen beschrieben; es sind dies der Orts- und Geschwindigkeitsvektor in einem ortsfesten Koordinatensystem.
Die Bewegung des Massenpunktes wird als **Schwingung** bezeichnet, wenn eine oder beide Zustandsgrößen zu verschiedenen Zeitpunkten gleich groß sind.
Eine Schwingung, bei der Zustandsgrößen regelmäßig wiederkehren, bezeichnet man als periodisch.

Für eine periodische Schwingung gilt:

Definition 2.1: Die Zeitdifferenz zwischen zwei Zeitpunkten, zu welchen die Zustandsgrößen gleich groß sind, ist die Periodendauer oder die Periode T_o der Schwingung.

Die Periode gibt somit die Zeitspanne an, die für eine Schwingung benötigt wird. Als Zeiteinheit wird hier generell die Sekunde (s) verwendet.
Ein Maß für die Häufigkeit einer Schwingung wird eingeführt durch

Definition 2.2: Die Anzahl der Perioden in der Zeiteinheit ist die Frequenz n der Schwingung. Die 2π-fache Frequenz ist die Kreisfrequenz ω.

Maßeinheit für die Frequenz ist ein Hertz*) [Hz]. Die graphische Darstellung einer Schwingung erfolgt üblicherweise im Weg-Zeit-Diagramm oder im Phasendiagramm (Bild 2.1). Weggröße ist die (zeitabhängige) Verschiebung r. Die Bezeichnung wird in Anlehnung an den Vektor der Knotenver-

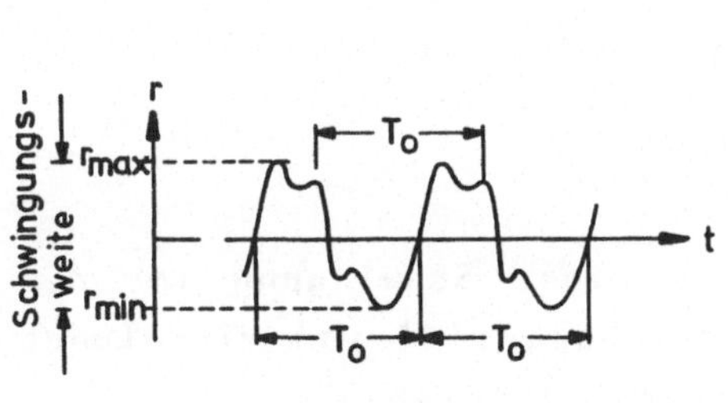

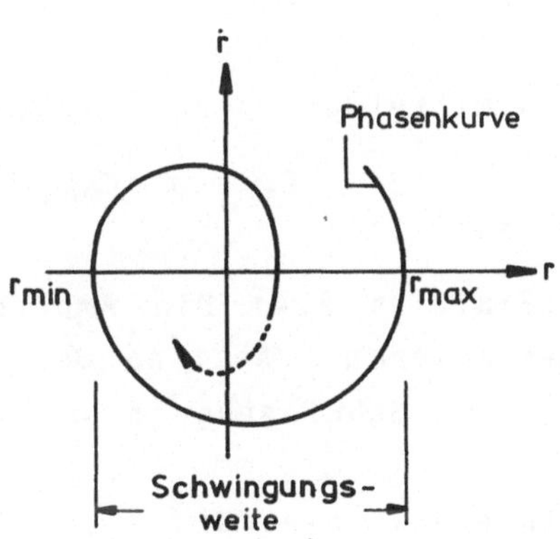

(a) Weg-Zeit-Diagramm, Periode T_o

(b) Phasendiagramm, aperiodische Schwingung

Bild 2.1 Periodische und aperiodische Schwingungen in verschiedener Darstellung

*) nach H. Hertz (1857 - 1894)

formungen bei elastischen Tragwerken (Teil 1) festgelegt. Die zeitliche Ableitung von r, die Geschwindigkeit, wird mit $\dot{r}$ bezeichnet:

$$\dot{r} = \frac{dr}{dt}.$$

Im Weg-Zeit-Diagramm wird als Abzisse die Zeit t gewählt, als Ordinate eine Verschiebung r. Im Phasendiagramm ist die Abzisse die Verschiebung und die Ordinate die Geschwindigkeit. Es werden also die Zustandsgrößen (Phasen) dargestellt. Das Phasendiagramm wird üblicherweise im Uhrzeigersinn durchlaufen; eine geschlossene Kurve entspricht einer periodischen, eine nicht geschlossene Kurve einer aperiodischen Schwingung. Eine Schwingung kann durch Angabe weiterer charakteristischer Größen näher beschrieben werden; wir fassen diese Größen in den beiden folgenden Definitionen zusammen:

Definition 2.3: Die Schwingungsweite ist die Differenz von Größtwert r_{max} und Kleinstwert r_{min} im betrachteten Zeitintervall.

Den Mittelwert der Schwingung erhält man zu

$$r_m = \frac{1}{2}(r_{max} + r_{min}).$$

Definition 2.4: Die Amplitude a einer Schwingung ist der betragsgrößte Abstand der Verschiebung r(t) vom Mittelwert r_m der Schwingung im betrachteten Zeitintervall.

Man erhält hierfür:

$$a = \frac{1}{2}(r_{max} - r_{min}). \tag{2.1}$$

Eine wichtige Klasse von Schwingungen beschreibt

Definition 2.5: Jede Schwingung, die sich in der Form

$$r(t) = r_m + a\cos(\omega t + \varphi)$$

darstellen läßt, wird als harmonische Schwingung bezeichnet. r_m ist der Mittelwert der Schwingung, a die Amplitude und ω die Kreisfrequenz; das Argument der Winkelfunktion $\omega t + \varphi$ wird als Phasenwinkel $(t > 0)$, φ als Nullphasenwinkel $(t = 0)$ bezeichnet.
Harmonische Schwingungen werden in der durch r und $\dot{r}$ aufgespannten Phasenebene durch Ellipsen dargestellt (Bild 2.2).
Die Geschwindigkeit der harmonischen Schwingung ist

$$\dot{r}(t) = -a\,\omega \sin(\omega t + \varphi).$$

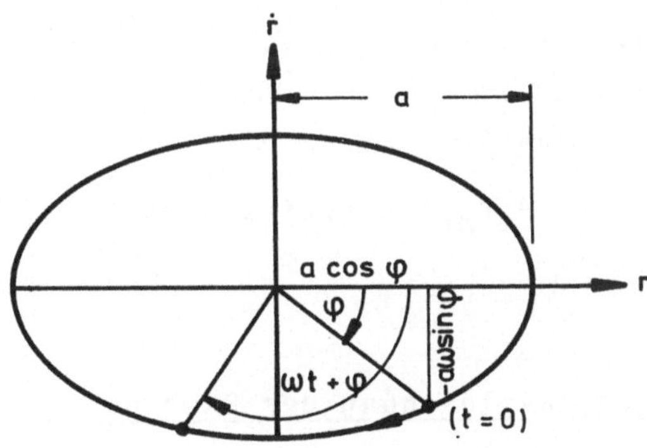

Bild 2.2 Harmonische Schwingung

Harmonische Schwingungen sind ein wichtiges Hilfsmittel bei der Berechnung von Tragwerken; es gelten zwei wichtige Sätze, von welchen wir an späterer Stelle häufig Gebrauch machen werden:

Satz 2.1: Jede harmonische Schwingung läßt sich als Summe einer Sinus- und einer Cosinus-Schwingung mit gleicher Kreisfrequenz ω und Nullphasenwinkel Null darstellen.

Dies folgt unmittelbar aus dem Additionstheorem für Winkelfunktionen. Nach Definition 2.5 erhält man*)

$$r(t) = r_m + a(\cos\omega t \cos\varphi - \sin\omega t \sin\varphi) \tag{2.2}$$

$$= r_m + a_1 \cos\omega t + a_2 \sin\omega t.$$

---

*) Zur Abkürzung der Schreibweise verwenden wir im folgenden $\cos\omega t$ statt $\cos(\omega t)$ und $\sin\omega t$ statt $\sin(\omega t)$.

Hierbei ist

$$a_1 = a \cos\varphi$$
$$a_2 = -a \sin\varphi$$

und

$$a = \sqrt{a_1^2 + a_2^2} \qquad (2.3)$$

$$-\frac{a_2}{a_1} = \tan\varphi \quad \text{oder} \quad \varphi = \arctan\left(-\frac{a_2}{a_1}\right). \qquad (2.4)$$

Eine unmittelbare Folgerung ist

Satz 2.2: Jede Summe von Sinus- und Cosinus-Schwingungen mit gleicher Kreisfrequenz und Nullphasenwinkel Null läßt sich als harmonische Schwingung der Form (2.1)

$$r(t) = r_m + a \cos(\omega t + \varphi)$$

darstellen.

2.2 Die Differentialgleichung der Bewegung

Die Bewegung des Massenpunktes kann durch eine gewöhnliche Differentialgleichung für $r(t)$ beschrieben werden. In allgemeiner Form bezeichnet man ($r^{(k)}$: k-te Ableitung von r nach t):

$$F[t, r(t), \dot{r}(t), \ldots, r^{(k)}(t)] = 0 \qquad (2.5)$$

als gewöhnliche Differentialgleichung der Ordnung k.
Ein wesentliches Merkmal einer Differentialgleichung ist die Linearität der Variablen $r, \dot{r}, \ldots, r^{(k)}$.
An diesem Merkmal orientiert sich auch eine wichtige Einteilung der Schwingungen von Tragwerken:
Man bezeichnet Schwingungen von Tragwerken als "klein", wenn der Bewegungsvorgang durch eine lineare Differentialgleichung beschrieben wird. In diesem Sinne ist eine Einteilung in lineare und nichtlineare Schwingungen zu verstehen. Die Bewegungsgleichungen sind nur bei elementaren mechanischen Systemen linear; als Beispiel für eine nicht-

lineare Schwingung sei hier nur an das Fadenpendel (Bild 2.3) erinnert.

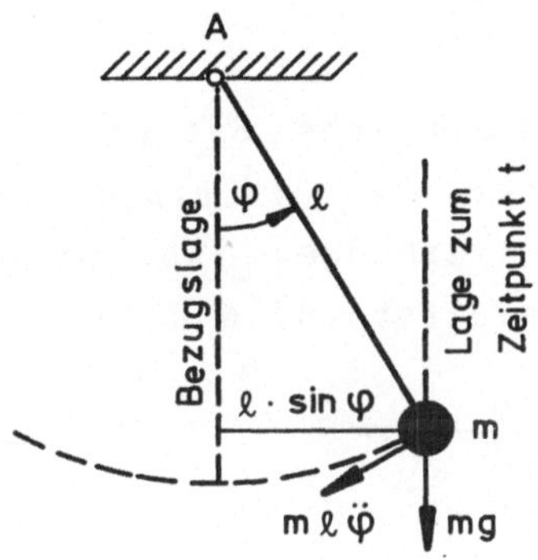

Bild 2.3 Fadenpendel

Die Bewegungsgleichung für die Punktmasse am Faden der Länge ℓ ergibt sich zu:

$$\ddot{\varphi} + \frac{g}{\ell} \sin\varphi = 0, \tag{2.6}$$

mit $$\ddot{\varphi} = \frac{d^2\varphi}{dt^2}.$$

Hierbei ist g die Gravitationskonstante ($\approx 9{,}81\ m/s^2$) und φ der Winkel zwischen Fadenachse und Bezugslage zum Zeitpunkt t.

Die Bewegungsgleichung enthält φ als Argument einer Sinusfunktion und ist damit nichtlinear; erst durch Beschränkung auf kleine Pendelausschläge ($\varphi < 5^0$) erhält man die linearisierte Differentialgleichung des Fadenpendels:

$$\ddot{\varphi} + \frac{g}{\ell} \varphi = 0 \tag{2.7}$$

Ein ähnlicher Sachverhalt liegt bei allen geführten Bewegungen auf krummlinigen Bahnen vor.

Im allgemeinen sind die Bewegungen von Tragwerken so klein,

daß eine Linearisierung entsprechend (2.6) und (2.7) zulässig ist. Diese Annahme ist jedoch nachzuprüfen, wenn nicht eine ausreichend große Erfahrung mit vergleichbaren Tragwerken vorliegt.

Das einfachste elastische System mit einem Freiheitsgrad ist ein Massenpunkt, der mit einem starren Lager durch eine elastische Feder verbunden ist und reibungsfrei in einer geraden Führung gleitet (Bild 2.4).

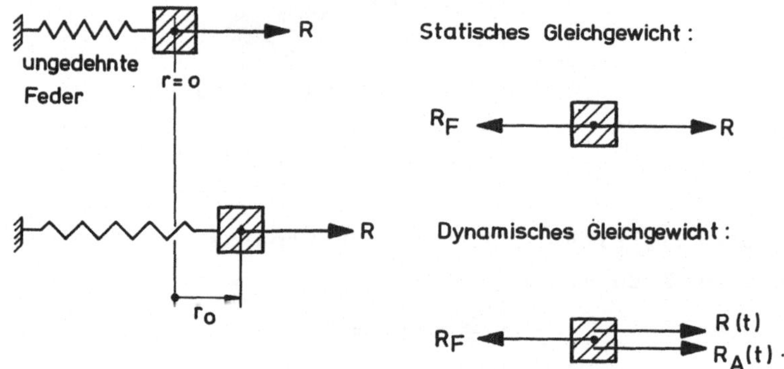

Bild 2.4 Einmassenschwinger

Dieses System wird als "Einmassenschwinger" bezeichnet. Die Bewegungsgleichung ist eine lineare Differentialgleichung, die im folgenden abgeleitet wird.
Bei einer statischen Auslenkung r_o der Masse m (Bild 2.4) wirken nach dem Schnittprinzip die Belastung R und die rückstellende Kraft R_F der Feder; der Massenpunkt befindet sich im statischen Gleichgewicht. Bei einer Bewegung r der Masse mit zeitabhängiger Belastung R(t) tritt zusätzlich die d'Alembertsche Trägheitskraft auf; sie wirkt der Beschleunigungsrichtung entgegen und ist dem Betrage nach gleich der zeitlichen Änderung der Bewegungsgröße:

$$R_A = - m \ddot{r}.$$

Zum Zeitpunkt t bilden diese Kräfte ein Gleichgewichtssystem (dynamisches Gleichgewicht, Bild 2.4); es gilt:

$$R(t) + R_A(t) = R_F(t).$$

Die Federkraft ist proportional zur Bewegung r(t):

$$R_F(t) = k\ r(t),$$

k ist die Federsteifigkeit.
Die Kraftgrößen R_A und R_F der dynamischen Gleichgewichtsbedingung können damit durch Weggrößen r(t) ersetzt werden; man erhält die **Bewegungsgleichung des Einmassenschwingers:**

$$m\ \ddot{r} + k\ r = R \tag{2.8}$$

mit den Anfangsbedingungen

$$r(0) = r_o \text{ und } \dot{r}(0) = \dot{r}_o.$$

Die Annahme einer reibungsfreien Bewegung ist eine Idealisierung; auf reale Systeme wirken zusätzliche Kräfte, die unter dem Begriff "Dämpfung" zusammengefaßt werden. Dämpfungskräfte entstehen durch Reibung, wie sie beim Kontakt fester Körper auftritt. Als Beispiel wäre hier die Reibung in konstruktiven Gelenken eines Tragwerkes zu nennen. Auf der Strukturebene entsteht Dämpfung als Werkstoff-Dämpfung ("innere Dämpfung"). Auf der Tragwerksebene werden durch die Schwingungen Bewegungswiderstände aktiviert - durch Luft, Wasser oder sonstige Medien. Diese Erscheinungsformen werden als "äußere Dämpfung" bezeichnet.
Die Erfassung der Dämpfung in Bewegungsvorgängen ist äußerst schwierig und trägt wesentlich zur Unsicherheit einer Schwingungsuntersuchung bei. Die modellhafte Vorstellung einer geschwindigkeitsproportionalen Dämpfung (Bild 2.5) kann für reale Systeme nur als Näherung angesehen werden. Diese Erscheinungsform der Dämpfung wird durch die Bewegung eines Kolbens in einem mit viskoser Flüssigkeit gefüllten

Zylinder idealisiert und deswegen als "viskose Dämpfung" bezeichnet. Durch die Umströmung des Kolbens durch einen Ringspalt zwischen Kolben und Zylinderwand entsteht im Idealfall eine geschwindigkeitsproportionale Dämpfungskraft, die der Bewegung des Kolbens entgegengerichtet ist.

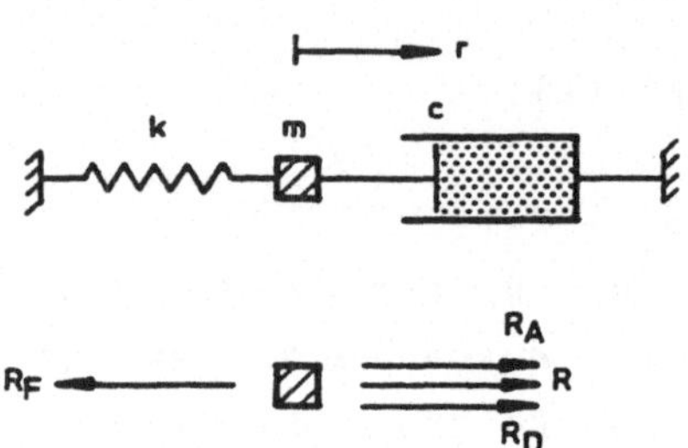

Bild 2.5 Einmassenschwinger mit Dämpfungselement

Wir bezeichnen diese Kraft mit R_D und den Proportionalitätsfaktor, die Dämpfungskonstante, mit c.
Damit gilt:

$$R_D = - c\,\dot{r}. \tag{2.9}$$

Aus dem Gleichgewicht der Kräfte (Bild 2.5) ergibt sich die Bewegungsgleichung für den (viskos) gedämpften Einmassenschwinger zu:

$$m\,\ddot{r} + c\,\dot{r} + k\,r = R \tag{2.10}$$

mit $r(0) = r_0$ und $\dot{r}(0) = \dot{r}_0$ (Anfangsbedingungen).

Schwingungen können auch auftreten, wenn die Masse mittelbar durch eine Bewegung der Feder erregt wird. Schwingungen dieser Art entsprechen dem Lastfall "Stützensenkung" in der Statik und werden durch zeitlich veränderliche Bewegungen des Baugrundes verursacht, wie sie z.B. bei Erdbeben auftreten.

Beim Aufstellen der Bewegungsgleichung ist zu berücksichtigen, daß die Trägheitskraft R_A von der Gesamtbewegung r_g der Masse abhängig ist; Federkraft und Dämpfungskraft sind hingegen von der Relativbewegung r der Masse, bezogen auf das Lager, abhängig (Bild 2.6).

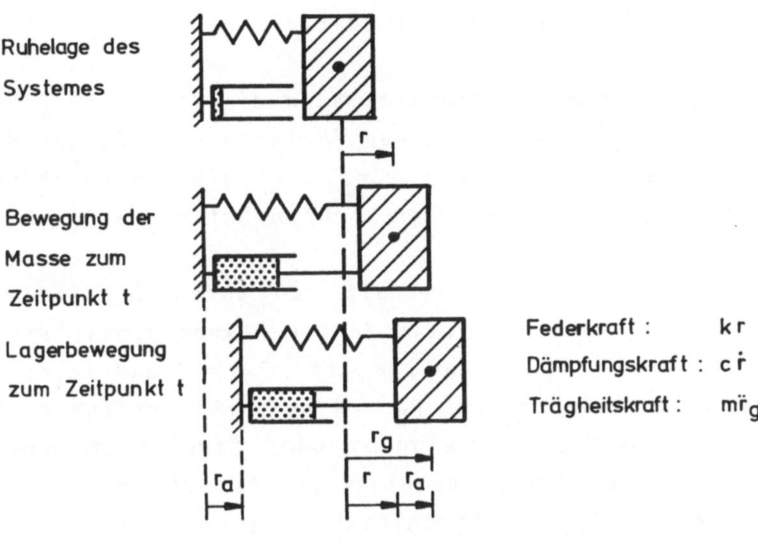

Bild 2.6 Lagerbewegung

Wir nehmen an, daß neben den Lagerbewegungen keine äußeren Kräfte auftreten (R = 0) und erhalten damit:

$$m\,\ddot{r}_g + c\,\dot{r} + k\,r = 0.$$

Mit $\ddot{r}_g = \ddot{r} + \ddot{r}_a$ ergibt sich

$$m\,\ddot{r} + c\,\dot{r} + k\,r = -m\,\ddot{r}_a \tag{2.11}$$

oder $m\,\ddot{r}_g + c\,\dot{r}_g + k\,r_g = c\,\dot{r}_a + k\,r_a.$

Die Anfangsbedingungen werden entsprechend festgelegt, z.B. für (2.11):

$$r(0) = r_o \text{ und } \dot{r}(0) = \dot{r}_o.$$

Die "Belastung" ist hierfür $-m\,\ddot{r}_a(t)$ und wird als bekannt für den betrachteten Zeitbereich $0 \leq t \leq t_e$ vorausgesetzt.

2.3 Freie Schwingungen

Für lineare Differentialgleichungen mit konstanten Koeffizienten gilt der Superpositionssatz:

Satz 2.3 (Superpositionssatz): Sind die Lösungen r_1 und r_2 für verschiedene rechte Seiten (Belastungen) R_1 und R_2 bekannt, so ist die Summe $r = r_1 + r_2$ die Lösung derselben Differentialgleichung mit der rechten Seite $R = R_1 + R_2$.

Die wichtigste Anwendung erhält man durch den Sonderfall $R_1 = 0$ und $R_2 = R$: Die vollständige Lösung stellt sich als Summe der homogenen Lösung r_h für $R_1 = 0$ und irgendeiner partikulären Lösung r_p für $R_2 = R$ dar. Die homogene Lösung beschreibt die freie Schwingung oder Eigenschwingung; sie hängt allein von den Systemeigenschaften ab, die durch die Konstanten der Differentialgleichung (m, c und k beim Einmassenschwinger) und durch die Anfangsbedingungen festgelegt sind. Wir zeigen die Lösung zunächst am Beispiel der freien, ungedämpften Schwingung des Massenpunktes; für $R = 0$ ergibt sich aus (2.8):

$$m \ddot{r} + k r = 0. \tag{2.12}$$

Durch Einsetzen bestätigt sich, daß der folgende Ansatz die Differentialgleichung erfüllt:

$$r = a \cos\omega t + b \sin\omega t$$

$$\text{mit } \omega = \sqrt{k/m}. \tag{2.13}$$

Für die Anfangsbedingungen

$$r(0) = r_o, \; \dot{r}(0) = \dot{r}_o$$

erhält man die Integrationskonstanten a und b zu

$$a = r_o \quad , \quad b = \dot{r}_o/\omega.$$

Damit ist

$$r = r_0 \cos\omega t + \frac{\dot{r}_0}{\omega} \sin\omega t.$$

Es handelt sich um eine harmonische Schwingung (vgl. Def. 2.5), die sich in der Form

$$r = \bar{r} \cos(\omega t + \varphi) \qquad (2.14)$$

darstellen läßt.
Hierbei ist

$$\bar{r} = \sqrt{r_0^2 + (\dot{r}_0/\omega)^2}$$

und $$\varphi = \arctan\left(\frac{-\dot{r}_0}{\omega r_0}\right).$$

$\bar{r}$ ist die Amplitude, φ der Nullphasenwinkel und ω die Kreisfrequenz (vgl. Def. 2.5).
Die Kreisfrequenz der freien Schwingung wird vielfach auch als Eigenkreisfrequenz (Kreisfrequenz der Eigenschwingung)

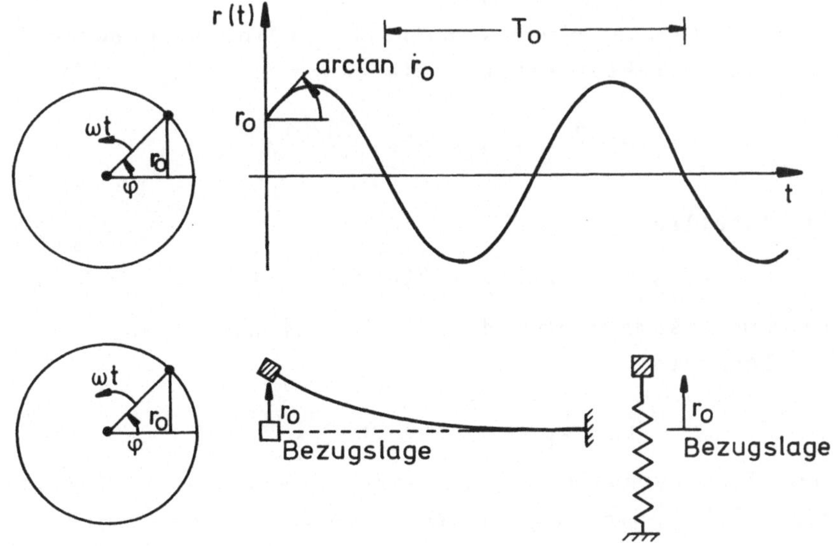

Bild 2.7 Weg-Zeit-Diagramm

bezeichnet. Die Größen r_0, $\dot{r}_0$, φ und ω können im Weg-Zeit-Diagramm (Bild 2.7) anschaulich dargestellt werden.
Nach Def. 2.1 und Def. 2.2 erhält man die Periode T_0 als Kehrwert der Frequenz n. Es ist

$$n = \omega/(2\pi)$$

und $$T_0 = 2\pi/\omega = 2\pi \sqrt{m/k}.$$

Diese Beziehung zeigt, daß bei gleicher Masse durch eine größere Steifigkeit der Feder die Periode des Einmassenschwingers verkürzt wird.

Wir betrachten nun die Differentialgleichung des freien gedämpften Einmassenschwingers:

$$m\,\ddot{r} + c\,\dot{r} + k\,r = 0 \qquad (2.15)$$

mit $$r(0) = r_0 \text{ und } \dot{r}(0) = \dot{r}_0.$$

Mit dem Ansatz

$$r = a\,e^{\lambda t},$$

der die Freiwerte a und λ enthält, ergibt sich durch Einsetzen die charakteristische Gleichung in λ (vgl.[7])

$$m\,\lambda^2 + c\,\lambda + k = 0.$$

Die Nullstellen

$$\lambda_{1,2} = -\,c/(2m) \pm \sqrt{(c/2m)^2 - k/m}$$

bestimmen zusammen mit den Integrationskonstanten a_1 und a_2 die Lösung:

$$r = a_1\,e^{\lambda_1 t} + a_2\,e^{\lambda_2 t}.$$

In der Schwingungslehre ist eine andere Darstellungsform gebräuchlich. Hierzu wird die Dämpfungszahl D (nach Lehr) eingeführt; es ist

$$D = c/(2m\omega). \qquad (2.16)$$

Mit $\omega^2 = k/m$ erhält man:

$$\lambda_{1,2} = -D\omega \pm \sqrt{D^2\omega^2 - \omega^2} = -D\omega \pm \omega\sqrt{D^2-1}$$

oder
$$\lambda_{1,2} = -D\omega \pm i\,\bar{\omega}$$

mit $\bar{\omega} = \omega\sqrt{1 - D^2}$

und $i^2 = -1$ (imaginäre Einheit).

Mit der Eulerschen Formel für komplexe Zahlen

$$e^{i\lambda} = \cos\lambda + i\,\sin\lambda$$

erhält man die Lösung der Bewegungsgleichung des freien gedämpften Einmassenschwingers:

$$r(t) = e^{-D\omega t}(\tilde{a}_1 \cos\bar{\omega}t + \tilde{a}_2 \sin\bar{\omega}t). \tag{2.17}$$

Für die Anfangsbedingungen $r(0) = r_o$ und $\dot{r}(0) = \dot{r}_o$ ergeben sich die Konstanten $\tilde{a}_1$ und $\tilde{a}_2$ zu

$$\tilde{a}_1 = r_o \quad \text{und} \quad \tilde{a}_2 = \frac{\dot{r}_o + D\omega r_o}{\bar{\omega}}.$$

Der qualitative Verlauf von r ist in Bild 2.8 dargestellt.

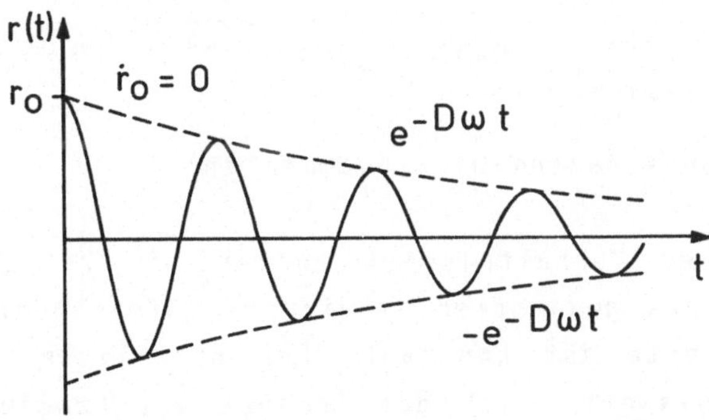

Bild 2.8 Freie Schwingung mit Dämpfung

Die gedämpfte Schwingung (2.17) stellt sich als Produkt dar: der erste Faktor bewirkt die Verkleinerung der Schwingungsweite mit fortschreitender Zeit, der zweite Faktor ist eine harmonische Schwingung.
Man bezeichnet eine solche Schwingung als modifizierte harmonische Schwingung.
Die Eigenkreisfrequenz des gedämpften Einmassenschwingers ist

$$\bar{\omega} = \omega \sqrt{1 - D^2}, \tag{2.18}$$

die Periode erhält man zu

$$\bar{T}_0 = 2\pi/\bar{\omega}. \tag{2.19}$$

Für kleine Dämpfungszahlen D ist die Periode der gedämpften Schwingung näherungsweise gleich der Periode der ungedämpften.
Wir berechnen nun den Verhältniswert zweier aufeinanderfolgender Amplituden:

$$\frac{r(t)}{r(t+\bar{T}_0)} = \frac{e^{-D\omega t}}{e^{-D\omega(t+\bar{T}_0)}} \cdot \frac{\cos(\bar{\omega}t+\varphi)}{\cos(\bar{\omega}t+\varphi)\cos\bar{\omega}\bar{T}_0 - \sin(\bar{\omega}t+\varphi)\sin\bar{\omega}\bar{T}_0}.$$

Durch Einsetzen von (2.19) erhält man:

$$\frac{r(t)}{r(t+\bar{T}_0)} = e^{D\omega\bar{T}_0} \equiv e^{2\pi D/\sqrt{1-D^2}}.$$

Dieses Ergebnis fassen wir zusammen in

Satz 2.4: Der Verhältniswert zweier, im Zeitabstand der Periode $\bar{T}_0$ des gedämpften Schwingers aufeinander folgender Schwingungswerte ist konstant. Der natürliche Logarithmus des Verhältniswertes ist das Produkt aus Dämpfungszahl D, Kreisfrequenz ω und Periode $\bar{T}_0$ und wird als logarithmisches

Dekrement δ bezeichnet:

$$\ln \frac{r(t)}{r(t+\bar{T}_o)} = D\omega\bar{T}_o \equiv 2\pi D/\sqrt{1-D^2} = \delta. \tag{2.20}$$

Für ein Bauwerk kann die Dämpfung nur anhand von Erfahrungswerten für ähnliche Bauwerke im voraus bestimmt werden. Nach DIN 1055, Teil 4 "Lastannahmen ..." (Ausgabe Mai 1977 [15]) liegen die Werte für das logarithmische Dekrement δ zwischen 0,02 (geschweißte Stahlkonstruktionen) und 0,15 (Holzkonstruktionen). Bei einer Holzkonstruktion klingen damit Schwingungen wesentlich rascher ab als bei einer Stahlkonstruktion.
Die Dämpfung einer Bewegungskomponente in einem Bauwerk ist von einer Reihe von Faktoren abhängig; eine Aufteilung des logarithmischen Dekrementes, die diese einzelnen Einflüsse berücksichtigt, wird von Petersen [42] vorgeschlagen. Hiernach wird

$$\delta = \delta_1 + \delta_2 + \delta_3$$

als Summe von Materialdämpfung (δ_1), Konstruktionsdämpfung (δ_2) und Gründungsdämpfung (δ_3) dargestellt (siehe auch Anhang A 3.3).

Bei großer Dämpfung

$$D > 1$$

erhält man mit $\cos(i\hat{\omega}t) = \cosh(\hat{\omega}t)$ und $\sin(i\hat{\omega}t) = i\sinh(\hat{\omega}t)$ die folgende Lösung:

$$r(t) = e^{-D\omega t}\left(r_o \cosh(\hat{\omega}t) + \frac{\dot{r}_o + D\omega r_o}{\hat{\omega}} \sinh(\hat{\omega}t)\right),$$

$$\hat{\omega} = \omega\sqrt{D^2-1}.$$

Im Sinne der Definition einer Schwingung handelt es sich hierbei um einen Sonderfall, bei dem keine der Zustandsgrößen im Zeitintervall $0 \leq t < \infty$ wiederkehrt. Dieser Sonderfall wird als aperiodische Schwingung bezeichnet, weil die Periode nicht definiert ist ($\bar{T}_0 \rightarrow \infty$, vgl. Bild 2.9).

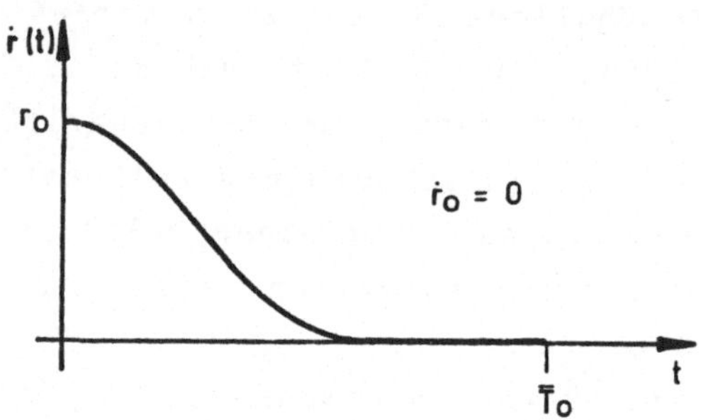

Bild 2.9 Bewegungsfunktion bei überkritischer Dämpfung

Als kritische Dämpfung bezeichnet man den Wert

$$D = 1;$$

hierfür ergibt sich wie im o.g. Sonderfall eine ohne Periode abklingende Bewegung. In Anlehnung dazu, wird der o.g. Sonderfall mit großer Dämpfung ($D > 1$) auch als überkritische Dämpfung bezeichnet.

2.4 Harmonische Belastung

Die allgemeine Form einer harmonischen Belastung ist

$$R(t) = R_m + R_0 \cos(\tilde{\Omega} t + \Phi).$$

R_m ist die mittlere Belastung; sie stellt einen Belastungssprung dar, der erst an späterer Stelle behandelt wird. Im folgenden setzen wir deshalb $R_m = 0$.
R_0 ist die Amplitude der harmonischen Belastung, $\tilde{\Omega}$ die

Kreisfrequenz und Φ der Nullphasenwinkel.
Durch geeignete Wahl des Anfangszeitpunktes $t = 0$, läßt sich der Nullphasenwinkel Null erreichen. Aus diesem Grunde soll mit

$$R(t) = R_0 \cos\tilde{\Omega}t$$

die Lösung der Differentialgleichung des gedämpften Einmassenschwingers berechnet werden.
Eine Lösung der homogenen Gleichung ist bekannt; gemäß Satz 2.3 (Superpositionssatz) ist damit eine partikuläre Lösung von

$$m\ddot{r} + c\dot{r} + kr = R_0 \cos\tilde{\Omega}t \tag{2.21}$$

zu ermitteln.
Hierzu wird zunächst auf die Darstellung in der komplexen Zahlenebene übergegangen; es ist

$$R = R_0\, e^{i\tilde{\Omega}t},$$

mit $\quad R_0 \cos\tilde{\Omega}t = \mathrm{Re}\{R\}.$

Als Ansatz für die komplexe Lösung wählen wir:

$$r = a\, e^{i\tilde{\Omega}t} \tag{2.22}$$

Den Freiwert a berechnet man durch Einsetzen der Ableitungen in (2.21) zu

$$a = R_0 \frac{k - m\tilde{\Omega}^2 - ic\tilde{\Omega}}{(k - m\tilde{\Omega}^2)^2 + c^2\tilde{\Omega}^2}\,.$$

Die partikuläre Lösung in komplexer Schreibweise ist damit bekannt. Die gesuchte partikuläre Lösung erhält man als Realteil von r zu

$$r_p = R_0 \frac{(k - m\tilde{\Omega}^2)\cos\tilde{\Omega}t + c\tilde{\Omega}\sin\tilde{\Omega}t}{(k - m\tilde{\Omega}^2)^2 + c^2\tilde{\Omega}^2} \tag{2.23}$$

Durch Einsetzen von (2.13) und (2.16) in (2.23) und elementare Umformungen erhält man:

$$r_p = \frac{R_o}{k} V(\tilde{\Omega}) \cos(\tilde{\Omega} t + \varphi)$$

$$\text{mit } \tan\varphi = \frac{2D\omega\tilde{\Omega}}{\tilde{\Omega}^2 - \omega^2} \tag{2.24}$$

$$\text{und } V(\tilde{\Omega}) = \left([1-\left(\frac{\tilde{\Omega}}{\omega}\right)^2]^2 + 4\left(\frac{D\tilde{\Omega}}{\omega}\right)^2\right)^{-\frac{1}{2}} \tag{2.25}$$

$V(\tilde{\Omega})$ wird als Vergrößerungsfunktion bezeichnet. Auf diese Bezeichnungsweise werden wir an späterer Stelle näher eingehen; zunächst bestimmen wir die vollständige Lösung unter harmonischer Belastung. Mit (2.17) ergibt sich:

$$r(t) = e^{-D\omega t}(a_1 \cos\bar{\omega} t + a_2 \sin\bar{\omega} t) + r_p \tag{2.26}$$

Aus den Anfangsbedingungen $r(0) = r_o$ und $\dot{r}(0) = \dot{r}_o$ erhält man

$$a_1 = r_o - \frac{R_o}{k} V \cos\varphi,$$

$$\text{und} \quad a_2 = \frac{1}{\bar{\omega}}\left(\dot{r}_o + \frac{R_o\tilde{\Omega}}{k} V \sin\varphi + D\omega a_1\right).$$

Durch (2.26) wird eine Bewegung beschrieben, die sich aus

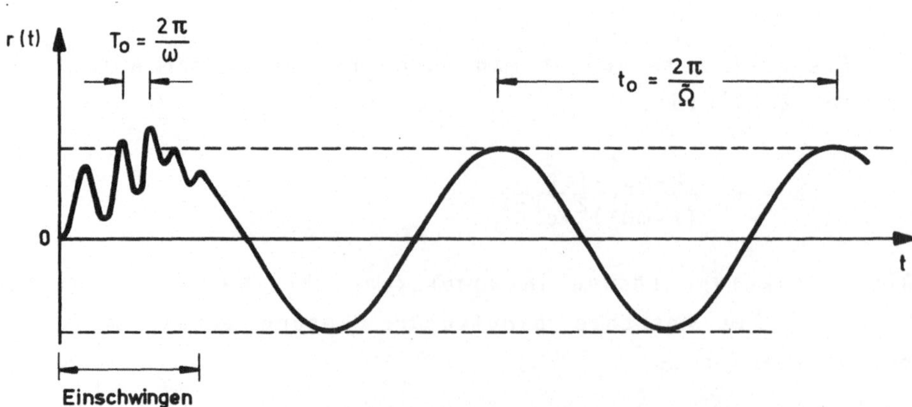

Bild 2.10 Gedämpfte Schwingung bei harmonischer Erregung

zwei Anteilen zusammensetzt: der erste Term in (2.26) stellt sich als gedämpfte Eigenschwingung dar, der zweite repräsentiert die Antwort des Schwingers auf die harmonische Erregung. Den Zeitraum in dem die Eigenschwingungen den Bewegungsvorgang spürbar beeinflussen, bezeichnet man als Einschwingzeit (Bild 2.10), den Bewegungsvorgang in diesem Zeitraum als "Einschwingen".
Der Nullphasenwinkel φ der "Dauerlösung" r_p wird auch als Nacheilwinkel bezeichnet. Ein Nacheilwinkel tritt nur bei gedämpften Systemen ($D > 0$) auf.
Mit (2.25) wurde $V(\tilde{\Omega})$ als Vergrößerungsfunktion eingeführt. Diese Bezeichnungsweise deutet einen wichtigen Zusammenhang an, den wir festhalten in

Satz 2.5: Die Vergrößerungsfunktion V des Einmassenschwingers ist das Verhältnis von maximaler dynamischer Auslenkung bei harmonischer Belastung $R_0 \cos\tilde{\Omega}t$ zu der statischen Auslenkung bei statischer Belastung R_0.

Die statische Auslenkung erhält man bekanntlich zu

$$r_{st} = \frac{R_0}{k};$$

die maximale dynamische Auslenkung ergibt sich nach (2.23) zu

$$\frac{\bar{r}_p}{r_{st}} = V.$$

Anhand von (2.25) kann das Problem der Resonanz eines Einmassenschwingers erklärt werden:
Im Falle einer ungedämpften Schwingung (Dämpfungsziffer $D = 0$) wächst die Vergrößerungsfunktion für $\tilde{\Omega}=\omega$ über alle Grenzen. Im Weg-Zeit-Diagramm wächst die Amplitude mit der Zeit t unbegrenzt an (Bild 2.11a). Für Systeme mit Dämpfung ($D > 0$) ist die Amplitude begrenzt, und der Grenzwert hängt von der Größe der Dämpfung ab. Dieser Zusammenhang ist im

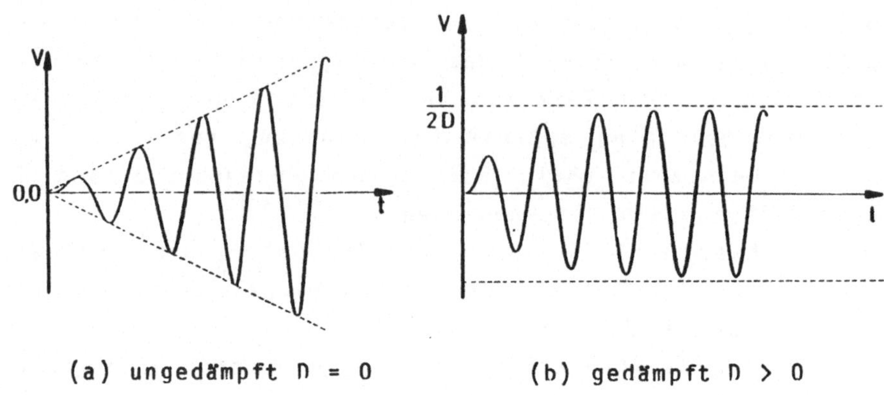

(a) ungedämpft D = 0 (b) gedämpft D > 0

Bild 2.11 Vergrößerungsfunktion bei Resonanz ($\tilde{\Omega} = \omega$)

Weg-Zeit-Diagramm (Bild 2.11b) und in Abhängigkeit von Erreger- und Eigenfrequenz durch die Vergrößerungsfunktion in Bild 2.12 graphisch dargestellt. Anhand von Bild 2.12 erkennt man, daß die Verhältniswerte von Erregerfrequenz zur Eigenfrequenz und von Dämpfungsziffer zur Eigenfrequenz aufeinander abgestimmt sein müssen, so daß der Bereich übergroßer Amplituden - im Grenzwert die Resonanz - vermieden wird.

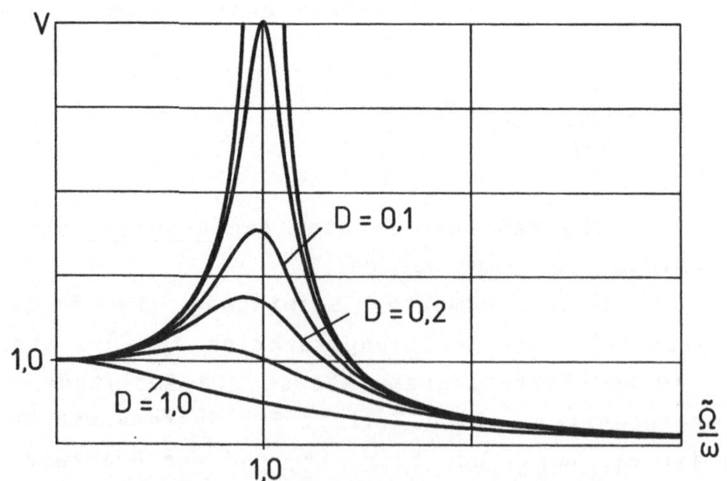

Bild 2.12 Amplituden der Vergrößerungsfunktion

Mit Anwachsen der Verformungen würde bei jedem Werkstoff im Bereich der Resonanz ein Versagen eintreten, wenn nicht genügend große Dämpfungskräfte aktiviert werden. In verschiedenen Normen über schwingungsbeanspruchte Tragwerke (vgl. z.B. DIN 4024, 4025 Maschinenfundamente) wird deshalb ein Nachweis mit der "Abstimmung" der Frequenzen geführt. Hierbei wird zwischen hoher Abstimmung ($\tilde{\Omega} < \omega$) und tiefer Abstimmung ($\tilde{\Omega} > \omega$) unterschieden.

2.5 Periodische Belastung - Fourierreihe

Es ist naheliegend, eine periodische Belastung R(t) mit der Periode t_o exakt oder angenähert durch eine Summe trigonometrischer Funktionen darzustellen.
Wird eine periodische Funktion R(t) näherungsweise durch die trigonometrische Summe

$$R_n(t) = R_o \{\frac{A_o}{2} + \sum_{j=1}^{n} (A_j \cos(j\tilde{\Omega}t) + B_j \sin(j\tilde{\Omega}t))\} \qquad (2.27)$$

ersetzt, so ist der mittlere quadratische Fehler

$$\frac{1}{t_o} \int_0^{t_o} [R(t)-R_n(t)]^2 dt$$

am kleinsten, wenn die Koeffizienten A_j und B_j die Fourierkoeffizienten der gegebenen Funktion sind. Die Fourierkoeffizienten sind

$$A_j = \frac{2}{R_o t_o} \int_0^{t_o} R(t) \cos(j\tilde{\Omega}t)dt, \qquad (2.28)$$

$$B_j = \frac{2}{R_o t_o} \int_0^{t_o} R(t) \sin(j\tilde{\Omega}t)dt$$

$\tilde{\Omega}$ ist die Kreisfrequenz der Belastung $R_n(t)$, (vgl. Def. 2.2):

$$\tilde{\Omega} = \frac{2\pi}{t_o}.$$

Abkürzend setzen wir im folgenden für den j-fachen Wert der

Kreisfrequenz

$$\tilde{\Omega}_j = j\tilde{\Omega} \text{ und } \tilde{\Omega}_j^2 = j^2\tilde{\Omega}^2, \; j = 1,\ldots,n.$$

Für Funktionen, deren Integral über die Periode verschwindet, ergibt sich das zeitkonstante Glied A_o in (2.27) zu Null.

Wir beschränken uns zunächst auf solche Funktionen; Beispiele hierfür sind in Bild 2.13 dargestellt.

Bild 2.13 Periodische Belastungsfunktionen

Belastungen dieser Art entstehen z.B. durch das regelmäßig wiederkehrende Kippen von Förderbehältern (Bild 2.13a) oder durch die regelmäßigen Belastungssprünge in Pressen, Walzen und ähnlichen Anlagen (Bild 2.13b).

Für die gegebene Belastung sind zunächst die Fourierkoeffizienten durch Integration nach (2.28) zu berechnen (vgl. Anhang A 3.2). Damit ist eine Näherungsdarstellung der Belastung bekannt.

Die Lösung der Differentialgleichung des Einmassenschwingers erfolgt auf der Grundlage der bekannten Lösung für die harmonische Belastung (vgl. Abschn. 2.4) unter Anwendung des Superpositionssatzes (Satz 2.3).

Hierfür ist zunächst eine partikuläre Lösung von (2.21) für die Belastung $R_o \sin\tilde{\Omega}t$ zu berechnen. Der Rechengang ist in Abschn. 2.4 beschrieben und wird hier nicht wiedergegeben.

Die partikuläre Lösung für das j-te Glied der Reihe (vgl. (2.27))

$$R_j = R_o \, (A_j \cos(\tilde{\Omega}_j t) + B_j \sin(\tilde{\Omega}_j t)) \tag{2.29}$$

erhält man zu

$$r_{pj} = a_j \cos(\tilde{\Omega}_j t) + b_j \sin(\tilde{\Omega}_j t). \qquad (2.30)$$

Hierbei ergeben sich a_j und b_j (nach längerer Zwischenrechnung) zu:

$$a_j = R_o \frac{A_j(k-m\tilde{\Omega}_j^2) - B_j c\tilde{\Omega}_j}{(k-m\tilde{\Omega}_j^2)^2 + c^2\tilde{\Omega}_j^2},$$

$$b_j = R_o \frac{B_j(k-m\tilde{\Omega}_j^2) + A_j c\tilde{\Omega}_j}{(k-m\tilde{\Omega}_j^2)^2 + c^2\tilde{\Omega}_j^2}. \qquad (2.31)$$

Unter Anwendung der bekannten Additionstheoreme läßt sich hiermit die partikuläre Lösung für das j-te Glied von (2.29) darstellen durch

$$r_{pj} = r_{oj} \cos(\tilde{\Omega}_j t + \varphi_j), \qquad (2.32)$$

mit $r_{oj} = \sqrt{a_j^2 + b_j^2}$

und $\tan \varphi_j = -\frac{b_j}{a_j}$.

Durch Einsetzen von (2.31) erhält man

$$r_{oj} = R_o \sqrt{A_j^2 + B_j^2} \Big/ \sqrt{(k-m\tilde{\Omega}_j^2)^2 + c^2\tilde{\Omega}_j^2} \qquad (2.33)$$

und

$$\tan \varphi_j = - \frac{B_j(k-m\tilde{\Omega}_j^2) + A_j c\tilde{\Omega}_j}{A_j(k-m\tilde{\Omega}_j^2) - B_j c\tilde{\Omega}_j} .$$

Die Erregerfunktion läßt sich in analoger Weise darstellen:

$$R_n = \sum_{j=1}^{n} R_{oj} \cos(\tilde{\Omega}_j t + \Phi_j),$$

$$R_{oj} = R_o \sqrt{A_j^2 + B_j^2}, \qquad (2.34)$$

$$\tan \Phi_j = - \frac{B_j}{A_j}.$$

Durch Vergleich von (2.33) mit (2.34) erkennt man, daß gilt

$$r_{oj} = R_{oj}/\sqrt{(k-m\tilde{\Omega}_j^2)^2 + c^2\tilde{\Omega}_j^2}.$$

Eine Umformung mit

$$D = c/(2m\omega) \text{ und } \omega = \sqrt{k/m}$$

führt zu einer Darstellung, wie wir sie von der harmonischen Belastung her kennen (vgl. (2.24)):

$$r_{pj} = \frac{R_{oj}}{k} \frac{\cos(\tilde{\Omega}_j t + \Phi_j)}{\sqrt{[1-(\frac{\tilde{\Omega}_j}{\omega})^2]^2 + 4\,(\frac{D\tilde{\Omega}_j}{\omega})^2}} \tag{2.35}$$

Der zweite Term in (2.35) enthält die Vergrößerungsfunktion für das j-te Belastungsglied:

$$V_j = [(1-(\frac{\tilde{\Omega}_j}{\omega})^2)^2 + 4(\frac{D\tilde{\Omega}_j}{\omega})^2]^{-\frac{1}{2}}. \tag{2.36}$$

Somit gilt für die Amplitude des j-ten Summenterms

$$r_{oj} = \frac{R_{oj}}{k} \cdot V_j \tag{2.37}$$

In der Dynamik der Tragwerke bezeichnet man die von $\tilde{\Omega}_j = j\tilde{\Omega}$ ($j=1 \ldots n$) abhängige Funktion r_o als das **Linienspektrum der Verschiebung** und analog R_o als das **Linienspektrum der Belastung.** Beide Linienspektren sind durch die Vergrößerungsfunktion miteinander verknüpft (vgl. (2.37)).

2.6 Nichtperiodische Belastung - Fourierintegral

In vielen Fällen erfolgt die Belastung von Tragwerken unregelmäßig in der Zeit, und periodisch wiederkehrende Belastungsvorgänge sind in den üblichen Beobachtungszeiträumen nicht feststellbar. Unter gewissen Voraussetzungen können solche nichtperiodischen Belastungen in ein Fourierintegral entwickelt werden. Die Periode wird hierbei in einem Grenzübergang auf den Bereich $(0, \infty)$ ausgedehnt.

Die Voraussetzungen, unter welchen eine Darstellung der Belastung als Fourierintegral möglich ist, sind als Dirichletsche Bedingungen [7] bekannt. Für Belastungsfunktionen R(t) ohne Unstetigkeiten im Intervall (0,t) muß gelten:

(a) Das Intervall ist in endlich viele Teilintervalle zerlegbar, und R(t) ist in jedem dieser Teilintervalle monoton;

(b) Die Funktion R(t) ist absolut integrierbar, d.h.

$$\int_0^\infty |R(t)|\,dt < \infty .$$

Setzt man an Srungstellen von R(t) den Mittelwert

$$R(t) = \frac{1}{2}\,[R(t + \varepsilon) + R(t - \varepsilon)] \;, \quad \varepsilon \rightarrow 0$$

dann genügen die Bedingungen auch für Belastungsfunktionen mit endlich vielen Unstetigkeitsstellen.

Ein typischer Fall einer solchen Belastungsfunktion ist im Last-Zeit-Diagramm in Bild 2.14 dargestellt.

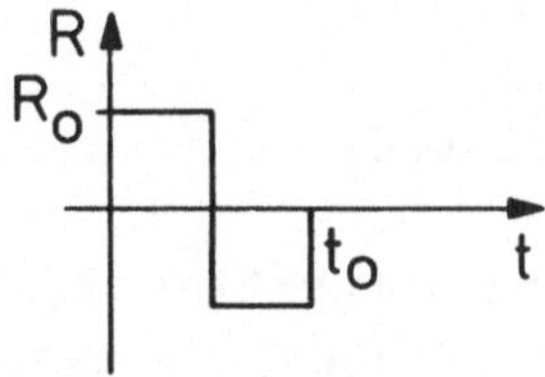

Bild 2.14 Nichtperiodische Belastungsfunktion

Als Fourierintegral einer Belastungsfunktion $\tilde{R}(t)$, t > 0 bezeichnet man

$$R(t) = \int_0^\infty [A(\tilde{\Omega})\cos\tilde{\Omega}t + B(\tilde{\Omega})\sin\tilde{\Omega}t]\,d\tilde{\Omega} \tag{2.38}$$

mit den Funktionen

$$A(\tilde{\Omega}) = \frac{1}{\pi}\int_0^\infty \tilde{R}(t)\cos\tilde{\Omega}t\,dt, \tag{2.39}$$

$$B(\tilde{\Omega}) = \frac{1}{\pi}\int_0^\infty \tilde{R}(t)\sin\tilde{\Omega}t\,dt.$$

Durch das Fourierintegral wird die Belastung $\tilde{R}(t)$ als Summe unendlich vieler Schwingungen mit stetig variierender Erregerfrequenz $\tilde{\Omega}$ dargestellt.

Wie im vorangehenden Abschnitt gezeigt wurde, muß nun mit der Ersatzdarstellung (2.38) der Belastung $\tilde{R}(t)$ eine partikuläre Lösung der Differentialgleichung des Einmassenschwingers (2.10)

$$m\ddot{r} + c\dot{r} + k\,r = \tilde{R}(t)$$

berechnet werden.
Hierzu geht man von folgendem Ansatz aus:

$$r_p(t) = \int_0^{\infty} [a(\tilde{\Omega})\cos\tilde{\Omega}t + b(\tilde{\Omega})\sin\tilde{\Omega}t]\,d\tilde{\Omega} \tag{2.40}$$

Die Freiwerte $a(\tilde{\Omega})$ und $b(\tilde{\Omega})$ werden durch Einsetzen in die Differentialgleichung (2.10) bestimmt.
Wie bei der partikulären Lösung für periodische Funktionen, ist auch hier eine Darstellung der Amplituden in der Form

$$r_0(\tilde{\Omega}) = \frac{R_0(\tilde{\Omega})}{k}\,V(\tilde{\Omega}) \tag{2.41}$$

möglich. Die Vergrößerungsfunktion $V(\tilde{\Omega})$ ist von der stetig veränderlichen Erregerfrequenz der Belastung $\tilde{R}(t)$ abhängig.
Die Amplitude der Erregung erhält man zu

$$R_0(\tilde{\Omega}) = \sqrt{A(\tilde{\Omega})^2 + B(\tilde{\Omega})^2}.$$

Diese frequenzabhängige Amplitude der Erregung ist somit als kontinuierliches Spektrum der Erregung dargestellt.
Analog zu (2.14) kann die partikuläre Lösung (2.40) zusammengefaßt werden

$$r_p = \int_0^{\infty} [r_0(\tilde{\Omega})\cos(\tilde{\Omega}t + \Phi(\tilde{\Omega}))]\,d\tilde{\Omega} \tag{2.42}$$

Die Amplitude $r_0(\tilde{\Omega})$ ist das kontinuierliche Spektrum der

Bewegungsfunktion

$$r_0(\tilde{\Omega}) = \sqrt{a(\tilde{\Omega})^2 + b(\tilde{\Omega})^2}.$$

Der Phasenwinkel $\Phi(\tilde{\Omega})$ ist ebenfalls eine Funktion der Frequenz

$$\tan\Phi = -\frac{b(\tilde{\Omega})}{a(\tilde{\Omega})}.$$

Es handelt sich hierbei um eine Darstellung der Belastungsfunktion und der partikulären Lösung als kontinuierliches Spektrum.

Die Wirkung der Vergrößerungsfunktion wird als **Filterung** bezeichnet: Nur solche Amplituden der Erregerfunktion, die in der Nähe der Eigenfrequenz des schwingenden Systemes (Einmassenschwinger) liegen, besitzen einen merklichen Einfluß auf die Bewegung r_p. Die weiter von der Eigenfrequenz entfernten Frequenzen werden "herausgefiltert".

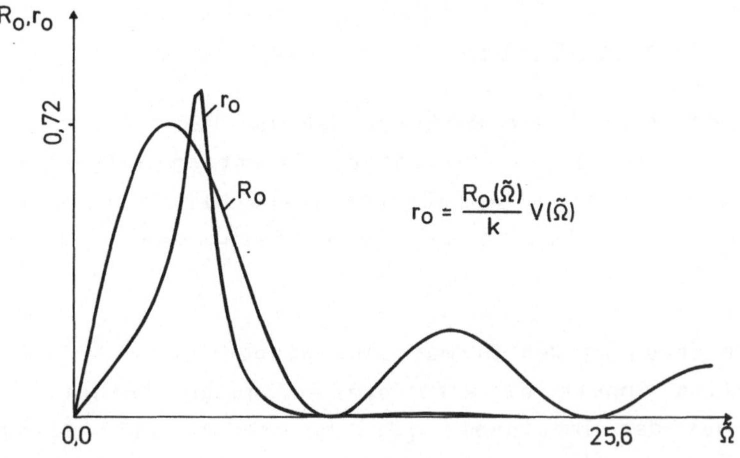

Bild 2.15 Filterung der Erregung im Frequenzbereich

Beispiel 2.1:

Anhand der Belastungsfunktion wie sie in Bild 2.14 dargestellt ist, soll dieser Zusammenhang verdeutlicht werden. Die Belastung $\tilde{R}(t)$ sei gegeben durch

$$\tilde{R}(t) = \begin{cases} R_0 & \text{für } 0 \leq t \leq \frac{t_0}{2} \\ -R_0 & \text{für } \frac{t_0}{2} \leq t \leq t_0 \end{cases}$$

Das Fourierintegral erhält man zu

$$R(t) = R_0 \int_0^\infty [A(\tilde{\Omega})\cos\tilde{\Omega}t + B(\tilde{\Omega})\sin\tilde{\Omega}t]d\tilde{\Omega},$$

mit

$$A(\tilde{\Omega}) = \frac{1}{\pi\tilde{\Omega}}\left[2\sin\frac{\tilde{\Omega}t_0}{2} - \sin\tilde{\Omega}t_0\right],$$

$$B(\tilde{\Omega}) = \frac{1}{\pi\tilde{\Omega}}\left[1 - 2\cos\frac{\tilde{\Omega}t_0}{2} + \cos\tilde{\Omega}t_0\right].$$

Die Lösung nach (2.42) ist in Bild (2.15) in graphischer Form durch das Spektrum der Erregung R_0 und das Spektrum der Auslenkung r_0 dargestellt.

Man erkennt die Wirkung der Vergrößerungsfunktion als Filterung: Nur die in der Nähe der Eigenfrequenz des Einmassenschwingers liegenden Frequenzen $\tilde{\Omega}$ der Erregung besitzen einen merklichen Einfluß auf die Bewegung r_p.

2.7 Das Duhamel-Integral

Im folgenden soll ein weiterer Weg zur Darstellung der partikulären Lösung bei beliebiger Belastung aufgezeigt werden. Es ist dies eine Integraldarstellung wie im vorangehenden Abschnitt, die als Duhamel-Integral*) bezeichnet wird.

Für die Erregung des Einmassenschwingers durch einen differentiellen Impuls dI wird die Anfangsgeschwindigkeit der Masse aus dem Impulssatz [32] berechnet (Bild 2.16): Es ist

$$m\,\dot{r} = dI \quad \text{oder} \quad \dot{r} = \frac{dI}{m}.$$

Bezeichnet man mit τ die Zeit, in welcher die Erregerfunktion diesen differentiellen Impuls auf das schwingende System abgibt, so gilt

$$dI = R(\tau)d\tau \tag{2.43}$$

---

*) nach Jean M.C. Duhamel (1797 - 1872)

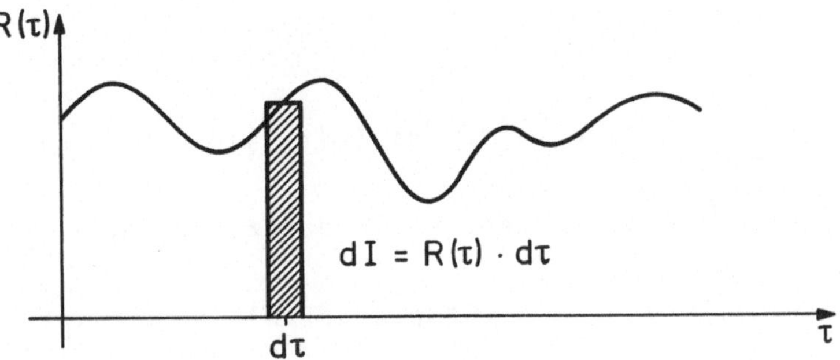

Bild 2.16 Zerlegung einer Belastung in differentielle Impulse

Für die zugehörigen Anfangsbedingungen

$$t = \tau, \; r(\tau) = 0 \quad \text{und} \quad \dot{r}(\tau) = \frac{R(\tau)d\tau}{m}$$

kann die nachfolgende, freie Schwingung für $t > \tau$ angegeben werden (vgl. Gleichung (2.17)):

$$r(\tau) = \frac{R(\tau)d\tau}{m\bar{\omega}} e^{-D\omega(t-\tau)} \sin(\bar{\omega}(t-\tau)) \tag{2.44}$$

Durch Zerlegung der beliebigen Belastung $R(\tau)$ in eine Folge von differentiellen Impulsen und Integration erhält man eine Darstellung der partikulären Lösung in Form des Duhamel-Integrales:

$$r_p(t) = \frac{1}{m\bar{\omega}} \int_0^t R(\tau) e^{-D\omega(t-\tau)} \sin(\bar{\omega}(t-\tau)) d\tau$$

Für die Anfangsbedingungen

$$r(0) = r_o \quad \text{und} \quad \dot{r}(0) = \dot{r}_o$$

ist damit eine Integraldarstellung der vollständigen Lösung (Summe aus homogener und partikulärer Lösung) bekannt (vgl.

Abschn. 2.3):

$$r(t) = e^{-D\omega t}\left(r_0 \cos\bar{\omega}t + \frac{\dot{r}_0 + D\omega r_0}{\bar{\omega}} \sin\bar{\omega}t\right) \qquad (2.46)$$

$$+ \frac{1}{m\bar{\omega}} \int_0^t R(\tau) e^{-D\omega(t-\tau)} \sin(\bar{\omega}(t-\tau))\,d\tau,$$

mit $\bar{\omega} = \omega\sqrt{1-D^2}$, (Eigenkreisfrequenz, gedämpft)

$D = c/(2m\omega)$, (Dämpfungszahl)

und $\omega = \sqrt{k/m}$ (Eigenkreisfrequenz, ungedämpft).

Im folgenden Beispiel wird die Schwingung des Einmassenschwingers bei einem Belastungssprung mit Hilfe des Duhamel-Integrales berechnet.

Beispiel 2.2

Gegeben sei ein Belastungssprung der Form (vgl. Bild 2.17):

$$R(\tau) = \begin{cases} 0 & \text{für} \quad \tau < 0 \\ R_0 & \text{für} \quad \tau \geq 0 \end{cases}$$

Das Duhamel-Integral für homogene Anfangsbedingungen $r(0) = \dot{r}(0) = 0$ ist in diesem Fall

$$r(t) = \frac{1}{m\bar{\omega}} \int_0^t R_0 \; e^{-D\omega(t-\tau)} \sin(\bar{\omega}(t-\tau))\,d\tau$$

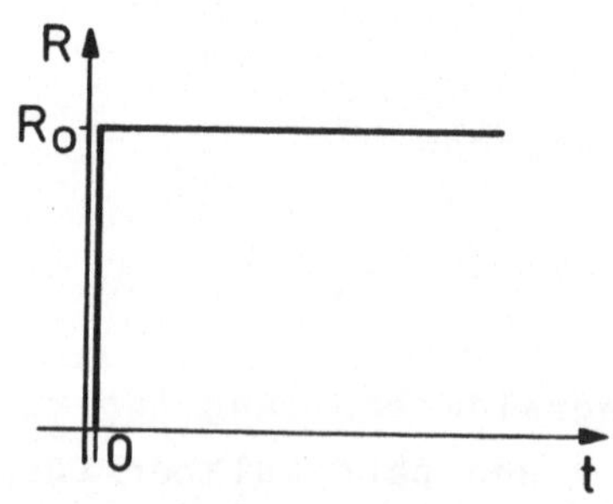

Bild 2.17 Belastungssprung

Das Integral wird einer Integraltafel (z.B. [7]) entnommen:

$$r(t) = \frac{R_o}{m\bar{\omega}} \left[\frac{1}{D\omega^2+\bar{\omega}^2} \left(\bar{\omega} + e^{-D\omega t}(-D\omega \sin\bar{\omega}t - \bar{\omega} \cos\bar{\omega}t)\right)\right]$$

Mit den Definitionen der Eigenkreisfrequenzen ω und $\bar{\omega}$ erhält man daraus

$$r(t) = \frac{R_o}{k} \left(1 - e^{-D\omega t}\left(\cos\bar{\omega}t + \frac{D}{\sqrt{1-D^2}} \sin\bar{\omega}t\right)\right)$$

Diese Funktion beschreibt eine Schwingung um die statische Auslenkung als Ruhelage (siehe Bild 2.18)

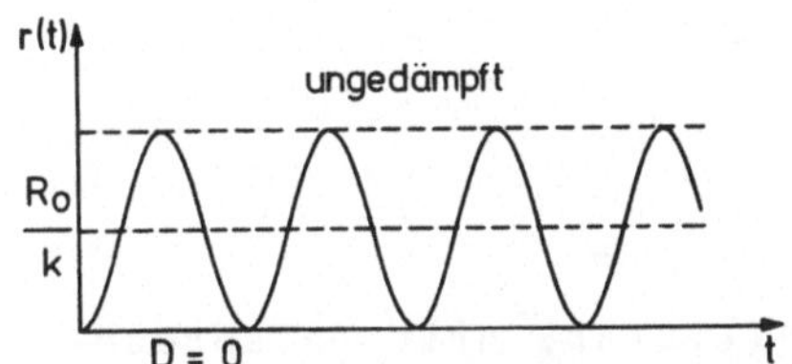

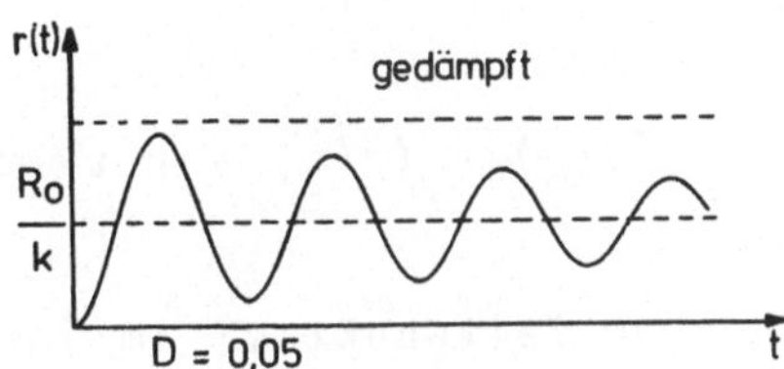

Bild 2.18 Schwingungen nach einem Belastungssprung

Für einige andere Sonderfälle der Belastung ist die geschlossene Lösung des Duhamel-Integrales ebenfalls möglich. Insbesondere ist hierbei die Lösung für eine lineare Belastungsfunktion zu nennen:

$$R(\tau) = a\tau + R_o.$$

Für Belastungsfunktionen, die als Polygonzüge vorgegeben sind, kann durch Integration über die linearen Bereiche und bei Berücksichtigung der jeweils gültigen Anfangsbedingungen eine geschlossene Lösung der Bewegungsgleichung angegeben werden.

2.8 Numerische Integration der Bewegungsgleichung

Eine Möglichkeit, die Bewegungsgleichung (2.10) näherungsweise zu lösen, ergibt sich mit numerischer Integration. Das betrachtete Zeitintervall wird hierzu in Teilintervalle zerlegt und die Belastung im Teilintervall wird durch ihren Mittelwert approximiert.
Die Anwendung der numerischen Integration sollte prinzipiell auf solche Fälle beschränkt werden, für die eine analytische Lösung nicht oder nur mit unverhältnismäßig großem Aufwand möglich ist. Dies trifft vor allem für nichtlineare Schwingungsaufgaben zu, die wir an späterer Stelle behandeln werden.
Ersetzt man die Differentialquotienten durch Differenzenquotienten, so erhält man für den Zeitschritt Δt als Näherung für die Geschwindigkeit zum Zeitpunkt t_m im Intervall $(t-\Delta t,t)$

$$\dot{r}(t_m) = (r(t) - r(t-\Delta t))/\Delta t.$$

Für den Zeitpunkt t_n im Intervall $(t,t+\Delta t)$ gilt entsprechend

$$\dot{r}(t_n) = (r(t+\Delta t) - r(t))/\Delta t. \tag{2.47}$$

Damit errechnet sich die Geschwindigkeit zum Zeitpunkt t als arithmetisches Mittel zu

$$\dot{r}(t) = 0{,}5(r(t+\Delta t) - 2r(t) + r(t-\Delta t))/\Delta t \tag{2.48}$$

Entsprechend läßt sich auch die Beschleunigung zum Zeitpunkt t berechnen

$$\ddot{r}(t) = (\dot{r}(t_n) - \dot{r}(t_m))/\Delta t.$$

Durch Einsetzen wird daraus

$$\ddot{r}(t) = (r(t+\Delta t) - 2r(t) + r(t-\Delta t))/\Delta t^2. \qquad (2.49)$$

In Bild 2.19 ist der Zusammenhang graphisch dargestellt.

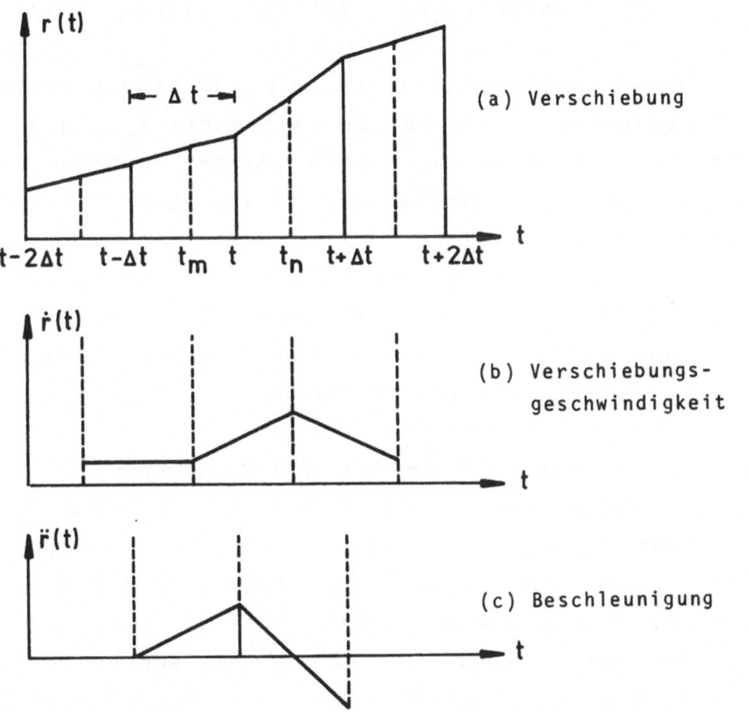

Bild 2.19 Approximation der Bewegungsfunktion r(t)

Setzt man die Beziehungen (2.48) und (2.49) in die Differentialgleichung des gedämpften Einmassenschwingers (Gl. (2.10)) ein, so ergibt sich unter der Vereinbarung, daß der Zeitpunkt $t+\Delta t$ mit t_{i+1}, der Zeitpunkt t mit t_i und der Zeitpunkt $t-\Delta t$ mit t_{i-1} bezeichnet wird:

$$m(r(t_{i+1}) - 2r(t_i) + r(t_{i-1}))/\Delta t^2 + 0{,}5c(r(t_{i+1}) -$$

$$-2r(t_i) + r(t_{i-1}))/\Delta t + k\, r(t_i) = R(t_i).$$

Die Auflösung dieser Gleichung nach $r(t_{i+1})$ führt zu der

Iterationsvorschrift:

$$r(t_{i+1}) = [(4m + 2c\Delta t - 2k\Delta t^2)r(t_i)$$

$$-(2m + c\Delta t)r(t_{i-1}) + 2\Delta t^2 R(t_i)]/(2m + c\Delta t) \quad (2.50)$$

Man bezeichnet dieses Verfahren als **Zweischrittverfahren,** da die Funktionswerte der beiden Zeitpunkte t_i und t_{i-1} für die Berechnung eines neuen Funktionswertes benötigt werden. Für die Anwendung des Verfahrens müssen zwei Anfangswerte vorgegeben werden.
In der Literatur ist eine Vielzahl von Iterationsvorschriften bekannt. Speziell für nichtlineare Schwingungsprobleme ist das Runge-Kutta Verfahren von Bedeutung. Im Anhang A1 ist eine Zusammenstellung gegeben.

Ein grundsätzliches Problem bei der Anwendung der numerischen Integration ist die Wahl der Schrittweite: Da zu nachfolgenden Zeitpunkten keine bekannten Funktionswerte vorliegen, kann man Fehler der Näherungsrechnung nicht korrigieren. Diese Fehler addieren sich von Schritt zu Schritt und führen dazu, daß auch die genauesten Verfahren der numerischen Integration nach einer entsprechend großen Anzahl von Zeitschritten von der richtigen Lösung abweichen. Die Anwendung der numerischen Integration ist somit nur sinnvoll, wenn die Berechnung sich über einen kleinen Zeitbereich erstreckt. Eine wirkungsvolle Kontrolle der berechneten Verformungen besteht allein darin, die Berechnung mit veränderter Schrittweite erneut durchzuführen und die Ergebnisse zu vergleichen.
Das folgende Beispiel soll die Bedeutung der Wahl der Schrittweite für die Genauigkeit der Lösung zeigen.

Beispiel 2.3:
Ein Einmassenschwinger habe die Masse m = 358,4 kg und eine Steifigkeit von k = 381,94 kN/m. Dämpfung soll vernach-

lässigt werden. Als äußere Belastung wirkt eine konstante Kraft von 0,3584 kN vom Zeitpunkt t = 0 an. Die Differentialgleichung des Einmassenschwingers hat dann die Form

$$0{,}3584\,\ddot{r} + 381{,}94\,r = 0{,}3584$$

Die Anfangsbedingungen seien r(0) = 0 und $\dot{r}(0) = 2$. Für diesen Fall läßt sich die geschlossene Lösung angeben (siehe Gl. (2.46)) zu

$$r(t) = -0{,}00094\,\cos\omega t + 0{,}06127\,\sin\omega t + 0{,}00094.$$

Dieser genauen Lösung wird eine Lösung mit Hilfe der numerischen Integration mit den Schrittweiten

$$\Delta t = T_0/8 \quad \text{und} \quad \Delta t = T_0/32$$

gegenübergestellt. Die zweite Anfangsbedingung rechnen wir mit Gleichung (2.47) um zu

$$r_1 = 2\,\Delta t.$$

Die Ergebnisse sind in Bild 2.20 dargestellt. Man sieht deutlich, daß die kleinere Schrittweite eine Verbesserung in den Ergebnissen liefert.

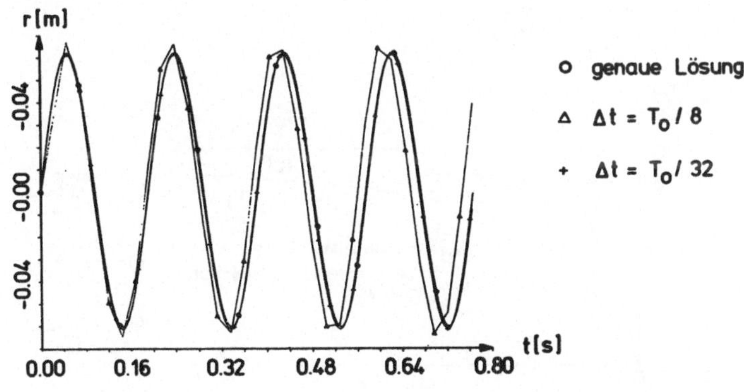

Bild 2.20 Numerische Integration und genaue Lösung

2.9 Antwortspektren

Zum Vergleich der Reaktion verschiedener Schwinger auf dieselbe Erregungsfunktion ist es zweckmäßig, nicht die vollständige Bewegungsfunktion zu vergleichen, sondern einen zeitunabhängigen Referenzwert. Eine Möglichkeit, die Zeit zu eliminieren besteht darin, nur den Maximalwert der Verformung r(t) für eine gegebene Kreisfrequenz zu betrachten.

Definition 2.7: Ein Antwortspektrum ist die Funktion der Maximalwerte der Verschiebung in Abhängigkeit von der Eigenfrequenz des Schwingers für eine gegebene Belastungsfunktion R(t).

Es sei betont, daß das Antwortspektrum zwar eine Funktion der Frequenz (oder Periode) ist, jedoch nicht wie das kontinuierliche Spektrum in Abschnitt 2.7 aus der Darstellung einer beliebigen Funktion durch harmonische Funktionen abgeleitet ist.

Im Bild 2.21 sind als Antwortspektren die maximalen Amplituden r_{omax} für drei Impulsbelastungen dargestellt. Zur allgemeinen Verwendbarkeit sind die Ordinaten bezogen auf die statische Auslenkung

$$r_{st} = \frac{R_o}{k}.$$

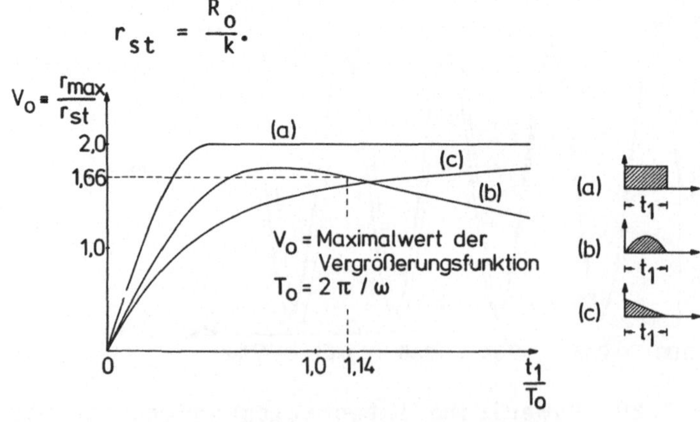

Bild 2.21 Antwortspektren

Für Belastungsfunktionen, die im Nullpunkt unstetig sind a) und c), ergibt sich als Grenzwert für sehr steife Schwinger, d.h. Schwinger mit hoher Eigenfrequenz, die doppelte statische Auslenkung (vgl. Beispiel 2.2), während für Belastungsfunktionen mit endlicher Zeit der Lastaufbringung der statische Belastungsvorgang als Mindestwert zu betrachten ist.

Aus den Antwortspektren kann die Reaktion, insbesondere die maximale Auslenkung, eines Tragwerkes mit vorgegebener Eigenfrequenz auf eine gegebene Belastung direkt entnommen werden. Sie werden deswegen in der Bemessung sehr oft verwendet.

Vor allem auch bei der Bemessung für Erdbebenbelastung hat sich die Benutzung von Antwortspektren durchgesetzt (Housner, vgl. [40]). Die Ableitung der dort benutzten Antwortspektren geht vom Duhamel-Integral für eine Erregung durch eine Lagerbewegung aus

$$r(t) = \frac{1}{m\bar{\omega}} \int_0^t - m\, \ddot{r}_a(\tau)\cdot e^{-D\omega(t-\tau)} \cdot \sin\bar{\omega}(t-\tau)d\tau .$$

Setzt man die Eigenkreisfrequenz der gedämpften Schwingung der Eigenkreisfrequenz der ungedämpften Schwingung gleich

$$\omega \cong \bar{\omega}$$

und vernachlässigt das Vorzeichen, da es für Bemessungswerte, d.h. maximale Tragwerksreaktionen, unerheblich ist, gilt

$$r(t) = \frac{1}{\omega} \int_0^t \ddot{r}_a(\tau)\cdot e^{-D\omega(t-\tau)} \sin\omega(t-\tau)d\tau .$$

Die Funktion

$$S_v(\omega) = \max_t \int_0^t \ddot{r}_a(\tau)\cdot e^{-D\omega(t-\tau)} \sin\omega(t-\tau)d\tau$$

ergibt Maximalwerte des Integrals in Abhängigkeit der Eigenkreisfrequenz. Sie wird als **Pseudogeschwindigkeitsspektrum** bezeichnet. "Pseudo"geschwindigkeitsspektrum heißt die Funktion deshalb, weil die Funktionswerte die Dimension einer Geschwindigkeit haben, aber nicht die Geschwindigkeit des Schwingers angeben. Ein Beispiel für ein Pseudogeschwindigkeitsspektrum ist in Bild 2.22 gegeben [11].

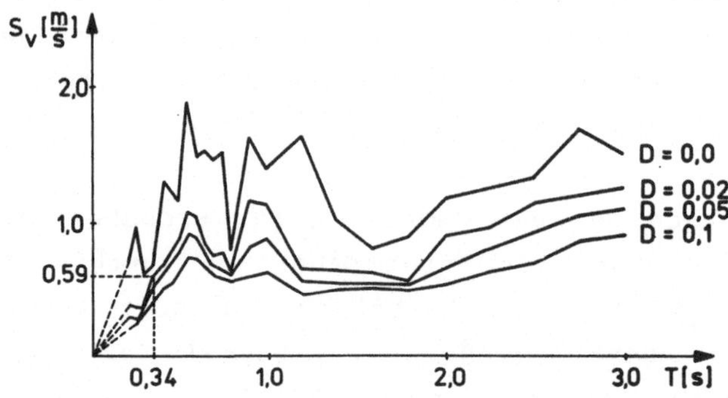

Bild 2.22 Pseudogeschwindigkeitsspektrum des El Centro Bebens von 1940

Das Pseudogeschwindigkeitsspektrum (Bild 2.22) wurde aufgrund gemessener Beschleunigungswerte (Akzelerogramm) eines Erdbebens in El Centro, Kalifornien (Bild 2.23) numerisch ermittelt.

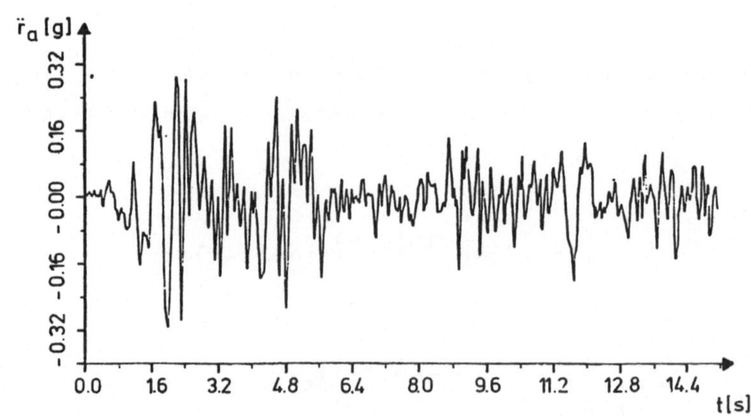

Bild 2.23 Akzelerogramm zum El Centro Beben von 1940

Exakt dasselbe Erdbeben wird jedoch für die Zukunft nicht zu erwarten sein. Eine Bemessung allein aufgrund des Pseudogeschwindigkeitsspektrums vom Bild 2.22 ist deshalb nicht sinnvoll. Für die Bemessungsvorschriften wurde deswegen das Spektrum geglättet (Bild 2.24).

Dieses Spektrum kann allgemein als Bemessungsspektrum eingesetzt werden. Zu diesem Zweck wird in Abhängigkeit von der Maximalbeschleunigung (gemessen im Akzelerogramm) für eine gegebene Erdbebenstärke eine Skalierung des Spektrums vorgenommen [12]. Die Maximalbeschleunigung wird in der Richterskala, die Erdbebenstärke in der Mercalliskala angegeben. Im Anhang A 3.4 befindet sich ein Vorschlag für die Verknüpfung (siehe auch [37]).

In der deutschen Erdbebennorm DIN 4149 [16] ist ein Bemessungsspektrum für Stahlbetonbauten und in Deutschland auftretende Erdbeben enthalten.

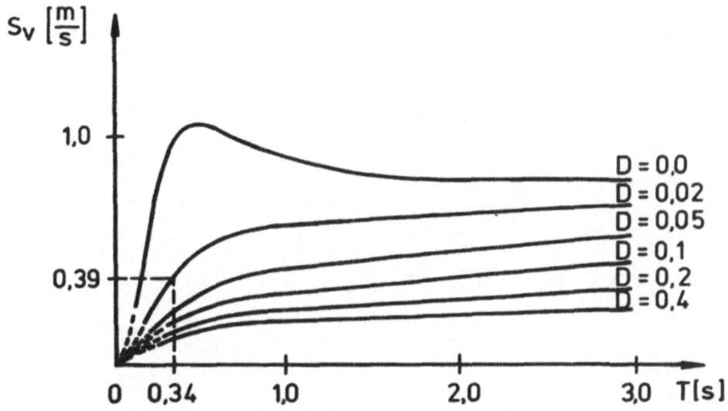

Bild 2.24 Geglättetes Pseudogeschwindigkeitsspektrum für das El Centro Beben von 1940 [11]

Die Anwendung der Antwortspektren wird an einem Beispiel gezeigt.

Beispiel 2.4

Der in Bild 2.25 dargestellte Wasserturm wird wie angegeben als Einmassenschwinger idealisiert.

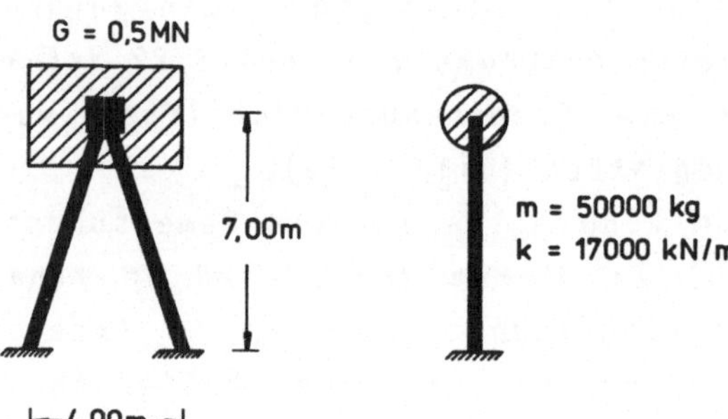

Bild 2.25 Wasserturm als Einmassenschwinger

Die maximale Auslenkung wird für 3 Lastfälle berechnet
a) einen Sinusimpuls (Bild 2.21) ohne Dämpfung mit 300 kN als Größtwert der Belastung und einer Periode t_1=0,388s;
b) das El Centro Erdbeben (Bild 2.22) mit 2 % Dämpfung;
c) das Bemessungserdbeben nach Bild 2.24 mit 2 % Dämpfung.

Mit den Angaben von Bild 2.25 ergibt sich für die Kreiseigenfrequenz

$$\omega \equiv \sqrt{k/m} = 18,443\ s^{-1},$$

die Eigenfrequenz

$$n \equiv \omega/(2\pi) = 2,93\ Hz$$

und die Periode

$$T_0 \equiv 1/n = 0,34\ s.$$

a) Aus dem Antwortspektrum von Bild 2.21 erhält man mit den Eingangsgrößen

$$t_1/T_0 \equiv 0,388/0,34 = 1,14$$

den Maximalwert der Vergrößerungsfunktion für Lastbild (b) zu

$$V_0 = 1,66.$$

Mit Definition 2.6 und der statischen Verformung gilt

$$r_{max} \equiv 300\ V_o/k = 0{,}0292\text{m}.$$

b) Bei Berücksichtigung von 2 % Dämpfung (D = 0,02) erhält man aus Bild 2.22 für T = 0,34s

$$S_v = 0{,}59\ \text{m/s}.$$

Damit wird die maximale Verformung zu

$$r_{max} \equiv S_v/\omega = 0{,}59/18{,}44 \equiv 0{,}0320\ \text{m}.$$

c) Aus dem Bemessungsspektrum (Bild 2.24) ergibt sich für 2 % Dämpfung der Wert

$$S_v = 0{,}39\ \text{m/s}.$$

Die maximale Verformung ist dann

$$r_{max} \equiv S_v/\omega = 0{,}39/18{,}44 \equiv 0{,}0214\ \text{m}.$$

Dieser Wert ist geringer als der bei b) berechnete, da das Bemessungsspektrum nach Bild 2.24 eine durchschnittliche Erdbebeneinwirkung abdeckt. Das Pseudogeschwindigkeitsspektrum nach Bild 2.23 bezieht sich hingegen auf ein extremes Erdbeben.

Aufgaben:

2.1 Eine harmonische Schwingung hat eine Amplitude von 5 mm und eine Periode von 0,15 s. Die maximale Geschwindigkeit und Beschleunigung sind gesucht.

2.2 Eine harmonische Schwingung hat eine Frequenz von 10 Hz und eine Anfangsgeschwindigkeit von 1,80 m/s. Amplitude, Periode und maximale Beschleunigung sind zu berechnen. Die Bewegungsfunktion ist zu ermitteln, wenn zusätzlich 0,2 s nach Beginn der Bewegung eine Belastung von R = cos (50t) aufgebracht wird.

2.3 Ein Gewicht von 1kN wirkt im Schwerefeld an einer Feder und dehnt diese um 20 mm. Die Eigenfrequenz des Feder-Masse-Systemes ist zu bestimmen.

2.4 Die dargestellten Tragwerke sind als Einmassenschwinger zu idealisieren. Der zeitliche Verlauf der Verformung r(t) infolge eines Erdbebens mit dem angegebenen Akzelerogramm ist einmal durch schrittweise Integration des Duhamel-Integrals und einmal durch numerische Integration zu berechnen.

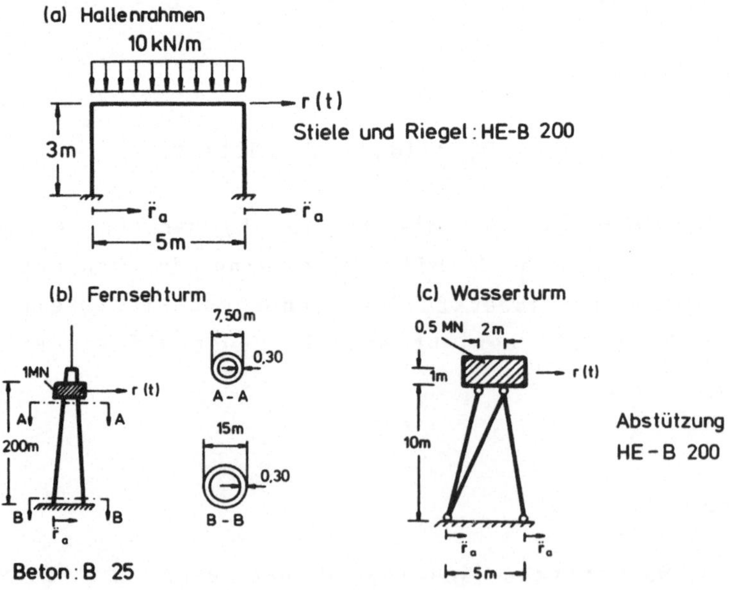

3 Elementmatrizen

Jedes Stabwerk kann auf wenige Elementtypen reduziert werden. Im Element werden die Zustandsgrößen (Kraftgrößen, Verformungen) eindeutig durch die Stabendgrößen festgelegt.

Ausgehend von Gleichgewichtsaussagen für ein differentielles Stabelement werden die grundlegenden Elementmatrizen hergeleitet. Wir betrachten zunächst nur ungedämpfte Schwingungen.

3.1 Dynamische Elementsteifigkeitsmatrix

Den folgenden Betrachtungen liegen Annahmen zugrunde, die wir auch in der Statik getroffen haben:

- jedes Element ist gerade und hat konstanten Querschnitt;
- in jedem Element liegt im linken Knoten ein lokales ($\bar{x}$, $\bar{y}$, $\bar{z}$)-Koordinatensystem;
- die Koordinate $\bar{x}$ weist in Richtung der Schwerachse;
- die Koordinatenachsen $\bar{y}$ und $\bar{z}$ sind Hauptachsen des Querschnittes;
- Schwerachse und Schubmittelpunktachse fallen zusammen;
- die Querschnitte sind wölbfrei;
- der Werkstoff ist homogen und linear elastisch;
- es entstehen nur kleine Verformungen;
- die Elemente sind unbelastet (nur Knotenlasten).

Elementverformungen sind die Längenänderung $u_x(\bar{x},t)$, die Durchbiegungen $w_y(\bar{x},t)$ und $w_z(\bar{x},t)$ und die Verdrillung $\vartheta_x(\bar{x},t)$. Im Gegensatz zur Statik sind diese Elementverformungen nicht nur von der lokalen Koordinate $\bar{x}$, sondern auch von der Zeit t abhängig. Die Verformungen werden deshalb auch als Stabschwingungen bezeichnet (Längs-, Biege- und Torsionsschwingung). Wegen der getroffenen Annahmen sind die Stabschwingungen voneinander unabhängig und können deshalb einzeln betrachtet und miteinander über

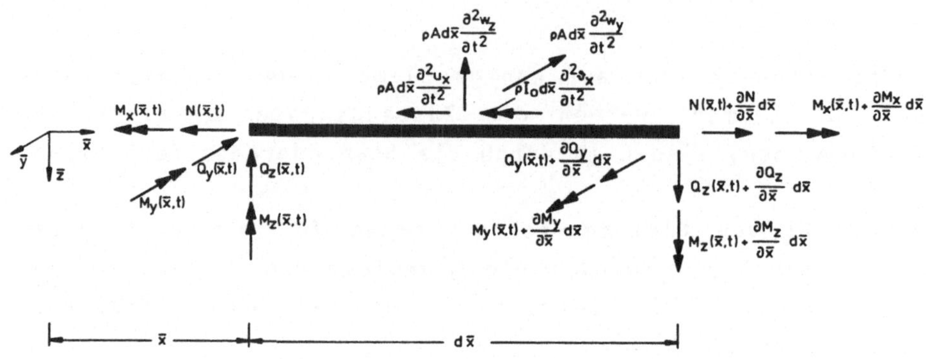

Bild 3.1 Freischwingendes differentielles Stabelement

lagert werden.
In Bild 3.1 sind die Schnittgrößen am frei schwingenden Stabelement der Länge $d\bar{x}$ dargestellt. Die bei der Bewegung auftretenden Massenträgheitskräfte sind beschleunigungsabhängig (d'Alembert'sches Prinzip). Um nur von den Verformungen abhängige Beziehungen zu erhalten, werden die Gleichgewichtsbedingungen unter Berücksichtigung der Formänderungsgesetze formuliert. Es gelten folgende Formänderungsgesetze (vgl. Teil 1 Gl. (5.11)):

$$N = EA \frac{\partial u_x}{\partial \bar{x}}, \quad M_x = GI_T \frac{\partial \vartheta_x}{\partial \bar{x}},$$

$$M_y = -EI_y \frac{\partial^2 w_z}{\partial \bar{x}^2} \quad \text{und} \quad M_z = EI_z \frac{\partial^2 w_y}{\partial \bar{x}^2}.$$

Hierbei ist

- A die Querschnittsfläche,
- I_T das St.Venant'sche Torsionsträgheitsmoment,
- I_y das Flächenträgheitsmoment um die $\bar{y}$-Achse,
- I_z das Flächenträgheitsmoment um die $\bar{z}$-Achse,
- E der Elastizitätsmodul und
- G der Gleitmodul.

Vernachlässigt man zunächst den Einfluß der Querkräfte auf die Biegeschwingungen (Durchbiegungen), so erhält man (vgl.

Teil 1 Gl. (3.1))

$$Q_y = - EI_y \frac{\partial^3 w_z}{\partial \bar{x}^3} \quad \text{und} \quad Q_z = - EI_z \frac{\partial^3 w_y}{\partial \bar{x}^3}.$$

Mit diesen Beziehungen werden die Differentialgleichungen der Biegeschwingungen allein aus den Kräftegleichgewichtsbedingungen bestimmt (Bild 3.1). Zur Verkürzung der Schreibweise verwenden wir im folgenden

$$(\ldots)'' = \frac{\partial^2(\ldots)}{\partial \bar{x}^2}, \quad (\ldots)^{IV} = \frac{\partial^4(\ldots)}{\partial \bar{x}^4} \quad \text{und} \quad (\ddot{\ldots}) = \frac{\partial^2(\ldots)}{\partial t^2}.$$

Für konstante Querschnitte erhält man die linearen partiellen Differentialgleichungen der Stab-Eigenschwingungen:

Längs-Eigenschwingung u_x : $EAu_x''(\bar{x},t) - \rho A\ddot{u}_x(\bar{x},t) = 0$

Biege-Eigenschwingung w_y : $EI_z w_y^{IV}(\bar{x},t) + \rho A\ddot{w}_y(\bar{x},t) = 0$

Biege-Eigenschwingung w_z : $EI_y w_z^{IV}(\bar{x},t) + \rho A\ddot{w}_z(\bar{x},t) = 0$

Torsions-Eigenschwingung ϑ_x: $GI_T \vartheta_x''(\bar{x},t) - \rho I_0 \ddot{\vartheta}_x(\bar{x},t) = 0$ (3.1)

Hierbei ist

ρ die Dichte und

I_0 das polare Flächenträgheitsmoment.

Bei den Biege-Eigenschwingungen können die Einflüsse der Querkraft und die Trägheitswirkungen der Verdrehung berücksichtigt werden. Man erhält hierfür die von Timoshenko (1878-1972) abgeleitete Differentialgleichung für die Biege-Eigenschwingung $w_z(\bar{x},t)$, ([55], S. 432, f)

$$EI_y\, w_z^{IV} + \frac{\kappa_z \rho}{G}\, EI_y \left(\frac{\rho}{E} \frac{\partial^4 w_z}{\partial t^4} - \frac{\partial^4 w_z}{\partial \bar{x}^2 \partial t^2} \right) - \rho I_y \frac{\partial^4 w_z}{\partial \bar{x}^2 \partial t^2} + \rho A \ddot{w}_z = 0. \qquad (3.2)$$

κ_z ist ein Korrekturfaktor zur Erfassung der Schubdeformationen in $\bar{z}$-Richtung.

Zur Lösung der Differentialgleichungen (3.1) und (3.2) verwendet man nach D. Bernoulli (1700 - 1782) Produktansätze der Form

$$u_x(\bar{x},t) = \tilde{u}_x(\bar{x})\; f(t) \quad , \quad w_y(\bar{x},t) = \tilde{w}_y(\bar{x})\; f(t)$$

$$w_z(\bar{x},t) = \tilde{w}_z(\bar{x})\; f(t) \quad , \quad \vartheta_x(\bar{x},t) = \tilde{\vartheta}_x(\bar{x})\; f(t). \tag{3.3}$$

Für f(t) wählt man folgenden Ansatz:

$$f(t) = \cos\,(\omega t+\varphi). \tag{3.4}$$

Damit läßt sich die Zeitabhängigkeit aus den Differentialgleichungen eliminieren, und die partiellen Differentialgleichungen werden so zu gewöhnlichen Differentialgleichungen. Die gesuchten Funktionen hängen nur von der Ortskoordinate $\bar{x}$ ab:

Längs-Eigenschwingung: $-EA\tilde{u}_x''(\bar{x}) - \rho A\omega^2\tilde{u}_x(\bar{x}) = 0$

Biege-Eigenschwingungen: $EI_z\tilde{w}_y^{IV}(\bar{x}) - \rho A\omega^2\tilde{w}_y(\bar{x}) = 0$

$EI_y\tilde{w}_z^{IV}(\bar{x}) - \rho A\omega^2\tilde{w}_z(\bar{x}) = 0$

Torsions-Eigenschwingung: $-GI_T\tilde{\vartheta}_x''(\bar{x}) - \rho I_0\omega^2\tilde{\vartheta}_x(\bar{x}) = 0$ (3.5)

Als Lösungsansätze wählt man:

$$\tilde{u}_x(\bar{x}) = a_1\; \cos\beta\bar{x} + a_2\; \sin\beta\bar{x},$$

$$\tilde{w}_y(\bar{x}) = b_1\; \cos\gamma\bar{x} + b_2\; \sin\gamma\bar{x} + b_3\; \cosh\gamma\bar{x} + b_4\; \sinh\gamma\bar{x},$$

$$\tilde{w}_z(\bar{x}) = c_1\; \cos\delta\bar{x} + c_2\; \sin\delta\bar{x} + c_3\; \cosh\delta\bar{x} + c_4\; \sinh\delta\bar{x},$$

$$\tilde{\vartheta}_x(\bar{x}) = d_1\; \cos\alpha\bar{x} + d_2\; \sin\alpha\bar{x},$$

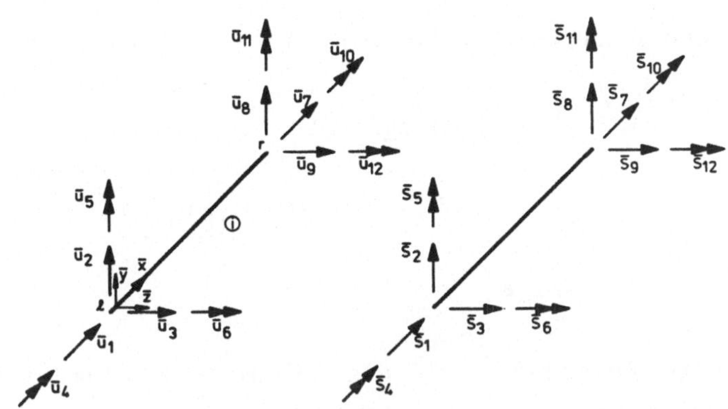

Bild 3.2 Räumliches Stabelement mit Stabendverformungen und Stabendkräften in lokalen Koordinaten

mit $\alpha = \omega \sqrt{\rho I_0/(GI_T)}$ $\quad \beta = \omega \sqrt{\rho/E}$

$$\gamma = \sqrt[4]{\omega^2 \rho A/(EI_z)} \qquad \delta = \sqrt[4]{\omega^2 \rho A/(EI_y)}.$$

Die Konstanten a_i, b_i, c_i und d_i sind durch die Stabendverformungen $\underline{\bar{u}}^i$ (Randbedingungen) zu bestimmen.

Mit den angegebenen Formänderungsgesetzen werden die Schnittgrößen als Funktionen von $\bar{x}$ ermittelt. Die Stabendkräfte $\underline{\bar{S}}^i$ des Elementes ⓘ sind am linken Knoten die negativen und am rechten Knoten die positiven Schnittgrößen. Die $\underline{\bar{S}}^i$ sind über die Elementsteifigkeitsmatrix von den Stabendverformungen $\underline{\bar{u}}^i$ (Bild 3.2) und dem Eigenwert ω^2 abhängig:

$$\underline{\bar{S}}^i = \underline{\bar{K}}_D^i(\omega^2)\underline{\bar{u}}^i. \qquad (3.6)$$

Die Matrix $\underline{\bar{K}}_D^i$ bezeichnen wir als **dynamische Elementsteifigkeitsmatrix** in lokalen Koordinaten. Die Koeffizienten der Matrix $\underline{\bar{K}}_D^i$ sind nichtlineare Funktionen des Eigenwertes ω^2. Mit der Drehungsmatrix $\underline{L}_D^i$ erhält man die Beziehung in globalen Koordinaten (siehe Teil 1, Gl. (3.4), (5.14) und (6.13)):

$$\underline{S}^i = \underline{k}_D^i(\omega^2)\underline{u}^i \tag{3.7}$$

mit

$$\underline{S}^i = \underline{L}_D^i \bar{\underline{S}}^i \quad , \quad \bar{\underline{u}}^i = (\underline{L}_D^i)^T \underline{u}^i$$

und

$$\underline{k}_D^i(\omega^2) = \underline{L}_D^i \, \bar{\underline{k}}_D^i(\omega^2)(\underline{L}_D^i)^T . \tag{3.8}$$

Im folgenden Beispiel wird die dynamische Elementsteifigkeitsmatrix eines in Längsrichtung schwingenden Fachwerkelementes aufgestellt.

Beispiel 3.1:
In Bild 3.3 ist ein ebenes Fachwerkelement mit seinen Stabendverformungen $\bar{u}^i$ und Stabendkräften $\bar{S}^i$ im lokalen Koordinatensystem dargestellt.

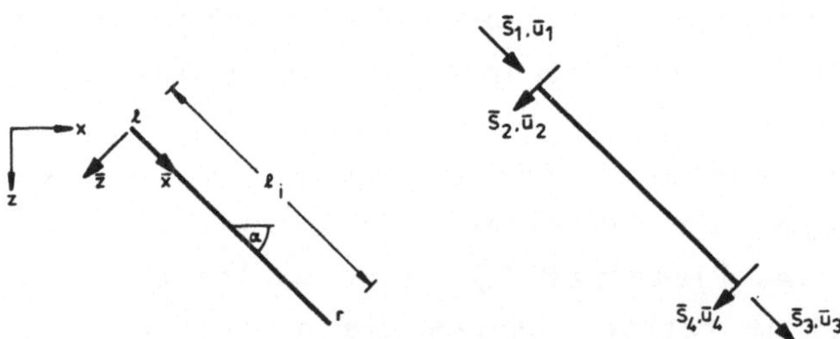

Bild 3.3 Ebenes Fachwerkelement

Das Element soll nur Längs-Eigenschwingungen ausführen. Die Differentialgleichung der Längs-Eigenschwingung ist (siehe Gl. (3.1a)):

$$EA\, u_x''(\bar{x},t) - \rho A \ddot{u}_x(\bar{x},t) = 0.$$

Mit dem Ansatz

$$u_x(\bar{x},t) = \tilde{u}_x(\bar{x})\cos(\omega t+\varphi)$$

eliminieren wir die Zeitabhängigkeit und erhalten:

$$-EA\ \tilde{u}_x''(\bar{x}) - \rho A \omega^2 \tilde{u}_x(\bar{x}) = 0.$$

Die allgemeine Lösung hierfür lautet [67 S. 441]:

$$\tilde{u}_x(\bar{x}) = a_1 \cos\beta\bar{x} + a_2 \sin\beta\bar{x}$$

mit

$$\beta = \omega\sqrt{\rho/E}.$$

Zur Bestimmung der Konstanten a_1 und a_2 setzen wir die Stabendverformungen ein:

$$\tilde{u}_x(0) = \bar{u}_1 \qquad \text{und} \qquad \tilde{u}_x(\ell_i) = \bar{u}_3$$

Damit ergibt sich:

$$a_1 = \bar{u}_1, \qquad a_2 = (\bar{u}_3 - \bar{u}_1 \cos\beta\ell_i)/\sin\beta\ell_i$$

und

$$\tilde{u}_x(x) = (\cos\beta\bar{x} - \cot\beta\ell_i\ \sin\beta\bar{x})\bar{u}_1 + (\sin\beta\bar{x}/\sin\beta\ell_i)\bar{u}_3.$$

Für die zeitunabhängige Verformungsfunktion berechnen wir die Schnittgröße $\tilde{N}(\bar{x})$ mit dem Formänderungsgesetz

$$\tilde{N}(\bar{x}) = EA\ \frac{\partial\tilde{u}_x}{\partial\bar{x}}\ .$$

Dies ergibt:

$$\tilde{N}(\bar{x}) = EA\beta\ \left((-\sin\beta\bar{x} - \cot\beta\ell_i\ \cos\beta\bar{x})\bar{u}_1 + (\cos\beta\bar{x}/\sin\beta\ell_i)\bar{u}_3\right).$$

Die Stabendkräfte $\underline{\bar{S}}^i$ in lokalen Koordinaten sind Randgrößen dieser Funktion.
Man erhält die vier Komponenten zu:

$$\bar{S}_1 = -N(0), \qquad \bar{S}_3 = N(\ell_i),$$
$$\bar{S}_2 = 0, \qquad \bar{S}_4 = 0.$$

Damit läßt sich die dynamische Elementsteifigkeitsmatrix

des ebenen Fachwerkelementes in lokalen Koordinaten angeben:

$$\begin{bmatrix}\bar{S}_1\\ \bar{S}_2\\ \hline \bar{S}_3\\ \bar{S}_4\end{bmatrix} = \frac{EA}{\ell_i}\tilde{\omega}\left[\begin{array}{cc|cc} \cot\tilde{\omega} & 0 & -1/\sin\tilde{\omega} & 0\\ 0 & 0 & 0 & 0\\ \hline -1/\sin\tilde{\omega} & 0 & \cot\tilde{\omega} & 0\\ 0 & 0 & 0 & 0\end{array}\right]\begin{bmatrix}\bar{u}_1\\ \bar{u}_2\\ \hline \bar{u}_3\\ \bar{u}_4\end{bmatrix}$$

$$\underline{\bar{S}}^i = \underline{\bar{k}}_D^i(\omega)\ \underline{\bar{u}}^i$$

mit $\tilde{\omega} = \beta\ell_i \equiv \omega\ell_i\sqrt{\rho/E}$.

Im Anhang A4 sind die dynamischen Elementsteifigkeitsmatrizen für weitere Elemente zusammengestellt.

Das Beispiel zeigt, daß $\underline{k}_D^i$ eine in $\tilde{\omega}$ nichtlineare Elementsteifigkeitsmatrix ist. Sie ist damit vergleichbar mit der nichtlinearen Elementsteifigkeitsmatrix $\underline{k}_F^i$ der Stabknickung (Teil 1 Abschn. 12.2).
Im ersten Teil (Abschn. 12.3) haben wir bereits auf die Schwierigkeiten bei der Lösung des nichtlinearen Eigenwertproblemes hingewiesen. Durch eine Reihenentwicklung ließ sich dort das Eigenwertproblem linearisieren.
Gleichung (3.6) läßt sich ebenfalls in eine Taylorreihe um einen Ausgangswert ω_0 entwickeln:

$$\underline{\bar{S}}^i = \underline{\bar{k}}_D^i(\omega_0)\underline{\bar{u}}^i + \omega\frac{d}{d\omega}\underline{\bar{k}}_D^i(\omega_0)\underline{\bar{u}}^i + \frac{\omega^2}{2}\frac{d^2}{d\omega^2}\underline{\bar{k}}_D^i(\omega_0)\underline{\bar{u}}^i + \text{Restglied}. \tag{3.9}$$

Im ersten Summanden erhalten wir für $\omega_0 \longrightarrow 0$ die aus der Statik bekannte elastische Elementsteifigkeitsmatrix $\underline{\bar{k}}^i$. Der zweite Summand ergibt stets einen Nullvektor. Im dritten Summanden wird für den Grenzübergang $\omega_0 \longrightarrow 0$ die

Elementmassenmatrix $\underline{\bar{m}}^i$ eingeführt:

$$\underline{\bar{m}}^i = \lim_{\omega_o \to 0} \{- \frac{1}{2} \frac{d^2}{d\omega^2} \underline{\bar{k}}_D^i(\omega_o)\}. \tag{3.10}$$

Im Sinne der Approximation vernachlässigen wir das Restglied. Für Gleichung (3.9) erhält man so die Linearisierung

$$\underline{\bar{s}}^i = \underline{\bar{k}}^i \, \underline{\bar{u}}^i - \omega^2 \, \underline{\bar{m}}^i \, \underline{\bar{u}}^i. \tag{3.11}$$

Mit der Drehungsmatrix $\underline{L}_D^i$ (siehe Teil 1 Kap. 3) läßt sich die Beziehung auf globale Koordinaten transformieren:

$$\underline{s}^i = \underline{k}^i \, \underline{u}^i - \omega^2 \, \underline{m}^i \, \underline{u}^i \tag{3.12}$$

mit $$\underline{k}^i = \underline{L}_D^i \, \underline{\bar{k}}^i (\underline{L}_D^i)^T \tag{3.13}$$

und $$\underline{m}^i = \underline{L}_D^i \, \underline{\bar{m}}^i (\underline{L}_D^i)^T. \tag{3.14}$$

Diese Art der Herleitung erfordert die wiederholte Anwendung der Regeln von l'Hospital und ist deshalb sehr aufwendig (vgl. Teil 1 Abschnitt 12.4). Die Differentiationen sind meist nur noch mit einem Rechner durchführbar. Die Ableitung der linearen Elementmatrizen erfolgt deshalb üblicherweise mit anderen Verfahren, die wir an späterer Stelle darstellen werden.
Abschließend soll an dem Beispiel des Fachwerkelementes die Taylor'sche Reihe der dynamischen Elementsteifigkeitsmatrix gezeigt werden.

Beispiel 3.2:
Im Beispiel 3.1 wurde die dynamische Elementsteifigkeitsmatrix $\underline{k}_D^i$ aufgestellt.
Für eine Anwendung von Gleichung (3.9) müssen Grenzübergänge für $\omega_o \to 0$ durchgeführt werden. In der Matrix $\underline{\bar{k}}_D^i$ hängt $\tilde{\omega}$ linear von ω ab, so daß der Grenzübergang für $\omega_o \to 0$ durch einen Grenzübergang $\tilde{\omega}_o \to 0$ ersetzt werden kann.
Ein Grenzübergang für den ersten Summanden von Gleichung

(3.9) ergibt unbestimmte Ausdrücke der Form (0/0). Durch wiederholte Anwendung der Regel von l'Hospital ergeben sich die Grenzwerte:

$$\lim_{\tilde{\omega}\to 0} \frac{\tilde{\omega}\cos\tilde{\omega}}{\sin\tilde{\omega}} = 1$$

und

$$\lim_{\tilde{\omega}\to 0} \frac{-\tilde{\omega}}{\sin\tilde{\omega}} = -1.$$

Damit ist

$$\lim_{\tilde{\omega}\to 0} \underline{\bar{k}}_D^i = \frac{EA}{\ell_i}\left[\begin{array}{cc|cc} 1 & 0 & -1 & 0 \\ 0 & 0 & 0 & 0 \\ \hline -1 & 0 & 1 & 0 \\ 0 & 0 & 0 & 0 \end{array}\right]$$

Mit der Drehungsmatrix

$$\underline{L}_D^i = \left[\begin{array}{cc|cc} c & -s & & \\ s & c & \multicolumn{2}{c}{\underline{0}} \\ \hline & & c & -s \\ \multicolumn{2}{c|}{\underline{0}} & s & c \end{array}\right]$$

und

$$c \equiv \cos\alpha = (x_r - x_l)/\ell_i$$

$$s \equiv \sin\alpha = (z_r - z_l)/\ell_i$$

erhält man

$$\lim_{\tilde{\omega}\to 0} \underline{k}_D^i = \frac{EA}{\ell_i}\left[\begin{array}{cc|cc} c^2 & cs & -c^2 & -cs \\ & s^2 & -cs & -s^2 \\ \hline & & c^2 & cs \\ \multicolumn{2}{c|}{\text{symmetrisch}} & & s^2 \end{array}\right]$$

Es ist dies die bekannte Elementsteifigkeitsmatrix des Fachwerkelementes. Für den zweiten Summanden in Gleichung

(3.9) muß $\underline{\bar{k}}_D^i$ zunächst nach $\tilde{\omega}$ differenziert werden:

$$\frac{d^2\underline{\bar{k}}_D^i}{d\tilde{\omega}^2} = \frac{EA}{\ell_i}\left[\begin{array}{cc|cc} b_1 & 0 & b_2 & 0 \\ 0 & 0 & 0 & 0 \\ \hline b_2 & 0 & b_1 & 0 \\ 0 & 0 & 0 & 0 \end{array}\right]$$

mit
$a_1 = (\sin\tilde{\omega}\cos\tilde{\omega}-\tilde{\omega})/\sin^2\tilde{\omega}$ und $a_2 = (\tilde{\omega}\cos\tilde{\omega}-\sin\tilde{\omega})/\sin^2\tilde{\omega}$.

Für den Grenzübergang ergeben sich auch hier unbestimmte Ausdrücke der Form (0/0). Nach zweimaliger Anwendung der Regeln von l'Hospital erhält man

$$\lim_{\tilde{\omega}\to 0} a_1 = 0 \qquad \text{und} \qquad \lim_{\tilde{\omega}\to 0} a_2 = 0.$$

Die Matrix $\lim\limits_{\tilde{\omega}\to 0} \dfrac{d\underline{\bar{k}}_D^i}{d\tilde{\omega}}$ ist somit die Nullmatrix.

Für den dritten Summanden in Gleichung (3.9) muß $\underline{\bar{k}}_D^i$ zweimal nach $\tilde{\omega}$ differenziert werden:

$$\frac{d\underline{\bar{k}}_D^i}{d\tilde{\omega}} = \frac{EA}{\ell_i}\left[\begin{array}{cc|cc} a_1 & 0 & a_2 & 0 \\ 0 & 0 & 0 & 0 \\ \hline a_2 & 0 & a_1 & 0 \\ 0 & 0 & 0 & 0 \end{array}\right]$$

mit $b_1 = (2\tilde{\omega}\cos\tilde{\omega} - 2\sin\tilde{\omega})/\sin^3\tilde{\omega}$
und $b_2 = (2\cos\tilde{\omega}\sin\tilde{\omega} - \tilde{\omega}^2\sin^2\tilde{\omega} - 2\tilde{\omega}\cos^2\tilde{\omega})/\sin^3\tilde{\omega}$.

Die Grenzübergänge ergeben nach dreimaliger Anwendung der Regeln von l'Hospital

$$\lim_{\tilde{\omega}\to 0} b_1 = -2/3 \qquad \text{und} \qquad \lim_{\tilde{\omega}\to 0} b_2 = -1/3$$

Damit erhält man für

$$\lim_{\omega \to 0} \frac{\omega^2}{2} \frac{d^2}{d\omega^2} \underline{k}_D^i \equiv \lim_{\tilde{\omega} \to 0} \frac{\tilde{\omega}^2}{2} \frac{d^2}{d\tilde{\omega}^2} \underline{k}_D^i$$

und $\dfrac{\tilde{\omega}^2 EA}{2\ell_i} = \omega^2 \dfrac{\rho A \ell_i}{2}$

die folgende Elementmassenmatrix in lokalen Koordinaten

$$\underline{\bar{m}}^i = \frac{\rho A \ell_i}{6} \left[\begin{array}{cc|cc} 2 & 0 & 1 & 0 \\ 0 & 0 & 0 & 0 \\ \hline 1 & 0 & 2 & 0 \\ 0 & 0 & 0 & 0 \end{array}\right]$$

Mit der oben angegebenen Drehungsmatrix $\underline{L}_D^i$ ergibt sich die Elementmassenmatrix in globalen Koordinaten zu:

$$\underline{m}^i = \frac{\rho A \ell_i}{6} \left[\begin{array}{cc|cc} 2c^2 & 2cs & c^2 & cs \\ 2cs & 2s^2 & cs & s^2 \\ \hline c^2 & sc & 2c^2 & 2cs \\ sc & s^2 & 2cs & 2s^2 \end{array}\right]$$

3.2 Die konsistente Elementmassenmatrix

Im folgenden wird ein einfacher Weg zur Ableitung von Elementmassenmatrizen dargestellt. Wir betrachten ein Stabelement im Raum und nehmen an, daß der Verformungszustand allein durch die Stabendverformungen $\underline{\bar{u}}^i(t)$ eindeutig bestimmt werden kann.

Die mechanischen Eigenschaften des Tragwerkes können durch die kinetische Energie T^i des Elementes ⓘ ausgedrückt werden:

$$T^i = \frac{1}{2} (\dot{\underline{\bar{u}}}^i(t))^T \, \underline{\bar{m}}^i \, \dot{\underline{\bar{u}}}^i(t). \tag{3.15}$$

Die Matrix $\underline{\bar{m}}^i$ beschreibt die Massenverteilung des Elementes; das ist die Elementmassenmatrix in lokalen Koordinaten (siehe Gl. (3.10)). Der Vektor $\underline{\dot{\bar{u}}}^i$ ist der Vektor der Stabendgeschwindigkeiten.

Die mechanischen Eigenschaften des Elementes (i) werden ferner durch seine potentielle Energie U^i beschrieben:

$$U^i = \frac{1}{2} (\underline{\bar{u}}^i(t))^T \underline{\bar{k}}^i \underline{\bar{u}}^i(t) - (\underline{\bar{u}}^i(t))^T \underline{\bar{S}}^i(t). \qquad (3.16)$$

Es gilt das Hamilton Prinzip [33]:

Satz 3.1: Zwischen zwei Zeitpunkten t_o und t_1 verläuft die Bewegung so, daß die Funktionen $\bar{u}^i_j(t)$ das Integral

$$J = \int_{t_o}^{t_1} (T^i - U^i) dt \qquad (3.17)$$

stationär machen, verglichen mit solchen benachbarten Funktionen $\tilde{u}^i_j(t)$ für welche gilt:

$$\tilde{u}^i_j(t_o) = \bar{u}^i_j(t_o) \quad \text{und} \quad \tilde{u}^i_j(t_1) = \bar{u}^i_j(t_1).$$

In anderer Formulierung läßt sich das Hamilton Prinzip wie folgt ausdrücken:
Die wirkliche Bewegung macht das Integral J stationär gegenüber allen benachbarten virtuellen Bewegungen, die in demselben Zeitintervall von der Ausgangslage zur Endlage führen (vgl. [13], S. 210).

Aus der Variationsrechnung ist eine notwendige Bedingung für ein Extremum eines Integrals der Form

$$J = \int_{t_o}^{t_1} F(t,u,\dot{u}) dt$$

bekannt. Diese notwendige Bedingung ist eine Differentialgleichung für u(t), die Eulersche Differentialgleichung (vgl. [13], S. 158):

$$\frac{d}{dt}\frac{\partial F}{\partial \dot{u}} - \frac{\partial F}{\partial u} = 0. \tag{3.18}$$

Angewandt auf (3.17) erhält man:

$$\frac{d}{dt}\frac{\partial T^i}{\partial \dot{\bar{u}}^i_j} - \frac{\partial}{\partial \bar{u}^i_j}(T^i - U^i) = 0$$

mit j = 1,..., Anzahl der Elementfreiheitsgrade.

Es sind dies die allgemeinen Lagrange'schen Bewegungsgleichungen. Mit (3.15) und (3.16) erhält man:

$$\frac{\partial T^i}{\partial \dot{\bar{u}}^i} = \underline{\bar{m}}^i \underline{\dot{\bar{u}}}^i(t), \qquad \frac{d}{dt}\frac{\partial T^i}{\partial \dot{\bar{u}}^i} = \underline{\bar{m}}^i \underline{\ddot{\bar{u}}}^i(t) \tag{3.19}$$

und

$$\frac{\partial}{\partial \underline{\bar{u}}^i}(T^i - U^i) = -\underline{\bar{k}}^i \underline{\bar{u}}^i(t) + \underline{\bar{S}}^i(t).$$

Die spezielle Form der Lagrange'schen Bewegungsgleichungen in lokalen Koordinaten ist somit

$$\underline{\bar{m}}^i \underline{\ddot{\bar{u}}}^i(t) + \underline{\bar{k}}^i \underline{\bar{u}}^i(t) = \underline{\bar{S}}^i(t) \tag{3.20}$$

bzw. in globalen Koordinaten

$$\underline{m}^i \underline{\ddot{u}}^i(t) + \underline{k}^i \underline{u}^i(t) = \underline{S}^i(t). \tag{3.21}$$

Wir haben damit eine einfache Möglichkeit zur Bestimmung der Elementmassenmatrix gefunden.

Wenn wir annehmen, daß die Elementsteifigkeitsmatrix $\underline{k}^i$ die aus der Statik bekannte Matrix ist, dann liegen dieser Matrix bestimmte Verformungsfunktionen zugrunde: So sind die Normalverformung u_x und die Verdrillung ϑ_x lineare Funktionen in $\bar{x}$; die Durchbiegungen w_y und w_z sind kubische Parabeln in $\bar{x}$.

Wie Beispiel 3.1 zeigt, ist die Normalverformung bei einer freien Schwingung jedoch eine trigonometrische Funktion. Auch die anderen Verformungen sind in der Dynamik stets trigonometrische Funktionen oder Hyperbelfunktionen (siehe Anhang A4).
Wir führen folglich eine Approximation der tatsächlichen Verformungsfunktion ein. Dieses Vorgehen kann als Anwendung des Ritz'schen Verfahrens gesehen werden. Die damit berechnete Matrix $\underline{m}^i$ wird als **konsistente Elementmassenmatrix** bezeichnet.

Im folgenden geben wir die zur Beschreibung der kinetischen Energie notwendigen Verformungsfunktionen an: die kinetische Energie des räumlichen Stabelementes ist (Bild 3.2)

$$T^i = \frac{1}{2}\int_0^{\ell_i} [\rho A\dot{u}_x^2(\bar{x},t) + \rho A\dot{w}_y^2(\bar{x},t) + \rho A\dot{w}_z^2(\bar{x},t) + \rho I_0\dot{\vartheta}_x^2(\bar{x},t)]dx. \tag{3.22}$$

Die in der Statik verwendeten Funktionen der Verformungen in Abhängigkeit von den Stabendverformungen sind (vgl. Teil 1 Gl. (5.20) - (5.22)):

$$u_x(\bar{x},t) = (1-\bar{x}/\ell_i)\bar{u}_1(t) + (\bar{x}/\ell_i)\bar{u}_7(t)$$

$$w_y(\bar{x},t) = (1-3\bar{x}^2/\ell_i^2+2\bar{x}^3/\ell_i^3)\bar{u}_2(t) + (\bar{x}-2\bar{x}^2/\ell_i+\bar{x}^3/\ell_i^2)\bar{u}_6(t)+ (3\bar{x}^2/\ell_i^2-2\bar{x}^3/\ell_i^3)\bar{u}_8(t) + (-\bar{x}^2/\ell_i+\bar{x}^3/\ell_i^2)\bar{u}_{12}(t)$$

$$w_z(\bar{x},t) = (1-3\bar{x}^2/\ell_i^2+2\bar{x}^3/\ell_i^3)\bar{u}_3(t) + (-\bar{x}+2\bar{x}^2/\ell_i-\bar{x}^3/\ell_i^2)\bar{u}_5(t)+ (3\bar{x}^2/\ell_i^2-2\bar{x}^3/\ell_i^3)\bar{u}_9(t) + (\bar{x}^2/\ell_i-\bar{x}^3/\ell_i^2)\bar{u}_{11}(t) \tag{3.23}$$

$$\vartheta_x(\bar{x},t) = (1-\bar{x}/\ell_i)\bar{u}_4(t) + (\bar{x}/\ell_i)\bar{u}_{10}(t).$$

Die Ableitung dieser Funktionen nach der Zeit beeinflußt

ausschließlich die Stabendverformungen. Durch Integration kann damit für jedes Stabelement die Elementmassenmatrix berechnet werden.
Wegen der in Teil 1 getroffenen Annahme, daß Fachwerkelemente auch im verformten Zustand gerade bleiben, sind beim Fachwerkelement alle Verformungen linear in $\bar{x}$ (vgl. Bild 3.4):

$$u_y(\bar{x},t) = (1-\bar{x}/\ell_i)\bar{u}_2(t) + (\bar{x}/\ell_i)\bar{u}_5(t)$$
$$u_z(\bar{x},t) = (1-\bar{x}/\ell_i)\bar{u}_3(t) + (\bar{x}/\ell_i)\bar{u}_6(t). \tag{3.24}$$

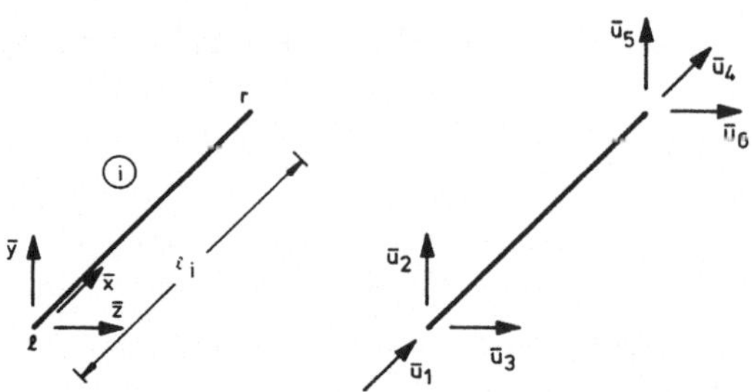

Bild 3.4 Räumliches Fachwerkelement

In dem folgenden Beispiel wird die konsistente Massenmatrix für ein ebenes Fachwerkelement berechnet.

Beispiel 3.3:
Für das in Bild 3.3 dargestellte ebene Fachwerkelement erhält man nach Umformung die kinetische Energie zu

$$T^i = \frac{1}{2}\rho A \int_0^{\ell_i} (\dot{u}_x^2 + \dot{u}_z^2)\,d\bar{x}.$$

Die Funktionen von (3.23) und (3.24) eingesetzt und zusammengefaßt ergibt:

$$T^i = \frac{1}{2}\rho A \int_0^{\ell_i} [(1-\bar{x}/\ell_i)^2(\dot{\bar{u}}_1^2+\dot{\bar{u}}_2^2) +$$

$$(2\bar{x}(1-\bar{x}/\ell_i)/\ell_i)(\dot{\bar{u}}_1\dot{\bar{u}}_3+\dot{\bar{u}}_2\dot{\bar{u}}_4)+(\bar{x}^2/\ell_i^2)(\dot{\bar{u}}_3^2+\dot{\bar{u}}_4^2)]d\bar{x}.$$

Durch Integration erhält man:

$$T^i = \frac{1}{2}\rho A\ell_i\left(\frac{1}{3}\dot{\bar{u}}_1^2 + \frac{1}{3}\dot{\bar{u}}_2^2 + \frac{2}{6}\dot{\bar{u}}_1\dot{\bar{u}}_3 + \frac{2}{6}\dot{\bar{u}}_2\dot{\bar{u}}_4 + \frac{1}{3}\dot{\bar{u}}_3^2 + \frac{1}{3}\dot{\bar{u}}_4^2\right).$$

Diese Gleichung kann in Matrizenform dargestellt werden:

$$T^i \equiv \frac{1}{2}(\dot{\underline{\bar{u}}}^i)^T \underline{\bar{m}}^i \dot{\underline{\bar{u}}}^i = \frac{1}{2}(\dot{\underline{\bar{u}}}^i)^T \frac{\rho A\ell_i}{6}\left[\begin{array}{cc|cc} 2 & 0 & 1 & 0 \\ 0 & 2 & 0 & 1 \\ \hline 1 & 0 & 2 & 0 \\ 0 & 1 & 0 & 2 \end{array}\right] \dot{\underline{\bar{u}}}^i$$

Durch Ableitung nach $\underline{\bar{u}}^i$ entsprechend (3.19) erhält man die konsistente Elementmassenmatrix in lokalen Koordinaten:

$$\underline{\bar{m}}^i = \frac{\rho A\ell_i}{6}\left[\begin{array}{cc|cc} 2 & 0 & 1 & 0 \\ 0 & 2 & 0 & 1 \\ \hline 1 & 0 & 2 & 0 \\ 0 & 1 & 0 & 2 \end{array}\right]$$

Die Transformation auf globale Koordinaten zeigt, daß die konsistente Elementmassenmatrix des Fachwerkelementes drehungsinvariant ist, d.h. es gilt:

$$\underline{\bar{m}}^i \equiv \underline{m}^i \text{ (Fachwerkelement).}$$

Im Anhang A4 sind konsistente Elementmassenmatrizen für weitere Stabelemente zusammengestellt.

3.3 Die konzentrierte Elementmassenmatrix

Die einfachste Näherung für die Massenmatrix eines Stabelementes erhält man, wenn man sich die Masse in den Knotenpunkten konzentriert vorstellt. Dabei wird die Masse des Stabelementes je zur Hälfte dem linken (ℓ) und rechten (r) Knoten zugeordnet. Sollen Rotationsträgheitskräfte berücksichtigt werden, so ist das Massenträgheitsmoment jeweils eines halben Stabelementes dem Knoten zuzuordnen. Die so gewonnene Elementmassenmatrix ist eine Diagonalmatrix. Für ein räumliches Stabelement ergibt sich:

$$\bar{m}^i = \frac{\rho A \ell_i}{2} \operatorname{diag} \{1,1,1,c_1,c_2,c_3,\mid 1,1,1,c_1,c_2,c_3\}$$

Mit c_1, c_2 und c_3 als Verhältniswerte der Massenträgheitsmomente zu der Querschnittsfläche. Für einen schlanken zylindrischen Stab mit dem Durchmesser r_i ist z.B.:

$$c_1 = r_i^2/2 \quad \text{und} \quad c_2 = c_3 = \ell_i^2/12.$$

Sollen keine Rotationsträgheitswirkungen berücksichtigt werden, sind c_1, c_2 und c_3 gleich Null.

Aufgaben:

3.1 Für ein ebenes Stabelement ist die konsistente Elementmassenmatrix zu berechnen und mit der konzentrierten Elementmassenmatrix zu vergleichen. Das Stabelement besitze konstanten Kreisvollquerschnitt mit dem Radius r.

3.2 Für ein ebenes Stabelement mit Momentengelenk am rechten Knoten ist die konsistente Elementmassenmatrix zu berechnen.

4 Freie ungedämpfte Schwingungen von Stabwerken

Die Verformungen im Innern eines Stabelementes können bei bekannter Belastung allein durch die Stabendverformungen dargestellt werden. Auf der Grundlage des Hamilton Prinzips wurden in Kap. 3 Elementmatrizen abgeleitet, die eine eindeutige Zuordnung von Stabendverformungen und Stabendkräften herstellen. Bei der Berechnung eines Stabwerkes müssen die Stabendverformungen so bestimmt werden, daß in den Knotenpunkten kinematische Verträglichkeit besteht (vgl. Teil 1). Im folgenden wird zunächst die systematische Aufstellung der Bewegungsgleichungen unter Verwendung der aus Kap. 3 bekannten Elementmatrizen gezeigt. Mit der dynamischen Elementsteifigkeitsmatrix ergäbe sich ein System transzendenter Bewegungsgleichungen, das nur in Sonderfällen gelöst werden kann. Auf diesen Weg wird deshalb hier nicht eingegangen. Mit den linearisierten Elementmatrizen (Kap. 3) erhält man ein lineares Eigenwertproblem für die freie Schwingung des Stabwerkes. Die Lösung dieses Eigenwertproblemes wird nachfolgend dargestellt und durch zwei Beispiele erläutert.

4.1 Aufstellung der Bewegungsgleichungen

Der erste Schritt bei der systematischen Berechnung eines Tragwerkes ist die Festlegung eines Koordinatensystemes und die Einteilung des Tragwerkes in Elemente. Mit der Wahl der Elementtypen ist auch die Art und Anzahl der Knotenverformungen festgelegt (Bild 4.1). Ihre positive Richtung ist durch das globale Koordinatensystem vorgegeben.
Die Stabendkräfte $\underline{S}$ müssen für das Tragwerk die Gleichgewichtsbedingungen

$$\underline{C}\ \underline{S} = \underline{R} \tag{4.1}$$

erfüllen (vgl. Teil 1, (4.19)).

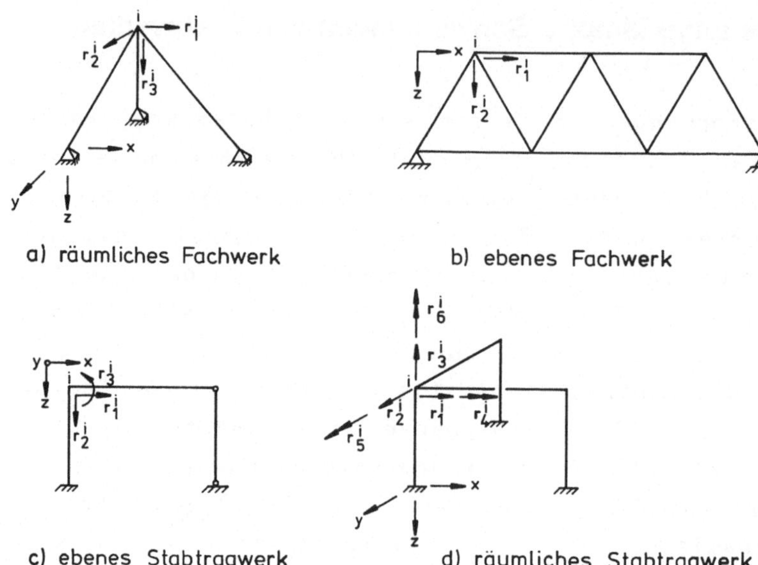

Bild 4.1 Freiheitsgrade bei Stabwerken

Die Verknüpfungsmatrix $\underline{C}$ ist aus der Statik bekannt; die Stabendkräfte $\underline{S}$ und die Knotenlasten $\underline{R}$ sind hier Funktionen der Zeit t.

In Kapitel 3 wurden die in der Dynamik gültigen Beziehungen zwischen Stabendkräften $\underline{S}^i$ und Stabendverformungen $\underline{u}^i$ abgeleitet:

$$\underline{S}^i = \underline{k}_D^i \ \underline{u}^i .$$

Aus der Linearisierung der dynamischen Steifigkeitsmatrix $\underline{k}_D^i$ folgt (3.21):

$$\underline{S}^i = \underline{k}^i \underline{u}^i + \underline{m}^i \underline{\ddot{u}}^i .$$

$\underline{k}^i$ ist die Elementsteifigkeitsmatrix und $\underline{m}^i$ die Elementmassenmatrix.

Die Stabendverformungen $\underline{u}$ aller Elemente müssen mit den Knotenverformungen $\underline{r}$ verträglich sein (siehe Teil 1, (5.16))

$$\underline{C}^T \ \underline{r} = \underline{u}. \tag{4.2}$$

Die Ableitung der Verträglichkeitsbedingungen nach der Zeit t ergibt

$$\underline{C}^T \, \underline{\dot{r}} = \underline{\dot{u}},$$

und

$$\underline{C}^T \, \underline{\ddot{r}} = \underline{\ddot{u}}.$$

Mit diesen Verträglichkeitsbedingungen für die Stabendverformungen und die Knotenverformungen, ergibt sich mit (3.21) und (4.1) die Bewegungsgleichung des Gesamttragwerkes:

$$\underline{C} \, \mathrm{diag}\{\underline{m}^i\} \, \underline{C}^T \, \underline{\ddot{r}} + \underline{C} \, \mathrm{diag}\{\underline{k}^i\} \, \underline{C}^T \, \underline{r} = \underline{R}(t);$$

$\mathrm{diag}\{\underline{m}^i\}$, $\mathrm{diag}\{\underline{k}^i\}$ sind Hyperdiagonalmatrizen.

Die Aufstellung der Bewegungsgleichung erfolgt mit denselben Verfahren, wie sie aus der Statik bekannt sind (Teil 1, Kap. 6).

Mit der Gesamtmassenmatrix

$$\underline{M} = \underline{C} \, \mathrm{diag}\{\underline{m}^i\} \, \underline{C}^T \tag{4.3}$$

und der Gesamtsteifigkeitsmatrix

$$\underline{K} = \underline{C} \, \mathrm{diag}\{\underline{k}^i\} \, \underline{C}^T \tag{4.4}$$

erhält man:

$$\underline{M} \, \underline{\ddot{r}} + \underline{K} \, \underline{r} = \underline{R}(\underline{t}). \tag{4.5}$$

Diese Bewegungsgleichung (dynamische Gleichgewichtsbedingung) ist ein System linearer gekoppelter Differentialgleichungen 2. Ordnung in $\underline{r}(t)$.

Sind einzelnen Freiheitsgraden konzentrierte Einzelmassen zugeordnet, so sind diese Massen und die entsprechenden Diagonalelemente in $\underline{M}$ zu addieren.

Je nach Art der Idealisierung und der verwendeten Elementmassenmatrizen ist $\underline{M}$ regulär oder singulär:

- Bei konsistenten Massenmatrizen sind jedem Freiheitsgrad Elemente von $\underline{M}$ zugeordnet. Da die Elementmassenmatrizen $\underline{m}^i$ regulär sind, ist dann auch die Gesamtmassenmatrix $\underline{M}$ regulär.
- Bei konzentrierten Massen werden die Trägheitskräfte der Rotation vielfach vernachlässigt. Die Gesamtmassenmatrix ist in diesem Fall eine Diagonalmatrix mit Nullelementen und damit singulär.

Im Fall einer singulären Massenmatrix kann die Bewegungsgleichung (4.5) durch Kondensation (vgl. Teil 1, Abschn. 6.5) so transformiert werden, daß ein System von Differentialgleichungen mit regulärer Massenmatrix entsteht.
Die Steifigkeitsmatrix $\underline{K}$ in der Grundgleichung (4.5) ist wegen der Lagerungsbedingunen bei üblichen Baukonstruktionen regulär. Bei beweglichen Konstruktionen (Krane, Fahrzeuge, Fertigteile auf dem Transport) kann die Steifigkeitsmatrix singulär sein. Eine eindeutige Lösung von (4.5) kann in diesem Fall nur bestimmt werden, wenn die Massenmatrix regulär ist, wie man sich am Einmassenschwinger leicht veranschaulichen kann.
Da es sich bei (4.5) um ein System linearer Differentialgleichungen handelt, kann die Lösung $\underline{r}(t)$ durch Addition der Lösung $\underline{r}_h$ des homogenen Problems

$$\underline{M}\,\ddot{\underline{r}} + \underline{K}\,\underline{r} = \underline{0}$$

und einer partikulären Lösung $\underline{r}_p$ für einen speziellen Lastvektor $\underline{R}(t)$ in (4.5) bestimmt werden:

$$\underline{r}(t) = \underline{r}_h + \underline{r}_p .$$

4.2 Freie Schwingungen

Für die Berechnung der freien Schwingungen ist das System

von homogenen Differentialgleichungen

$$\underline{M}\,\ddot{\underline{r}} + \underline{K}\,\underline{r} = \underline{0} \tag{4.6}$$

unter Berücksichtigung der Anfangsbedingungen

$$\underline{r}(0) = \underline{r}_0 \quad \text{und}$$

$$\dot{\underline{r}}(0) = \dot{\underline{r}}_0$$

zu lösen.
Für jede Knotenverformung r_j wird ein Ansatz aus den trigonometrischen Funktionen (vgl. Kap. 2)

$$r_j = a_j \cos\omega t + b_j \sin\omega t \tag{4.7}$$

oder nach (2.14)

$$r_j = \bar{r}_j \cos(\omega t + \varphi_j) \tag{4.8}$$

gewählt.

Die zweifache Ableitung nach der Zeit liefert

$$\ddot{r}_j = -\omega^2 r_j .$$

Die Knotenverformungen r_j und ihre Beschleunigungen $\ddot{r}_j$ werden in den Vektoren $\underline{r}$ bzw. $\ddot{\underline{r}}$ zusammengefaßt und in (4.6) eingesetzt. Es ergibt sich so das lineare Eigenwertproblem für die freien Schwingungen

$$(\underline{K} - \omega^2\underline{M})\,\underline{r} = \underline{0}. \tag{4.9}$$

Dieses homogene Gleichungssystem hat nur dann nichttriviale Lösungen $\underline{r}$, wenn die Koeffizientendeterminante verschwindet

$$\det\,(\underline{K} - \omega^2\underline{M}) = 0.$$

Alle Werte ω_i^2, die diese Bedingung erfüllen, liefern Lösungsfunktionen für die homogene Differentialgleichung. Diese Werte sind die Eigenwerte der Koeffizientenmatrix von (4.9). In der mechanischen Interpretation sind sie die Quadrate der Eigenkreisfrequenzen ω_i des Mehrmassenschwingers. Die Anzahl der Eigenwerte bzw. der Eigenkreisfrequenzen ist gleich der Anzahl der Freiheitsgrade des Mehrmassenschwingers. Zur weiteren grundsätzlichen Diskussion von Eigenwertproblemen sei auf Teil 1, Anhang A 2.2 und auf die mathematische Fachliteratur [3], [66], [1] verwiesen.

Zu jedem Eigenwert ω_i^2 kann eine einparametrige Lösung

$$\underline{r}_i = \underline{Y}_i y_i \tag{4.10}$$

angegeben werden. Der Vektor $\underline{Y}_i$ wird als Eigenvektor bezeichnet. Er enthält die Verhältniswerte der Knotenverformungen; y_i ist ein freier Parameter. Der Index "i" in (4.10) bezieht sich auf den Eigenwert ω_i^2.
Werden die Eigenwerte ω_i^2 in einer Diagonalmatrix zusammengefaßt, so ergibt sich die Spektralmatrix:

$$\underline{\Omega} = \text{diag}\{\omega_1^2, \ldots \omega_n^2\} \tag{4.11}$$

mit $\omega_1 \leq \omega_2 \leq \ldots \leq \omega_n$.

Definition 4.1: Die Spektralmatrix ist die Diagonalmatrix der in aufsteigender Reihenfolge geordneten Quadrate der Eigenkreisfrequenzen.

Entsprechend der Ordnung der Eigenwerte in der Spektralmatrix werden die Vektoren $\underline{Y}_i$ in der Matrix $\underline{Y}$ zusammengefaßt. Da die Lösung (4.10) einen freien Parameter enthält, können die Eigenvektoren $\underline{Y}_i$ in beliebiger Weise normiert werden.

Die Eigenvektoren $\underline{r}_i$ sind orthogonal bezüglich Multiplikationen mit der Massenmatrix und der Steifigkeitsmatrix. Es gelten die Beziehungen (vgl. [54])

$$\underline{Y}_i^T \underline{M} \underline{Y}_i = \tilde{M}_i ,$$

$$\underline{Y}_i^T \underline{M} \underline{Y}_j = 0$$

und

$$\underline{Y}_i^T \underline{K} \underline{Y}_i = \tilde{M}_i \omega_i^2 ,$$

$$\underline{Y}_i^T \underline{K} \underline{Y}_j = 0.$$

Ist für eine spezielle Normierung $\tilde{M}_i = 1$, so werden diese Eigenvektoren im folgenden mit $\underline{r}_i^E$ bezeichnet.
Die Matrix

$$\underline{r}^E = [\underline{r}_1^E, \underline{r}_2^E \ldots \underline{r}_n^E],$$

in der diese Eigenvektoren zusammengefaßt sind, heißt Modalmatrix.

Definition 4.2: Die Matrix $\underline{r}^E$ der Eigenvektoren $\underline{r}_i^E$ ist die Modalmatrix.

Für die Modalmatrix gilt also

$$(\underline{r}^E)^T \underline{K} \, \underline{r}^E = \underline{\Omega} , \tag{4.12}$$

$$(\underline{r}^E)^T \underline{M} \, \underline{r}^E = \underline{I} . \tag{4.13}$$

Zwischen dem Eigenvektor $\underline{Y}_i$ und dem **speziellen Eigenvektor** $\underline{r}_i^E$ besteht die Beziehung

$$\underline{r}_i^E = \frac{1}{\underline{Y}_i^T \underline{M} \, \underline{Y}_i} \underline{Y}_i .$$

Für die freien Parameter in (4.10) wird bei Verwendung der

Eigenvektoren $\underline{r}_i^E$ die Bezeichnung q_i eingeführt

$$\underline{r}_i = \underline{r}_i^E q_i \tag{4.14}$$

Wegen der Linearität der Differentialgleichung ist jede Linearkombination von Lösungen $\underline{r}_i$ nach (4.14) wieder eine Lösung des homogenen Problems; (vgl. Kap. 2, Satz 2). Die Lösung

$$\underline{r} = \Sigma\, \underline{r}_i^E q_i = \underline{r}^E \underline{q}$$

wird als vollständige Lösung bezeichnet. Der Vektor $\underline{q}$ enthält die freien Parameter q_i, die nunmehr auch als Faktoren der Linearkombination angesehen werden können. Diese Wichtungsfaktoren q_i werden im folgenden als **Normalkoordinaten** bezeichnet.

Definition 4.3: Die Faktoren q_i der Linearkombination der Eigenwerte $\underline{r}_i^E$ werden als Normalkoordinaten bezeichnet.

Die Elemente von $\underline{r}_i^E$ in (4.14) sind unabhängig von der Zeit t. Die Zeitabhängigkeit von $\underline{r}_i = \underline{r}_i(t)$ ist in der Normalkoordinate $q_i = q_i(t)$ enthalten.
Mit Bezug auf den Ansatz (4.7) gilt für jede Lösung "i" zum Eigenwert ω_i^2

$$\underline{a}_i = \underline{r}_i^E \hat{a}_i$$

und

$$\underline{b}_i = \underline{r}_i^E \hat{b}_i$$

oder

$$\underline{r}_i = \underline{r}_i^E (\hat{a}_i \cos\omega_i t + \hat{b}_i \sin\omega_i t). \tag{4.15}$$

Die Vektoren $\underline{a}_i$ und $\underline{b}_i$ enthalten die Konstanten $\hat{a}_i$ und $\hat{b}_i$ der Ansätze für die Knotenverformungen. Es ist anzumerken, daß in den Ansatzfunktionen noch kein Index für die Eigenwerte eingeführt wurde.

Mit Bezug auf den Ansatz (4.8) gilt

$$\bar{r}_{ji} = r_{ji}^{E}\,\hat{r}_{ji},$$

oder

$$r_{ji} = r_{ji}^{E}\,\hat{r}_{ji}\cos(\omega_i t + \hat{\varphi}_{ji}). \tag{4.16}$$

Jedes Element in (4.15) enthält die zwei Konstanten a_{ji} und b_{ji}, die aus den Anfangsbedingungen bestimmt werden können. Ebenso enthält (4.16) die zwei Konstanten $\hat{r}_{ji}$ und $\hat{\varphi}_{ji}$, die auch aus den Anfangsbedingungen bestimmt werden können.
Der kleinste Eigenwert ω_1^2 und der zugehörige Eigenvektor haben in Abschätzungen der dynamischen Berechnung eine besondere Bedeutung. Deswegen werden sie gesondert bezeichnet.

Definition 4.4: Die kleinste Eigenfrequenz ω_1 ist die Grundfrequenz. Der zugehörige Eigenvektor $\underline{r}_1^E$ beschreibt die Grundschwingung.

In Anlehnung an die Akustik werden die Schwingungen zu höheren Eigenfrequenzen als Oberschwingungen bezeichnet.
Die Eigenvektoren beschreiben somit charakteristische Verschiebungszustände des Tragwerks; diese sind jeweils einer Eigenfrequenz zugeordnet.

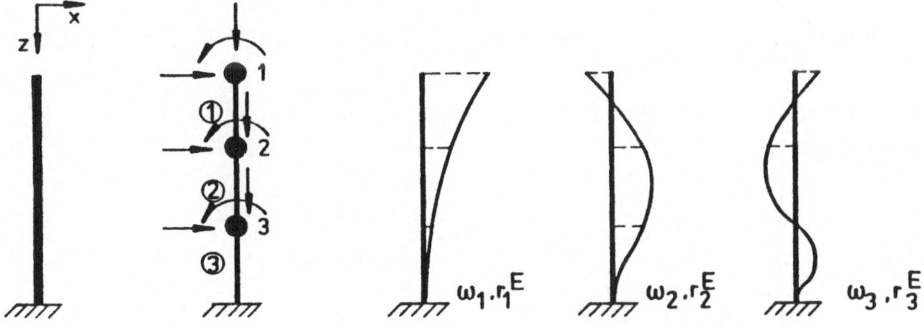

Bild 4.2 Eigenfrequenzen und Eigenvektoren

In Bild 4.2 sind die Eigenvektoren für drei Eigenfrequenzen des eingespannten Stabes dargestellt.
Für die Lösung von Eigenwertproblemen gibt es eine Vielzahl von Verfahren (siehe [66], [1], [50], [19]). Die meisten Verfahren behandeln das sogenannte Standardeigenwertproblem

$$(\underline{A} - \lambda \underline{I})\ \underline{X} = \underline{0} \tag{4.17}$$

mit: $\underline{A}$: Koeffizientenmatrix,
$\underline{I}$: Einheitsmatrix,
λ: Eigenwert,
$\underline{X}$: Eigenvektor.

Bei Problemen der Baudynamik kann davon ausgegangen werden, daß die Matrix $\underline{A}$ symmetrisch und positiv definit oder positiv semidefinit ist. Das heißt, daß alle Eigenwerte positiv sind für eine positiv definite Matrix $\underline{A}$, null oder positiv für eine positiv semidefinite Matrix $\underline{A}$.
Die Transformation von (4.9) auf die Standardform sollte so durchgeführt werden, daß die Symmetrieeigenschaften erhalten bleiben. Sie kann auf zwei Arten durchgeführt werden:

(a) Bei positiv definiter Massenmatrix $\underline{M}$:

Dreieckszerlegung $\underline{M} = \underline{L}_M\, \underline{L}_M^T$

Substitution $$\underline{r} = (\underline{L}_M^T)^{-1} \bar{\underline{r}}. \tag{4.18}$$

Einsetzen in (4.9) und Multiplikation von links mit $\underline{L}_M^{-1}$ liefert

$$(\underline{L}_M^{-1} \underline{K} (\underline{L}_M^T)^{-1}) \bar{\underline{r}} - \omega^2 (\underline{L}_M^{-1}\, \underline{L}_M\, \underline{L}_M^T\, (\underline{L}_M^T)^{-1})\ \bar{\underline{r}} = \underline{0}.$$

Mit

$$\underline{L}_M^{-1}\, \underline{L}_M\, \underline{L}_M^T\, (\underline{L}_M^T)^{-1} = \underline{I}$$

gilt zusammengefaßt

$$(\underline{L}_M^{-1}\underline{K}(\underline{L}_M^T)^{-1} - \omega^2\underline{I})\bar{\underline{r}} = \underline{0}. \tag{4.19}$$

Für $\underline{A} \equiv \underline{L}_M^{-1}\ \underline{K}(\underline{L}_M^T)^{-1}$ (Koeffizientenmatrix),

$\lambda \equiv \omega^2$ (Eigenwerte)

und $\underline{X} \equiv \bar{\underline{r}}$ (Eigenvektoren)

entspricht dieses Eigenwertproblem somit der Standardform (4.17). Die Eigenvektoren $\underline{r}$ ergeben sich aus der Rücksubstitution mit (4.18).

(b) Bei positiv definiter Steifigkeitsmatrix $\underline{K}$:

Dreieckszerlegung $\underline{K} = \underline{L}_K\ \underline{L}_K^T$

Substitution $\underline{r} = (\underline{L}_K^T)^{-1}\bar{\underline{r}}$. (4.20)

Einsetzen in (4.9) und Multiplikation von links mit $\underline{L}_K^{-1}$ und $-1/\omega^2$ liefert

$$-\frac{1}{\omega^2}\underline{L}_K^{-1}\ \underline{L}_K\ \underline{L}_K^T(\underline{L}_K^T)^{-1}\ \bar{\underline{r}} + \underline{L}_K^{-1}\ \underline{M}\ (\underline{L}_K^T)^{-1}\ \bar{\underline{r}} = \underline{0}.$$

Mit

$$\underline{L}_K^{-1}\ \underline{L}_K\ \underline{L}_K^T\ (\underline{L}_K^T)^{-1} = \underline{I}$$

gilt zusammengefaßt

$$(\underline{L}_K^{-1}\ \underline{M}\ (\underline{L}_K^T)^{-1} - \frac{1}{\omega^2}\ \underline{I})\bar{\underline{r}} = \underline{0}. \tag{4.21}$$

Für

$\underline{A} = \underline{L}_K^{-1}\ \underline{M}\ (\underline{L}_K^T)^{-1}$ (Koeffizientenmatrix),

$\lambda = 1/\omega^2$ (Eigenwerte)

und $\underline{X} = \bar{\underline{r}}$ (Eigenvektoren)

liegt wieder ein Standardeigenwertproblem vor.
Für die Berechnung der Eigenvektoren muß diesmal die Rücksubstitution (4.20) durchgeführt werden. Es ist hierbei darauf zu achten, daß die Eigenvektoren entsprechend dem zugrundeliegenden Standardeigenwertproblem anders skaliert sind als bei einer Transformation nach (a) oder als die Eigenvektoren des Originalproblems.
Für die Durchführung der Transformation (nach (a) oder (b)) des Originalproblems (4.9) auf das Standardproblem (4.17) muß also entweder die Gesamtsteifigkeitsmatrix $\underline{K}$ oder die Gesamtmassenmatrix $\underline{M}$ regulär sein. Ist keine der beiden Matrizen regulär, ist (4.9) nicht lösbar: das Problem ist falsch formuliert. Zur Erläuterung sei auf den Einmassenschwinger hingewiesen. Für verschwindende Masse und Steifigkeit ergibt sich für die Eigenkreisfrequenz der unbestimmte Ausdruck 0/0.

Die Anzahl der Eigenwerte, die ungleich Null sind, ist gleich dem Rang der Koeffizientenmatrix des Standardproblems (4.19) oder (4.21) (vgl. [66]).
Ist das zu berechnende Tragwerk nicht vollständig gehalten, sondern kann Starrkörperverschiebungen ausführen (z.B. Krane, Montageteile auf dem Transport), so ist die Gesamtsteifigkeitsmatrix singulär. Entsprechend der Anzahl möglicher Starrkörperverschiebungen (Rangabfall der Gesamtsteifigkeitsmatrix $\underline{K}$) ergibt sich eine Anzahl von Nulleigenwerten. Die zugehörigen Eigenvektoren beschreiben diese Starrkörperverschiebungen (siehe Beispiel 4.2).

Die Berechnung der Eigenwerte kann bei kleinen Problemen (Rang $r < 4$) über das charakteristische Polynom, das sich durch Ausmultiplizieren der Determinante von (4.9) bzw. (4.19) oder (4.21) ergibt, durchgeführt werden. Bei größeren Problemen ist der Einsatz eines leistungsfähigen Programms unumgänglich [50], [19]. Diese Programme für größere Probleme arbeiten mit dem Verfahren der simultanen Vektoriteration (siehe Anhang A2). Ist nur die niedrigste

Eigenfrequenz, die Grundfrequenz, gesucht, bietet sich die Lösung mit Hilfe des Rayleigh-Quotienten an (siehe Kap. 7). Da die Form der Grundschwingung meist gut abgeschätzt werden kann, liegt ein guter Startpunkt für die iterative Lösung vor.

Durch Einführung der Normalkoordinaten können die dynamischen Gleichgewichtsbedingungen entkoppelt werden. Hierzu wird (4.14)

$$\underline{r} = \underline{r}^E \underline{q}$$

in (4.6) eingesetzt

$$\underline{M}\,\underline{r}^E \underline{\ddot{q}} + \underline{K}\,\underline{r}^E \underline{q} = \underline{0}.$$

Nach Multiplikation von links mit $(\underline{r}^E)^T$ ergibt sich

$$(\underline{r}^E)^T \underline{M}\,\underline{r}^E \underline{\ddot{q}} + (\underline{r}^E)^T \underline{K}\,\underline{r}^E \underline{q} = \underline{0}.$$

Wegen (4.12) und (4.13) gilt

$$\underline{\ddot{q}} + \underline{\Omega}\,\underline{q} = \underline{0}. \qquad (4.22)$$

Da die Spektralmatrix $\underline{\Omega}$ eine Diagonalmatrix ist, ist (4.22) eine zusammengefaßte Form von dynamischen Gleichgewichtsbedingungen für Schwingungen mit einem Freiheitsgrad ($m_i \equiv 1$, $k_i \equiv \omega_i^2$)

$$\ddot{q}_i + \omega_i^2 q_i = 0. \qquad (4.23)$$

Diese Gleichungen sind jeweils einer Eigenfrequenz ω_i zugeordnet. Mit Bezug auf die Differentialgleichung für einen Freiheitsgrad wird q_i auch als verallgemeinerter Freiheitsgrad bezeichnet. Die Entkopplung der dynamischen Gleichgewichtsbedingung des Mehrmassenschwingers durch Einführung der Modalmatrix und der Normalkoordinaten hat zentrale Bedeutung in der Berechnung linearer Schwingungen.

Für die Berechnung der freien Konstanten der Ansatzfunktionen aus gegebenen Anfangsbedingungen werden ebenfalls die Normalkoordinaten eingeführt:

$$\underline{r}(o) \equiv \underline{r}_o = \underline{r}^E \underline{q}_o,$$

$$\dot{\underline{r}}(o) \equiv \dot{\underline{r}}_o = \underline{r}^E \dot{\underline{q}}_o.$$

Die Anfangswerte $\underline{q}_o$ und $\dot{\underline{q}}_o$ ergeben sich somit zu

$$\underline{q}_o = (\underline{r}^E)^{-1} \underline{r}_o,$$

$$\dot{\underline{q}}_o = (\underline{r}^E)^{-1} \dot{\underline{r}}_o.$$

Mit der Orthogonalitätsbeziehung (4.13) kann auch geschrieben werden

$$(\underline{r}^E)^{-1} = (\underline{r}^E)^T \underline{M}. \tag{4.24}$$

Damit folgt für die Anfangswerte

$$\underline{q}_o = (\underline{r}^E)^T \underline{M}\, \underline{r}_o \tag{4.25}$$

und

$$\dot{\underline{q}}_o = (\underline{r}^E)^T \underline{M}\, \dot{\underline{r}}_o. \tag{4.26}$$

Es ist also für die Lösung des Anfangswertproblems nicht notwendig, daß alle Eigenvektoren bekannt sind.
Mit den Anfangswerten (4.25) und (4.26) kann für jede Differentialgleichung (4.23) in Normalkoordinaten die Lösung angegeben werden (vgl. Kap. 2)

$$q_i = q_{oi} \cos\omega_i t + \frac{\dot{q}_{oi}}{\omega_i} \sin\omega_i t. \tag{4.27}$$

Nach Einsetzen der Anfangsbedingungen ist mit $\underline{r} = \underline{r}(t)$ ein zeitabhängiger Verschiebungszustand des Tragwerks gegeben. Die zugehörigen Spannungen bzw. Stabendkräfte sind somit ebenfalls zeitabhängig. Zu ihrer Berechnung werden zuerst aus

$$\underline{u} = \underline{C}^T \underline{r}$$

die zeitabhängigen Stabendverformungen ermittelt. Die Stabendkräfte $\underline{S}^j$ für das Element "j" ergeben sich aus

$$\underline{S}^j = \sum_{i=1}^{n} \underline{k}^j_{Di} \, \underline{u}^j_i . \tag{4.28}$$

Da die dynamische Steifigkeitsmatrix abhängig von der Eigenfrequenz ω_i ist, muß der Vektor $\underline{u}^j$ der Stabendverformungen in die Anteile getrennt werden, die jeweils einer Eigenfrequenz zugeordnet sind.

Näherungsweise können die Stabendkräfte auch aus der linearisierten Beziehung (3.21)

$$\underline{S}^j = \underline{k}^j \, \underline{u}^j + \underline{m}^j \, \ddot{\underline{u}}^j$$

berechnet werden. Da die linearisierten Elementmatrizen $\underline{k}^j$ und $\underline{m}^j$ von der Eigenfrequenz unabhängig sind, ist die zusammengefaßte Darstellung möglich.
Bei der Bemessung von Tragwerken ist zu beachten, daß die Trägheitskräfte $\underline{m} \, \ddot{\underline{u}}$ (siehe Kap. 3) wie eine verteilte Belastung wirken. Die nach (4.28) oder (3.21) berechneten Stabendkräfte liefern somit im allgemeinen nicht die für die Bemessung maßgebenden Maximalwerte der Spannungen.

Zusammenfassung der Berechnung freier Schwingungen

(1) Aufstellen der Matrizen $\underline{M}$ und $\underline{K}$ mit (4.3) und (4.4).

(2) Transformation des allgemeinen Eigenwertproblems (4.9) auf das spezielle Eigenwertproblem (4.17) mit (4.19) oder (4.21).

(3) Lösung des speziellen Eigenwertproblems; Berechnung der Frequenzen und Perioden, Rückrechnung der Eigenvektoren mit (4.18) oder (4.20).

(4) Auswertung durch Auftragen der Eigenformen und Vergleich der Periode mit bekannten Werten ähnlicher Konstruktionen.

Die Berechnung der freien Schwingungen wird im folgenden an zwei Beispielen erläutert. Das erste Beispiel bringt eine Gegenüberstellung der Möglichkeiten, die Elementmasse zu berücksichtigen, das zweite Beispiel ist ein Balken mit Starrkörperverschiebungen.

Beispiel 4.1:
Für den im Bild 4.3 dargestellten Rahmen (Stiele aus Stahl, Riegel aus Stahlbeton) werden die Eigenfrequenzen und Eigenformen mit konzentrierter Massenmatrix und mit konsistenter Massenmatrix berechnet.

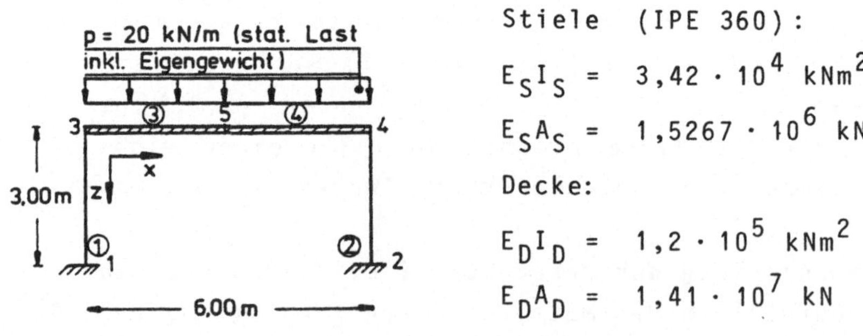

Bild 4.3 Ebener Rahmen

Die äußere Belastung berücksichtigt das Eigengewicht des Riegels. Die Masse der Stiele wird vernachlässigt. Aus der äußeren Belastung ergibt sich die Masse des Riegels zu

$$m_o = 2000 \text{ kg/m}.$$

Ziel der Berechnung ist die Lösung des Eigenwertproblems (4.9)

$$(\underline{K} - \omega^2 \underline{M})\, \underline{r} = \underline{0}.$$

Die Steifigkeitsmatrix $\underline{K}$ wird mit der direkten Steifigkeitsmethode aufgebaut (siehe Teil 1, Kap. 6)

$$\underline{K} = 10^7 \cdot \left[\begin{array}{ccc|ccc} 236{,}52 & 0 & 2{,}28 & -235{,}00 & 0 & 0 \\ & 51{,}56 & -2{,}00 & 0 & -0.67 & -2{,}00 \\ & & 12{,}56 & 0 & 2{,}00 & 4{,}00 \\ \hline & & & 236{,}52 & 0 & 2{,}28 \\ & \text{symmetrisch} & & & 51{,}56 & 2{,}00 \\ & & & & & 12{,}56 \end{array}\right].$$

Die Massenmatrix $\underline{M}$ kann für konzentrierte Massen direkt aufgestellt werden:

mit $m_3 \equiv m_4 = 6{,}00 \cdot 10^3$ kg

ergibt sich

$$\underline{M} = 6000 \cdot \left[\begin{array}{ccc|ccc} 1 & 0 & 0 & & & \\ 0 & 1 & 0 & & \underline{0} & \\ 0 & 0 & 0 & & & \\ \hline & & & 1 & 0 & 0 \\ & \underline{0} & & 0 & 1 & 0 \\ & & & 0 & 0 & 0 \end{array}\right].$$

Da die Massenmatrix singulär ist, wird das allgemeine Eigenwertproblem mit der Transformation b) auf das spezielle Eigenwertproblem transformiert. Die Berechnung wird wie folgt durchgeführt:

1. Dreieckszerlegung von $\underline{K}$ nach Cholesky

$$\underline{K} = \underline{L}_K \, \underline{L}_K^T .$$

2. Berechnung der Koeffizientenmatrix $\underline{A}$ des speziellen Eigenwertproblems

$$\underline{A} = \underline{L}_K^{-1} \, \underline{M} \, (\underline{L}_K^{-1})^T .$$

3. Lösung des speziellen Eigenwertproblems und Rücktransformation der Eigenwerte λ und der Eigenvektoren $\bar{\underline{r}}$

$$\omega = \sqrt{1/\lambda} \quad \text{und} \quad \underline{r} = (\underline{L}_K^T)^{-1} \, \bar{\underline{r}} .$$

Die SMIS-Kommandos [30] der Berechnung sind:

```
LOAD    F1 = K    N1 = 6    N2 = 6
:
```

Es folgen zeilenweise die Elemente der Gesamtsteifigkeitsmatrix $\underline{K}$.

```
LOAD    F1 = M    N1 = 1    N2 = 6
```

Es folgen die Elemente der Hauptdiagonalen von $\underline{M}$.

```
CHOL1   F1 = K    F2 = LT
```

Es wird die obere Dreiecksmatrix $\underline{L}_K^T$ der Zerlegung von $\underline{K} = \underline{L}_K \, \underline{L}_K^T$ berechnet.

```
CHOL3   F1 = LT
```

Es wird die Inverse $(L_K^T)^{-1}$ berechnet.

```
TRANS   F1 = LT   F2 = L
DGPOST  F1 = L    F2 = M
MULT    F1 = L    F2 = LT   F3 = A
```

Es wird $\underline{A} \equiv (\underline{L}_K^{-1}) \, \underline{M} \, (\underline{L}_K^{-1})^T$ berechnet.

```
LOAD    F1 = I    N1 = 1    N2 = 6
1  1  1  1  1  1
```

EIGEN F1 = A F2 = I F3 = RST F4 = OM N1 = 4

Es wird das spezielle Eigenwertproblem (4.21) gelöst. Da die Massenmatrix zwei Nullelemente enthält, ergeben sich nur vier sinnvolle Eigenwerte und Eigenvektoren. Die vier größten Eigenvektoren sind transponiert in der Matrix RST abgelegt, alle Eigenwerte in der Zeilenmatrix OM.

RMVSM F1 = OM F2 = OMEGA N1 = 1 N2 = 1 N3 = 1 N4 = 4

Es werden die ersten vier Eigenwerte nach OMEGA umgespeichert.

SQREL F1 = OMEGA

INVEL F1 = OMEGA

Es werden die Eigenkreisfrequenzen ω_i berechnet $\omega_i := \sqrt{1/\lambda_i}$

$\omega_1 = 44{,}72$	$[s^{-1}]$	$T_{01} = 0{,}140$ [s]
$\omega_2 = 291{,}2$		$T_{02} = 0{,}022$
$\omega_3 = 292{,}3$		$T_{03} = 0{,}021$
$\omega_4 = 885{,}9$		$T_{04} = 0{,}007$

TRANS F1 = RST F2 = RS

MULT F1 = LT F2 = RS F3 = RE

DGPOST F1 = RE F2 = OMEGA

Die Eigenvektoren werden nach Gleichung (4.20) rücktransformiert und bezüglich $\underline{M}$ orthonormiert.

Die zugehörigen ersten vier Eigenvektoren sind

$$\underline{r}^E = \begin{array}{c} \\ \end{array}\begin{bmatrix} \underline{r}_1^E & \underline{r}_2^E & \underline{r}_3^E & \underline{r}_4^E \\ -0{,}289 & \sim 0 & -0{,}003 & 0{,}289 \\ 0{,}003 & -0{,}288 & -0{,}289 & \sim 0 \\ 0{,}041 & \sim 0 & -0{,}069 & -0{,}077 \\ -0{,}289 & \sim 0 & -0{,}003 & -0{,}289 \\ -0{,}003 & -0{,}289 & 0{,}288 & \sim 0 \\ 0{,}041 & \sim 0 & -0{,}069 & 0{,}077 \end{bmatrix} \begin{array}{c} \\ r_{3x} \\ r_{3z} \\ o_3 \\ r_{4x} \\ r_{4z} \\ o_4 \end{array}$$

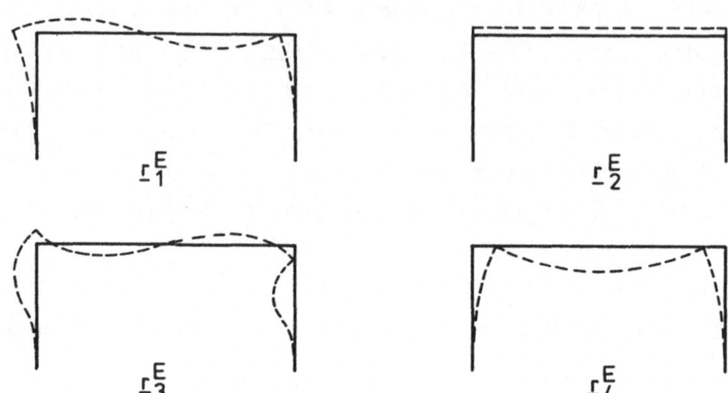

Bild 4.4 Eigenschwingungsformen des ebenen Rahmens bei konzentrierten Massen

Die Eigenschwingungsformen können damit qualitativ dargestellt werden (Bild 4.4).
Im folgenden werden wir das System von Bild 4.3 mit der konsistenten Massenmatrix berechnen und die Ergebnisse vergleichen. Die Masse der Stiele wird wiederum vernachlässigt.
Mit dem Richtungswinkel der Stabachse kann die Elementmassenmatrix aufgestellt werden (siehe Anhang A4).

Für Element ③ gilt:

$$\underline{m}^3 = 10^3 \cdot \left[\begin{array}{ccc|ccc} 4,00 & 0 & 0 & 2,00 & 0 & 0 \\ & 4,46 & -3,77 & 0 & 1,54 & 2,23 \\ & & 4,11 & 0 & -2,23 & -3,09 \\ \hline & & & 4,00 & 0 & 0 \\ & \text{symmetrisch} & & & 4,46 & 3,77 \\ & & & & & 4,11 \end{array}\right]$$

Die konsistente Gesamtmassenmatrix wird analog der direkten Steifigkeitsmethode aufgebaut. Es ergibt sich für $\underline{M}$ die

Elementmassenmatrix $\underline{m}^3$.
Das Eigenwertproblem kann mit SMIS gelöst werden.
Die Berechnung ergibt sechs sinnvolle Eigenwerte, da die konsistente Gesamtmassenmatrix regulär ist. Die Eigenkreisfrequenzen und die Eigenperioden sind:

$$\begin{aligned} \omega_1 &= 44{,}66 & T_{01} &= 0{,}141 \\ \omega_2 &= 103{,}0 & T_{02} &= 0{,}061 \\ \omega_3 &= 319{,}5 & T_{03} &= 0{,}020 \\ \omega_4 &= 754{,}7 \quad [s^{-1}] & T_{04} &= 0{,}008 \quad [s] \\ \omega_5 &= 1162 & T_{05} &= 0{,}005 \\ \omega_6 &= 1536 & T_{06} &= 0{,}004 \end{aligned}$$

Die Eigenvektoren sind:

$$\underline{r}^E = \begin{array}{c} \underline{r}_1^E \quad \underline{r}_2^E \quad \underline{r}_3^E \quad \underline{r}_4^E \quad \underline{r}_5^E \quad \underline{r}_6^E \\ \left[\begin{array}{rrrrrr} 0{,}288 & -0{,}001 & 0{,}015 & 0{,}004 & -0{,}004 & -0{,}500 \\ -0{,}003 & -0{,}034 & -0{,}199 & -0{,}706 & -0{,}891 & -0{,}005 \\ -0{,}041 & 0{,}235 & 0{,}381 & -0{,}601 & -1{,}488 & -0{,}005 \\ \hline 0{,}288 & 0{,}001 & 0{,}015 & -0{,}004 & -0{,}004 & 0{,}500 \\ 0{,}003 & -0{,}034 & 0{,}199 & -0{,}706 & 0{,}891 & -0{,}005 \\ -0{,}041 & -0{,}235 & 0{,}381 & 0{,}601 & -1{,}488 & 0{,}005 \end{array}\right] \end{array} \begin{array}{l} \\ r_{3x} \\ r_{3z} \\ \theta_3 \\ r_{4x} \\ r_{4z} \\ \theta_4 \end{array} .$$

Die zugehörigen Eigenschwingungsformen sind in Bild 4.5 dargestellt.
Aus einem Vergleich der Ergebnisse ersieht man, daß lediglich die Grundfrequenz und Grundschwingungsform übereinstimmen. Höhere Eigenfrequenzen und Eigenschwingungsformen der Berechnung mit konzentrierten Massen sind nicht vergleichbar mit denen aus der Berechnung mit konsistenten Massen. Hieraus wird der Näherungscharakter deutlich. Wählt man eine mehrfache Unterteilung des Riegels und der Stiele, so wird man auch eine Übereinstimmung in höheren Eigenfrequenzen erzielen und Konvergenz zu den tatsächlichen Eigenfrequenzen feststellen. Die Rotationsträgheit wird bei konzentrierten Massenmatrizen erst durch

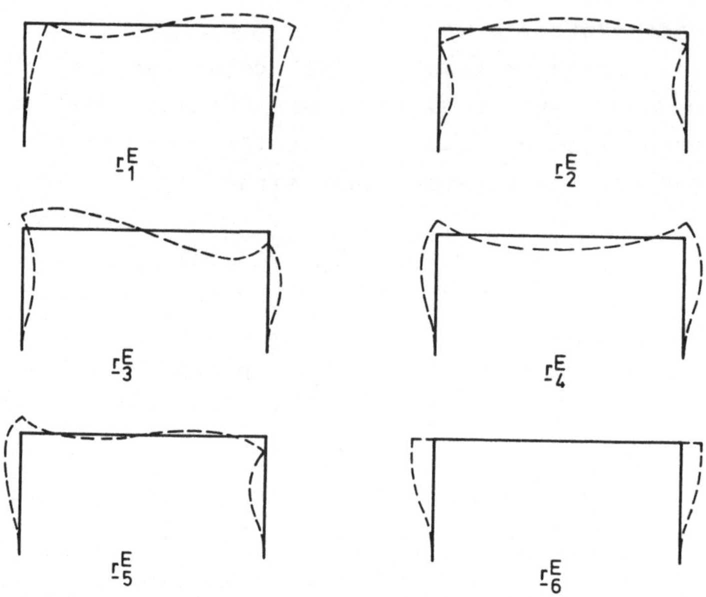

Bild 4.5 Eigenschwingungsformen des ebenen Rahmens bei konsistenter Massenmatrix

eine höhere Anzahl von Elementunterteilungen näherungsweise erfaßt.

Beispiel 4.2:

Für das in Bild 4.6 dargestellte ebene Stabelement ohne Lagerbedingungen wollen wir im folgenden die Eigenwerte und Eigenvektoren bestimmen.

Die Masse des Systems soll durch die konsistente Massenma-

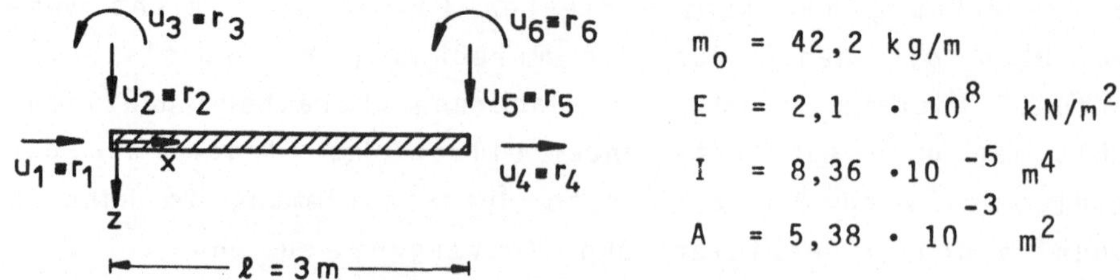

Bild 4.6 Element mit Freiheitsgraden und Querschnittswerten

trix dargestellt werden. Gesamtsteifigkeits- und Gesamtmassenmatrix sind im vorliegenden Fall mit Elementsteifigkeits- und Elementmassenmatrix identisch. Da die Elementsteifigkeitsmatrix eines freien Elementes singulär, die Elementmassenmatrix jedoch regulär ist, benutzen wir die Gleichungen (4.18) und (4.19) für die Transformation des allgemeinen auf das spezielle Eigenwertproblem.

Als Lösung erhält man nach einer Berechnung mit SMIS [30]:

$$
\begin{aligned}
\omega_1^2 &= \omega_2^2 = \omega_3^2 \approx 0 \\
\omega_4^2 &= 3{,}6979 \cdot 10^6 \\
\omega_5^2 &= 3{,}5697 \cdot 10^7 \\
\omega_6^2 &= 4{,}3143 \cdot 10^7 .
\end{aligned}
$$

Die bezüglich $\underline{M}$ orthonormalen Eigenvektoren sind

$$
\begin{array}{cccccc}
\underline{r}^E_1 & \underline{r}^E_2 & \underline{r}^E_3 & \underline{r}^E_4 & \underline{r}^E_5 & \underline{r}^E_6
\end{array}
$$

$$
\underline{r}^E = \left[\begin{array}{rrr|rrr}
-2{,}028 & -0{,}526 & -2{,}220 & \sim 0 & -4{,}868 & \sim 0 \\
-3{,}257 & -3{,}101 & 3{,}379 & -6{,}285 & \sim 0 & 7{,}436 \\
-1{,}013 & -2{,}869 & 1{,}492 & -12{,}569 & \sim 0 & 29{,}743 \\
\hline
-2{,}028 & -0{,}526 & -2{,}220 & \sim 0 & 4{,}868 & \sim 0 \\
-0{,}218 & 5{,}507 & -1{,}098 & -6{,}285 & \sim 0 & -7{,}436 \\
-1{,}013 & -2{,}869 & 1{,}492 & 12{,}569 & \sim 0 & 29{,}743
\end{array}\right]
$$

In Bild 4.7 sind die Eigenvektoren qualitativ dargestellt. Man kann erkennen, daß es sich bei den zu den Nulleigenwerten gehörenden Eigenvektoren um Starrkörperverschiebungen handelt.

Durch eine Berechnung der linear unabhängigen Elementverformungen läßt sich dieses anschauliche Ergebnis rechnerisch nachvollziehen. **Handelt es sich bei einem Verformungszustand um reine Starrkörperverschiebungen, so müssen**

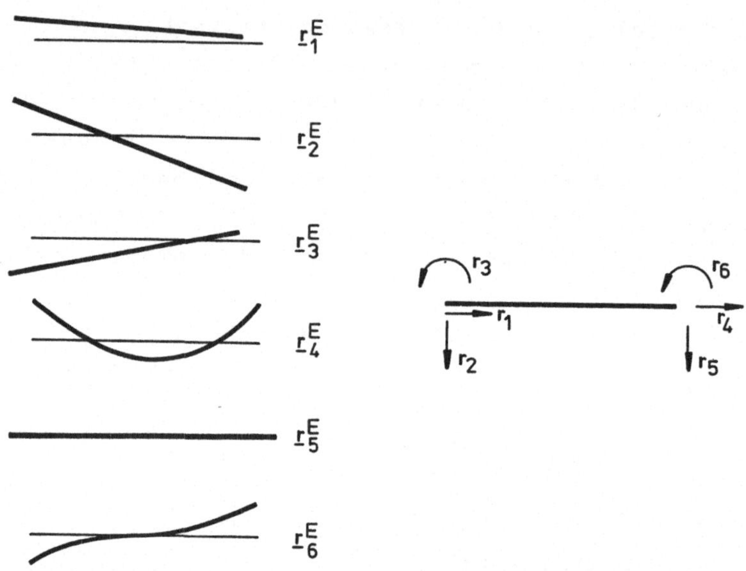

Bild 4.7 Qualitativer Verlauf der Eigenschwingungsformen des frei schwingenden Elementes

die linear unabhängigen Elementverformungen $\underline{v}^i$ Null sein. Für die Elementverformungen $\underline{v}^i$ gilt (vgl. Teil 1, Gl. (5.15)):

$$\underline{v}^i = \underline{a}^i \underline{u}^i .$$

Die kinematische Verträglichkeitsmatrix z.B. für das Stabelement Typ-a (Teil 1, Anhang A3.5) ist:

$$\underline{a}^i = \begin{bmatrix} -1 & 0 & 0 & 1 & 0 & 0 \\ 0 & -1/3 & 1 & 0 & 1/3 & 0 \\ 0 & -1/3 & 0 & 0 & 1/3 & 1 \end{bmatrix} .$$

Da im vorliegenden Fall $\underline{r} \equiv \underline{u}^i$ ist, gilt für

$$\underline{a}^i \underline{r}^E = \begin{bmatrix} 0 & 0 & 0 & 0 & 9,736 & 0 \\ 0 & 0 & 0 & -12,569 & 0 & 24,786 \\ 0 & 0 & 0 & 12,569 & 0 & 24,786 \end{bmatrix} .$$

Auch mit der kinematischen Verträglichtkeitsmatrix des Stabelements Typ-b erhält man für die linear unabhängigen Elementverformungen $\underline{v}^i$ Nullvektoren.

Aufgaben:

4.1 Man stelle für die abgebildeten Systeme die Gesamtsteifigkeitsmatrix, die konzentrierte und die konsistente Massenmatrix auf. Streckenlasten sind in den Massen pro Längeneinheit und Einzellasten als konzentrierte Massen zu berücksichtigen.

a)

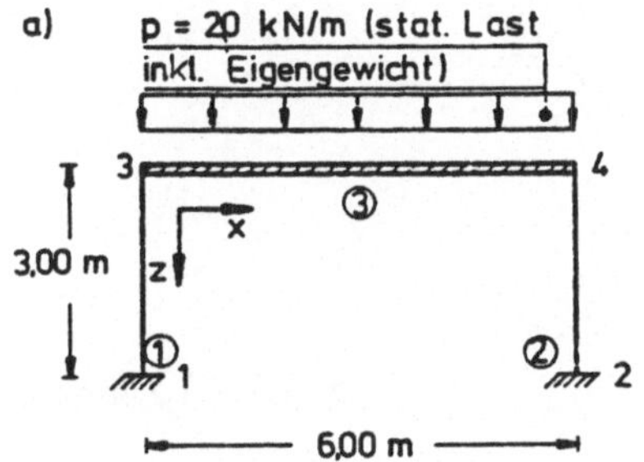

① , ② : EI = $3{,}42 \cdot 10^4$ kN/m^2

EA = $1{,}5267 \cdot 10^6$ kN

③ , ④ : EI = $1{,}2 \cdot 10^5$ kN/m^2

EA = $1{,}41 \cdot 10^7$ kN

b)

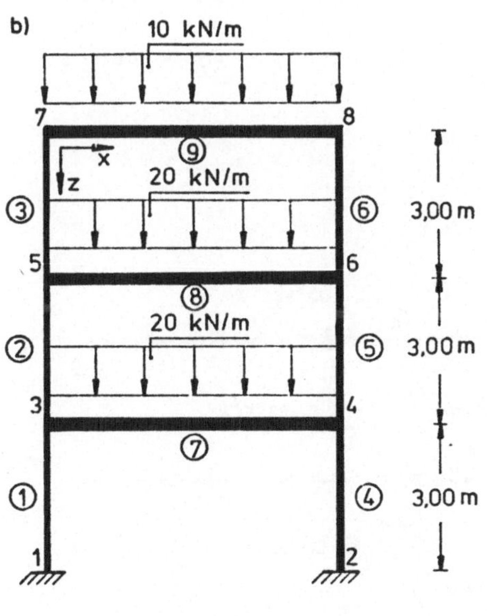

① ÷ ⑥ : EI = $3{,}42 \cdot 10^4$ kN/m^2

EA = $1{,}5267 \cdot 10^6$ kN

⑦ ÷ ⑨ : EI = $1{,}2 \cdot 10^5$ kN/m^2

EA = $1{,}41 \cdot 10^7$ kN

c)

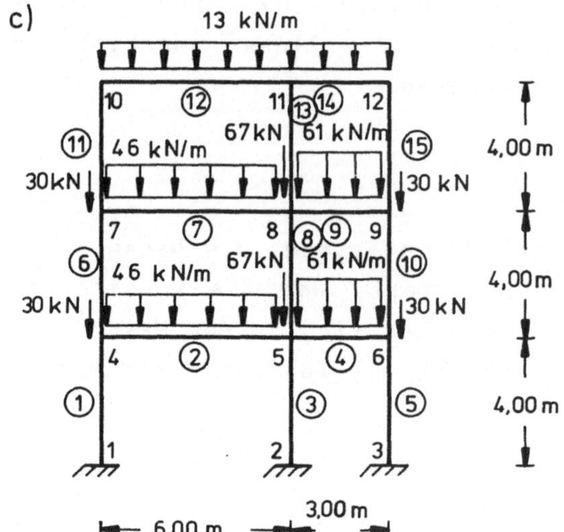

Elemente	Profil
(1),(3),(6),(8),(11),(13)	IPEo 450
(2),(7)	IPEo 600
(4),(9)	IPE 300
(5),(10),(15)	IPE 220
(12)	IPEo 270
(14)	IPE 120

d)

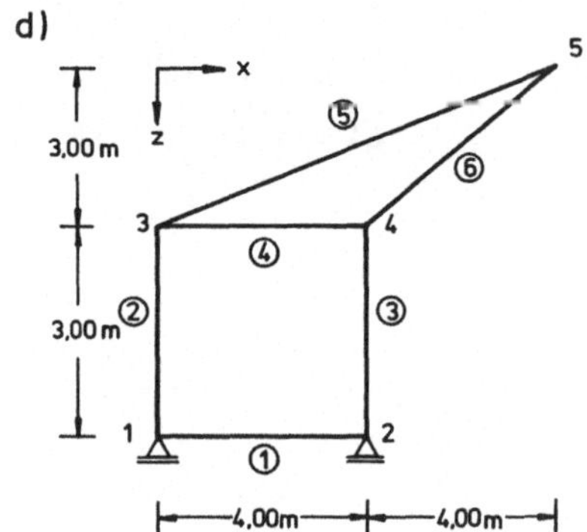

alle Elemente

EI = const

EA = const

m_0 = const

e)

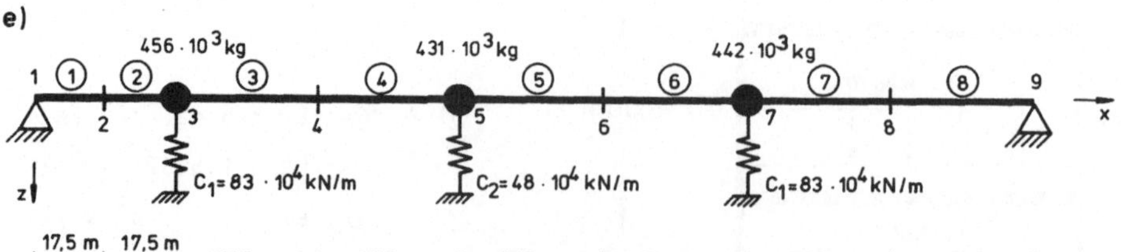

Alle Elemente: $EI = 4{,}25 \cdot 10^{12}$ N m^2, $m_0 = 20000$ kg, keine Normalkraftverformungen.

4.2 Man berechne für die Systeme von Aufgabe 4.1 die Grundfrequenz und die zugehörige Grundschwingung nach dem von Mises'schen Iterationsverfahren unter Verwendung der konzentrierten Massenmatrix.

4.3 Man berechne für die Systeme von Aufgabe 4.1 mit der simultanen Vektoriteration die Grundschwingung und die ersten beiden Oberschwingungen unter Verwendung der konzentrierten und der konsistenten Massenmatrix.

4.4 Alle Eigenwerte und Eigenvektoren sind für die Systeme von Aufgabe 4.2 unter Verwendung der konsistenten und der konzentrierten Massenmatrix zu berechnen. Die Ergebnisse sind zu vergleichen.

4.5 Berechnen Sie die Longitudinalschwingungen eines eingespannten Stabes mit Hilfe der Bisektionsmethode (siehe Anhang A2). Verwenden Sie hierzu eine Idealisierung mit 4 Elementen und konzentrierte Massenmatrizen.

5 Erzwungene ungedämpfte Schwingungen von Stabwerken

Im folgenden werden Tragwerke unter zeitlich veränderlicher Belastung untersucht. Wir betrachten zunächst nur ungedämpfte Schwingungen, da hierfür der Lösungsweg in einfacher Form dargestellt werden kann. Die Lösungsverfahren können jedoch mit zusätzlichen Annahmen, die an späterer Stelle erläutert werden, auch auf gedämpfte Schwingungen angewendet werden.

Der Rechengang ist im wesentlichen wie beim Einmassenschwinger: Es wird zunächst eine partikuläre Lösung der Differentialgleichungen für die gegebene Belastung gesucht; die vollständige Lösung wird dann durch Superposition mit der homogenen Lösung berechnet.

Es werden die bekannten partikulären Lösungen des Einmassenschwingers (Kap. 2) und die bekannten homogenen Lösungen in Normalkoordinaten (Kap. 4) verwendet.

5.1 Partikuläre Lösung in Normalkoordinaten

Wir betrachten ein Stabtragwerk mit einer zeitlich veränderlichen Belastung $\underline{R}_{n\times 1}$. Jeder Verschiebungskomponente ist eine Lastkomponente R_i zugeordnet. Für dieses System erhält man (vgl. (Kap. 4)) ein System von Differentialgleichungen, der Form (vgl. (4.5)):

$$\underline{M}\,\underline{\ddot{r}} + \underline{K}\,\underline{r} = \underline{R}.$$

Wie beim Einmassenschwinger sind die Anfangsbedingungen:

$$\underline{r}(0) = \underline{r}_0 \quad \text{und} \quad \underline{\dot{r}}(0) = \underline{\dot{r}}_0.$$

Die Lösung der homogenen Gleichung

$$\underline{M}\,\underline{\ddot{r}} + \underline{K}\,\underline{r} = \underline{0}$$

wird als bekannt vorausgesetzt. Damit sind auch die Modalmatrix und die Spektralmatrix (s. Kap. 4) bekannt.

Die Eigenfrequenzen ω_i des Stabtragwerkes sind geordnet:

$$0 < \omega_1^2 < \omega_2^2 <\ldots< \omega_\rho^2 <\ldots< \omega_n^2 .$$

Wir nehmen nun an, daß das Schwingungsverhalten hauptsächlich durch die ersten ρ Eigenschwingungen beeinflußt wird und daß die folgenden $n-\rho$ Eigenschwingungen einen vernachlässigbar kleinen Einfluß auf die Schwingung besitzen.
Eine Einschränkung auf wenige Eigenformen darf im allgemeinen nur dann erfolgen, wenn dies für den Tragwerkstyp und für die Belastung nach den einschlägigen Berechnungsnormen zulässig ist. Der Einfluß der Belastung wird vielfach unterschätzt. Für das in Bild 5.1 dargestellte turmartige Tragsystem wäre für den Lastfall Wind eine Beschränkung auf nur wenige Eigenformen ausreichend; für dasselbe System mit dem Lastfall Explosionsdruck in einer der Rahmenzellen bestimmen jedoch höhere und nicht die ersten Eigenformen das Tragverhalten.

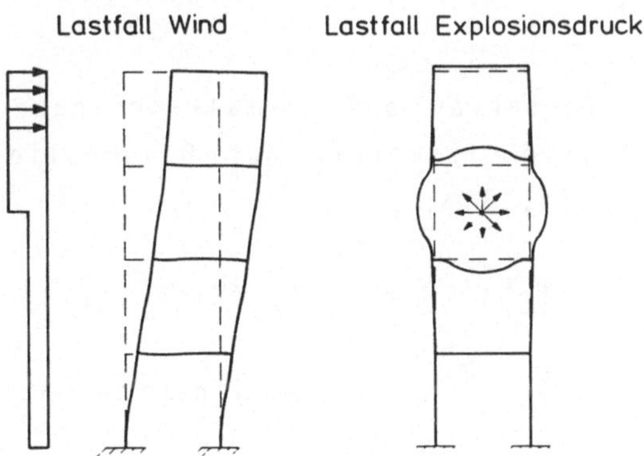

Bild 5.1 Einfluß der Eigenformen auf das Tragverhalten

Die Darstellung des Rechenganges erfolgt für $\rho \leq n$, d.h. für eine Modalmatrix $\underline{r}^E_{n x \rho}$.

Wir führen zunächst in (4.5) Normalkoordinaten $\underline{q}_{p \times 1}$ ein (vgl. (4.14)):

$$\underline{r} = \underline{r}^E \underline{q}$$

Die Modalmatrix ist zeitunabhängig, deshalb gilt:

$$\underline{M} \, \underline{r}^E \, \ddot{\underline{q}} + \underline{K} \, \underline{r}^E \, \underline{q} = \underline{R} \tag{5.1}$$

Multiplikation von links mit $(\underline{r}^E)^T$ ergibt:

$$(\underline{r}^E)^T \, \underline{M} \, \underline{r}^E \, \ddot{\underline{q}} + (\underline{r}^E)^T \, \underline{K} \, \underline{r}^E \, \underline{q} = (\underline{r}^E)^T \underline{R}. \tag{5.2}$$

Die linke Seite dieser Gleichung ist aus der Transformation des homogenen Systemes bekannt; auf der rechten Seite stehen die zu $\underline{q}$ korrespondierenden Lasten in Normalkoordinaten:

$$\underline{Q} = (\underline{r}^E)^T \underline{R}. \tag{5.3}$$

Der Vergleich mit (4.14) zeigt das kontragrediente Transformationsverhalten von Kräften und Verschiebungen, das aus der Statik bekannt ist (vgl. Teil 1); es gilt auch für die hier betrachteten, kleinen Schwingungen für jeden beliebigen Zeitpunkt t.

Durch die Transformation auf Normalkoordinaten werden die Massen- und Steifigkeitsmatrix auf Diagonalform reduziert (vgl. (4.12) und (4.13)):
Wegen

$$(\underline{r}^E)^T \, \underline{M} \, \underline{r}^E = \underline{I}, \quad \text{(Einheitsmatrix)}$$

und

$$(\underline{r}^E)^T \, \underline{K} \, \underline{r}^E = \underline{\Omega}, \quad \text{(Spektralmatrix)}$$

erhält man somit für (5.1):

$$\ddot{\underline{q}} + \underline{\Omega} \, \underline{q} = \underline{Q}, \tag{5.4}$$

oder in Komponentenschreibweise:

$$\ddot{q}_i + \omega_i^2 \, q_i = Q_i. \tag{5.5}$$

Die Anfangsbedingungen sind entsprechend zu transformieren. Da die Anfangsbedingungen in $\underline{r}$ und nicht in $\underline{q}$ gegeben sind, muß die folgende Transformation der Anfangsbedingungen auf Normalkoordinaten durchgeführt werden (vgl. (4.25) und (4.26)):

$$\underline{q}_o = (\underline{r}^E)^T \underline{M} \underline{r}_o$$
$$\underline{\dot{q}}_o = (\underline{r}^E)^T \underline{M} \underline{\dot{r}}_o.$$

Für konzentrierte Massen ($\underline{M}$: Diagonalmatrix) sind die Komponenten der Anfangsbedingungen q_{oi} und $\dot{q}_{oi}$ einfach zu berechnen, für konsistente Massenmatrizen (die Besetzung von $\underline{M}$ entspricht der Besetzung von $\underline{K}$) müssen die oben angegebenen Matrizenprodukte berechnet werden.
Die Transformation auf Normalkoordinaten erfordert einen nicht unerheblichen Rechenaufwand. Im Vergleich mit der ursprünglichen Problemstellung führt sie aber auch zu erheblichen Vereinfachungen: In Normalkoordinaten ist ein System **entkoppelter** Differentialgleichungen zu lösen. In den ursprünglichen Koordinaten $\underline{r}$ wäre ein System **gekoppelter** Differentialgleichungen zu lösen. Dies wäre zwar mit Näherungsverfahren, z.B. mit dem Runge-Kutta Verfahren, möglich, würde aber im allgemeinen einen größeren Rechenaufwand erfordern. Die entkoppelten Differentialgleichungen

$$\ddot{q}_i + \omega_i^2 q_i = 0_i$$

mit

$$q_i(0) = q_{oi} \text{ und } \dot{q}_i(0) = \dot{q}_{oi} \tag{5.6}$$

sind außerdem formal die gleichen wie sie vom Einmassenschwinger her bekannt sind. Damit können auch alle Lösungen des Einmassenschwingers direkt übertragen werden (siehe Anhang A3.1).
Die Berechnung einer partikulären Lösung durch Transformation auf Normalkoordinaten wird als **modale Superposition**

bezeichnet.

Wir zeigen den Rechengang für eine harmonische Belastung

$$R_j(t) = R_{oj} \cos\tilde{\Omega}_j t, \quad j = 1,\dots,n.$$

Die partikuläre Lösung von

$$m\ddot{r} + c\dot{r} + kr = R_o \cos\tilde{\Omega}t$$

ist bekannt; für c = 0 gilt (vgl. Anhang A3.1):

$$r_p = R_o \frac{\cos\tilde{\Omega}t}{k - m\tilde{\Omega}^2}.$$

Für die partikuläre Lösung von

$$\ddot{q}_i + \omega_i^2 q_i = Q_i, \quad i = 1,\dots,\rho$$

ist zunächst Q_i zu berechnen.

Durch modale Superposition erhält man (vgl. (5.3))

$$Q_i = \sum_{j=1}^{n} r_{ji}^E R_j \quad , \quad i = 1,\dots,\rho$$

und damit

$$Q_i = \sum_{j=1}^{n} r_{ji}^E R_{oj} \cos\tilde{\Omega}_j t = \sum_{j=1}^{n} Q_{ij} \cos\tilde{\Omega}_j t \tag{5.7}$$

Zur Abkürzung der Schreibweise wurden "Lastordinaten"

$$Q_{ij} = r_{ji}^E R_{oj}$$

eingeführt.

Mit $m \equiv 1$ und $k \equiv \omega_i^2$ erhält man als partikuläre Lösung q_p für die i-te Gleichung von (5.6):

$$q_{pi} = \sum_{j=1}^{n} Q_{ij} \frac{\cos\tilde{\Omega}_j t}{\omega_i^2 - \tilde{\Omega}_j^2}$$

$$\text{für} \quad \omega_i \neq \tilde{\Omega}_j \text{ für alle } j.$$

Für $\tilde{\Omega}_j \longrightarrow \omega_i$ ergibt sich wie beim Einmassenschwinger Resonanz; die Eigenfrequenzen $\tilde{\Omega}_j$ der harmonischen Erregungen R_j müssen zur Vermeidung von Resonanz auf die Eigenfrequenzen ω_i des Systemes "abgestimmt" werden.
Die Abstimmung des Systems auf die Erregerfrequenzen sollte so erfolgen, daß im Dauerbetrieb keine Resonanz auftreten kann und nur im Bereich des Einschwingens oder bei Betriebsstörungen Resonanzbereiche durchlaufen werden können. In diesen Fällen muß durch eine ausreichende Dämpfung sichergestellt sein, daß die auftretenden Verformungen und Spannungen im zulässigen Bereich sind.

5.2 Vollständige Lösung in Normalkoordinaten

Die vollständige Lösung in Normalkoordinaten erhält man durch Superposition der homogenen (vgl. (4.27)) und der partikulären Lösung:

$$q_i = q_{oi} \cos\omega_i t + \frac{\dot{q}_{oi}}{\omega_i} \sin\omega_i t + q_{pi}. \qquad (5.8)$$

Die Rücktransformation auf Knotenverschiebungen $\underline{r}$ erfolgt entsprechend (4.14):

$$r_i = \sum_{j=1}^{\rho} r_{ij}^E \, q_j, \qquad i = 1,\ldots,n.$$

Zur vollständigen Lösung gehört die Berechnung der Schnittgrößen über Stabendkräfte. Die Stabendverformungen und die Stabendbeschleunigungen erhält man aus

$$\underline{C}^T \underline{r} = \underline{u},$$

$$\underline{C}^T \underline{\ddot{r}} = \underline{\ddot{u}}.$$

Die Stabendkräfte werden mit (3.21) berechnet:

$$\underline{S}^i = \underline{k}^i \underline{u}^i + \underline{m}^i \underline{\ddot{u}}^i \qquad (5.9)$$

Die Verformungs- und Schnittgrößenberechnung wird vielfach nach Eigenformen getrennt durchgeführt; dies ergibt eine übersichtliche tabellarische Form der Berechnung (s. Beispiel 5.1). Bezeichnet man die j-te Spalte der Modalmatrix $\underline{r}^E$ $(j=1,\ldots,\rho)$ mit $\underline{r}_j^E$, dann sind

$$\underline{r}^{(j)} = \underline{r}_j^E \, q_j \tag{5.10}$$

die Knotenverformungen infolge der j-ten Eigenschwingung. Diese Knotenverformungen bezeichnen wir als **modale Verformungen.** Verwendet man den Kopfzeiger (j) entsprechend für die übrigen Größen, dann ergibt sich anstelle von (5.9):

$$\underline{s}^{(j)} = \underline{k} \, \underline{u}^{(j)} + \underline{m} \, \underline{\ddot{u}}^{(j)} \tag{5.11}$$

$\underline{k}$ und $\underline{m}$ sind hierbei die Hyperdiagonalmatrizen der Matrizen $\underline{k}^i$ und $\underline{m}^i$, $\underline{s}^{(j)}$ sind die **modalen Stabendkräfte.**

5.3 Abschätzungen für Verformungen und Schnittgrößen

Betrachten wir ein Stabwerk unter lang andauernder harmonischer Belastung. Von Bedeutung für den Standsicherheitsnachweis sind die Extremwerte der Verformungen und der Schnittgrößen in ausgewählten Punkten des Tragwerkes für den betrachteten Zeitraum der Lasteinwirkung. Eine Berechnung dieser Größen in einer ausreichenden Anzahl von Zeitintervallen wäre sehr aufwendig. Es ist deshalb sinnvoll, obere Schranken zu berechnen und damit die erforderlichen Nachweise zu führen. Wir bezeichnen mit

$$\max_t\{\underline{r}\} = [\max_t\{r_1\}, \max_t\{r_2\},\ldots, \max_t\{r_n\}]^T, \tag{5.12}$$

das Maximum der Verformung, das Minimum wird entsprechend bezeichnet.

Für eine harmonische Belastung im Bereich $0 \leq t < \infty$ gilt:

Satz 5.1: Für ein ungedämpftes Tragwerk mit harmonischer Belastung ist die Summe der Maximalwerte (Minimalwerte) der modalen Verformungen $\underline{r}^{(j)}$ eine obere (untere) Schranke für die maximalen (minimalen) Verformungen in einem Zeitintervall $t_a \leq t \leq t_e$:

$$\max_t\{\underline{r}\} \leq \sum_{j=1}^{\rho} \max_t\{\underline{r}^{(j)}\},$$
$$\min_t\{\underline{r}\} \geq \sum_{j=1}^{\rho} \min_t\{\underline{r}^{(j)}\} \tag{5.13}$$

Die Richtigkeit dieser Aussage erkennt man aus folgender Überlegung:

Bei zwei modalen Verformungen $\underline{r}^{(1)}$ und $\underline{r}^{(2)}$ mit einem unterschiedlichen Nullphasenwinkel φ und ungleichen Frequenzen ω_1 und ω_2 ändert sich der Abstand zwischen zwei aufeinanderfolgenden Maxima nach jeder Periode (Bild 5.2a)

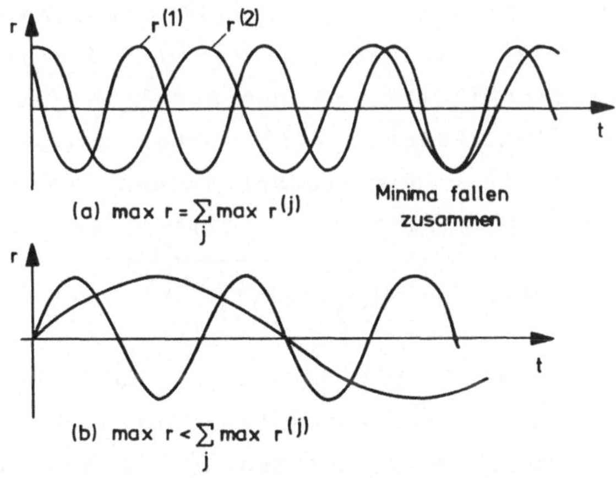

Bild 5.2 Abschätzung der Extremwerte

In einem genügend großen Zeitintervall fallen damit die Extremwerte zusammen. In Sonderfällen (Bild 5.2b), können die Extremwerte nicht zusammenfallen, da die Nullpunkte der

einzelnen Schwingungen zusammenfallen und sich die einzelnen Extrema durch das Vorzeichen unterscheiden. Für diesen zweiten Fall gilt (5.13) als strenge Ungleichung; dasselbe gilt auch im ersten Fall, wenn nur ein begrenzter Zeitabschnitt betrachtet wird.
Für die Stabendkräfte gilt entsprechend:

Satz 5.2: Für ein ungedämpftes Tragwerk mit harmonischer Belastung ist die Summe der Maximalwerte (Minimalwerte) der modalen Stabendkräfte $\underline{\bar{S}}^{(j)}$ eine obere (untere) Schranke für die maximalen (minimalen) Stabendkräfte in einem Zeitintervall $t_a \leq t \leq t_e$:

$$\begin{aligned} \max_t\{\underline{\bar{S}}\} &\leq \sum_{j=1}^{\rho} \max_t\{\underline{\bar{S}}^{(j)}\} \\ \min_t\{\underline{\bar{S}}\} &\geq \sum_{j=1}^{\rho} \min_t\{\underline{\bar{S}}^{(j)}\} \end{aligned} \tag{5.14}$$

Für Belastungen, die als zufällige Funktionen der Zeit betrachtet werden müssen, z.B. Windbelastung und Erdbebenbelastung, sind statistisch begründete Abschätzungen für den Erwartungswert der Extremwerte von Verformungen und Stabendkräften (Schnittgrößen) gebräuchlich (vgl. z.B. DIN 4149, Ausgabe 1981, Abschn. 8.1). Unter gewissen Annahmen über die Eigenschaften des stochastischen Prozesses, durch den die Belastung erfaßt wird, gilt (vgl. z.B. [20]):

$$\max_t\{r_i\} = \sqrt{\sum_j (\max\{r_i^{(j)}\})^2} \tag{5.15}$$

Die Richtigkeit von (5.15) läßt sich nur für stationäre Prozesse zeigen [43]. Die Abschätzung wird jedoch auch für instationäre Prozesse angewendet. Hierbei werden für max $\underline{r}^{(j)}$ die Werte eingesetzt, die sich aus Antwortspektren ergeben (vgl. Kap. 2). Eine Abschätzung mit Gleichung (5.15) führt vor allem dann zu Werten, die auf der unsicheren Seite liegen, wenn Eigenfrequenzen des Systemes nahezu gleich sind.

Eine besondere Bedeutung kommt derartigen Abschätzungen im Zusammenhang mit der Berechnung von Tragwerken unter Erdbebenbelastung zu. Die Erdbebenbelastung äußert sich in Form einer zeitlich veränderlichen Lagerbeschleunigung $\ddot{r}_a(t)$ (s. Abschn. 2.9). Es wird angenommen, daß die Lagerbeschleunigung das gesamte Tragwerk wie einen starren Körper beeinflußt. In Bild 5.3 ist schematisch der typische Verformungszustand dargestellt.

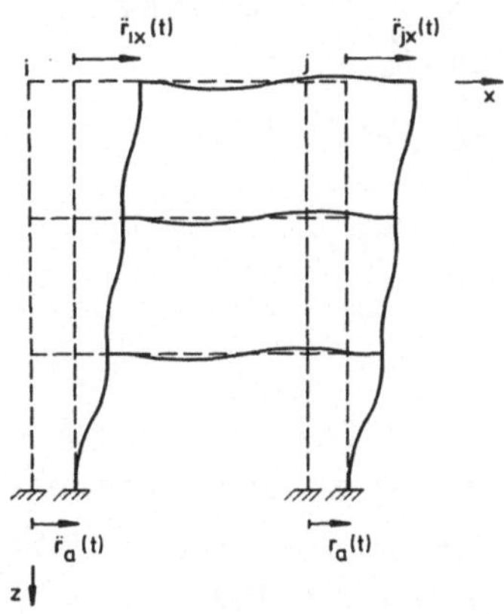

Bild 5.3 Lager und Tragwerksverschiebungen bei Erdbebenbelastung

Es entstehen horizontale und im allgemeinen vernachlässigbare vertikale Trägheitskräfte, die über die Massenmatrix $\underline{M}$ mit einem (0,1)-Verknüpfungsvektor $\underline{e}$ in den Knotenpunkten des Tragwerkes konzentriert werden:

$$\underline{R}(t) = -\underline{M}\;\underline{e}\;\ddot{r}_a(t) \qquad (5.16)$$

Hierbei ist

$$\underline{e} = [e_i]$$

mit $$e_i = \begin{cases} 1, & \text{wenn } r_i \text{ Verschiebung in Richtung von } \ddot{r}_a \text{ ist} \\ 0, & \text{sonst} \end{cases}$$

Gleichung (5.16) kann in Gleichung (5.1) eingesetzt werden

und man erhält damit für Gleichung (5.3)

$$\underline{Q} = -(\underline{r}^E)^T \, \underline{M} \, \underline{e} \, r_a(t). \tag{5.17}$$

Das ist die Lastfunktion in Gleichung (5.5). Mit dem Pseudogeschwindigkeitsspektrum S_v nach Abschnitt 2.9 läßt sich der Maximalwert für die i-te Normalkoordinate angeben:

$$\max q_i = \frac{1}{\omega_i} \, (\underline{r}_i^E)^T \, \underline{M} \, \underline{e} \, S_v(\omega_i) \tag{5.18}$$

Für die Auswertung des Pseudogeschwindigkeitsspektrums ist dabei die i-te Kreiseigenfrequenz ω_i in die zugehörige Periode T_i umzurechnen $T_i = 2\pi/\omega_i$.

Die weitere Berechnung erfolgt wie bei der harmonischen Belastung.

5.4 Modale Analyse

Modale Analyse ist eine zusammenfassende Bezeichnung der Berechnung von Mehrmassenschwingern mit modaler Superposition. Im wesentlichen stellt sich deshalb die modale Analyse als Oberbegriff für die Berechnungen dar, wie sie in den Kapiteln 4 und 5 dargestellt sind.

Die Modale Analyse eines Tragwerkes kann zusammenfassend durch die folgenden Berechnungsschritte beschrieben werden:

(1) Aufstellen der Bewegungsgleichung mit Besetzung der Massen- und Steifigkeitsmatrix des Gesamtsystemes;

(2) Lösung des Eigenwertproblemes und Berechnung der Modalmatrix und der Spektralmatrix;

(3) Berechnung der Belastung in Normalkoordinaten;

(4) Lösung der entkoppelten Schwingungsgleichungen in Normalkoordinaten;

(5) Rücktransformation der Normalkoordinaten und Berechnung der Knotenverformungen;

(6) Abschätzung der Extremwerte der Verformungen und Schnittgrößen.

Die einzelnen Berechnungsschritte sollen nachfolgend durch zwei Beispiele verdeutlicht werden.

Beispiel 5.1:

Für den Rahmen von Beispiel 4.1 (Bild 5.4) werden die Knotenverformungen und Schnittgrößen infolge einer in Riegelmitte angreifenden, zeitlich veränderlichen Belastung mit der Modalen Analyse berechnet.

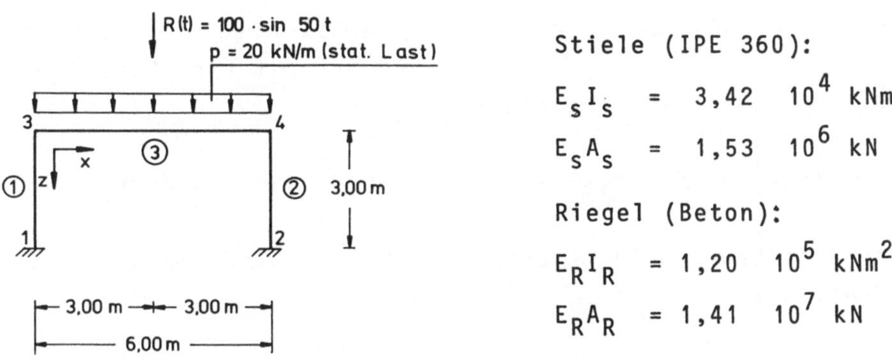

Bild 5.4 Ebener Rahmen

Die Eigenfrequenzen und Eigenformen des Systems können von Beispiel 4.1 aus der Berechnung mit konsistenter Massenmatrix übernommen werden. SMIS liefert dort als Eigenvektoren die Modalmatrix $\underline{r}^E$; die Eigenwerte ω_i^2 nach (4.11) in einer Diagonalmatrix zusammengefaßt ergeben die Spektralmatrix $\underline{\Omega}$:

$$\underline{r}^E = 10^{-2} \begin{bmatrix} -28,8280 & 0,1143 & -1,4534 & -0,3832 & -0,4194 & -49,9980 \\ 0,2921 & 3,3627 & 19,9150 & 70,6270 & -89,0990 & -0,5344 \\ 4,0848 & -23,5200 & -38,0790 & 60,1050 & -148,8200 & -0,5150 \\ -28,8280 & -0,1142 & -1,4534 & 0,3835 & -0,4197 & 49,9980 \\ -0,2921 & 3,3627 & -19,9150 & 70,6330 & 89,0860 & -0,5341 \\ 4,0848 & 23,5200 & -38,0790 & -60,1170 & -148,8100 & 0,5149 \end{bmatrix}$$

$$\underline{\Omega} = 10^4 \begin{bmatrix} 0,199 & & & & & \\ & 1,061 & & & & \\ & & 10,209 & & & \\ & & & 56,953 & & \\ & & & & 135,100 & \\ & & & & & 235,770 \end{bmatrix}$$

Da die Belastung R(t) zwischen den Knoten 3 und 4 angreift, muß sie auf Ersatzknotenlasten transformiert werden (Bild 5.5).

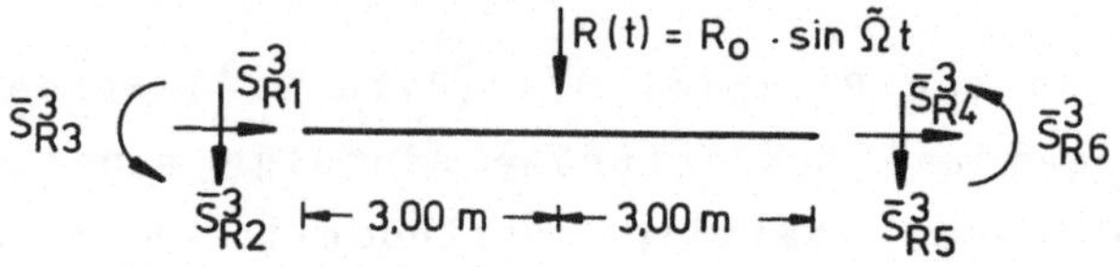

Bild 5.5 Element ③ mit Stabendkräften

Aus Tafel 7.1, Zeile 2 (Teil 1) erhält man die Stabendkräfte $\underline{\bar{S}}_R$ am Element ③ . Sie ergeben mit Gleichung (7.2) (Teil 1) die Ersatzknotenlasten $\underline{R}_R$:

$$(\underline{R}_R)^T = [0 \quad 50,0 \quad -75,0 \quad 0 \quad 50,0 \quad 75,0] \sin 50t.$$

Nach Gleichung (5.3) berechnen sich die Lasten in Normalkoordinaten zu:

$$\underline{Q}^T = [0 \quad 38,643 \quad 0 \quad -19,537 \quad 0,002 \quad 0,238] \sin 50t.$$

Für die vorliegende Belastung einer harmonischen Erregung lautet die vollständige Lösung des entkoppelten Differentialgleichungssystems (5.5) bei Vernachlässigung der Dämpfung:

$$q_i = q_{oi} \cos\omega_i t + \frac{\dot{q}_{oi}}{\omega_i} \sin\omega_i t + \frac{Q_i}{\omega_i^2 - \tilde{\Omega}^2} \left(\sin\tilde{\Omega}t - \frac{\tilde{\Omega}}{\omega_i} \sin\omega_i t\right).$$

Mit den Anfangsbedingungen $q_{oi} = 0$ und $\dot{q}_{oi} = 0$ folgt daraus:

$$q_i = \frac{Q_i}{\omega_i^2 - \tilde{\Omega}^2} (\sin\tilde{\Omega}t - \frac{\tilde{\Omega}}{\omega_i} \sin\omega_i t).$$

Nach Einsetzen der einzelnen Werte für Q_i und ω_i^2 erhalten wir:

$$q_1 = 0$$
$$q_2 = 10^{-3}\,(4{,}765\ \sin 50t - 2{,}313\ \sin 103t)$$
$$q_3 = 0$$
$$q_4 = 10^{-5}\,(-3{,}445\ \sin 50t + 0{,}228\ \sin 755t)$$
$$q_5 \cong 0$$
$$q_6 = 10^{-7}\,(1{,}011\ \sin 50t - 0{,}033\ \sin 1536t).$$

Die Rücktransformation auf Knotenverschiebungen $\underline{r}$ wird mit Gleichung (5.10) nach Eigenformen getrennt durchgeführt.

$$\underline{r}^{(2)} = 10^{-6}\begin{bmatrix} 5{,}446 \\ 160{,}233 \\ -1120{,}728 \\ -5{,}442 \\ 160{,}233 \\ 1120{,}728 \end{bmatrix} \sin 50t + 10^{-6}\begin{bmatrix} -2{,}644 \\ -77{,}779 \\ 544{,}018 \\ 2{,}641 \\ -77{,}779 \\ -544{,}018 \end{bmatrix} \sin 103t$$

$$\underline{r}^{(4)} = 10^{-6}\begin{bmatrix} 0{,}132 \\ -24{,}331 \\ -20{,}706 \\ -0{,}132 \\ -24{,}333 \\ 20{,}710 \end{bmatrix} \sin 50t + 10^{-6}\begin{bmatrix} -0{,}009 \\ 1{,}610 \\ 1{,}370 \\ 0{,}009 \\ 1{,}610 \\ -1{,}371 \end{bmatrix} \sin 755t$$

$$\underline{r}^{(6)} = 10^{-6}\begin{bmatrix} -0{,}051 \\ -0{,}001 \\ -0{,}001 \\ 0{,}051 \\ -0{,}001 \\ 0{,}001 \end{bmatrix} \sin 50t + 10^{-6}\begin{bmatrix} 0{,}002 \\ 0 \\ 0 \\ -0{,}002 \\ 0 \\ 0 \end{bmatrix} \sin 1535t$$

Aus $\underline{r}^{(j)}$ werden die Elementverformungen $\underline{u}^{i(j)}$ in globalen Koordinaten berechnet:

$$\underline{u}^{(j)} = \underline{C}^T\ \underline{r}^{(j)}$$

(vgl. Teil 1, Kap. 5.2).

Für Element ① erhält man

$$\underline{u}^{1(2)} = 10^{-6} \begin{bmatrix} 0 \\ 0 \\ 0 \\ 5,446 \\ 160,233 \\ -1120,728 \end{bmatrix} \sin 50t + 10^{-6} \begin{bmatrix} 0 \\ 0 \\ 0 \\ -2,644 \\ -77,779 \\ 544,018 \end{bmatrix} \sin 103t$$

$$\underline{u}^{1(4)} = 10^{-6} \begin{bmatrix} 0 \\ 0 \\ 0 \\ 0,132 \\ -24,331 \\ -20,706 \end{bmatrix} \sin 50t + 10^{-6} \begin{bmatrix} 0 \\ 0 \\ 0 \\ -0,009 \\ 1,610 \\ 1,370 \end{bmatrix} \sin 755t$$

$$\underline{u}^{1(6)} = 10^{-6} \begin{bmatrix} 0 \\ 0 \\ 0 \\ -0,051 \\ -0,001 \\ -0,001 \end{bmatrix} \sin 50t + 10^{-6} \begin{bmatrix} 0 \\ 0 \\ 0 \\ 0,002 \\ 0 \\ 0 \end{bmatrix} \sin 1535t$$

Bei der Ermittlung der Eigenvektoren und Eigenkreisfrequenzen wurde die Masse der Stiele vernachlässigt (vgl. Beispiel 4.1); deshalb gilt für die Berechnung der Stabendkräfte von Element 1

$$\underline{S}^{1(j)} = \underline{k}^{1}\, \underline{u}^{1(j)}.$$

Mit der Elementsteifigkeitsmatrix

$$\underline{k}^{1} = 10^{4} \cdot \begin{bmatrix} 1,520 & 0 & -2,280 & -1,520 & 0 & -2,280 \\ 0 & 50,890 & 0 & 0 & -50,890 & 0 \\ -2,280 & 0 & 4,560 & 2,280 & 0 & 2,280 \\ -1,520 & 0 & 2,280 & 1,520 & 0 & 2,280 \\ 0 & -50,890 & 0 & 0 & 50,890 & 0 \\ -2,280 & 0 & 2,280 & 2,280 & 0 & 4,560 \end{bmatrix}$$

erhält man:

$$\underline{s}^{1(2)} = \begin{bmatrix} 25,470 \\ -81,543 \\ -25,428 \\ -25,470 \\ 81,543 \\ -50,981 \end{bmatrix} \sin 50t + \begin{bmatrix} -12,363 \\ 39,582 \\ 12,343 \\ 12,363 \\ -39,582 \\ 24,747 \end{bmatrix} \sin 103t$$

$$\underline{s}^{1(4)} = \begin{bmatrix} 0,470 \\ 12,382 \\ -0,469 \\ -0,470 \\ -12,382 \\ -0,941 \end{bmatrix} \sin 50t + \begin{bmatrix} -0,031 \\ -0,819 \\ 0,031 \\ 0,031 \\ 0,819 \\ 0,062 \end{bmatrix} \sin 755t$$

$$\underline{s}^{1(6)} = \begin{bmatrix} 0,001 \\ 0,001 \\ -0,001 \\ -0,001 \\ -0,001 \\ -0,001 \end{bmatrix} \sin 50t.$$

Damit können die oberen Schranken der Stabendkräfte angegeben werden. Nach Transformation auf lokale Koordinaten berechnen sie sich mit Gleichung (5.13) zu:

$$\begin{bmatrix} -109,56 \\ -38,34 \\ -38,27 \\ -109,56 \\ -38,34 \\ -76,73 \end{bmatrix} \leq \underline{\bar{s}}^{1} \leq \begin{bmatrix} 109,56 \\ 38,34 \\ 38,27 \\ 109,56 \\ 38,34 \\ 76,73 \end{bmatrix} \quad [\text{kN, kNm}]$$

Die oberen Schranken der Stabendverformungen in lokalen Koordinaten erhalten wir nach Gleichung (5.12)

$$\begin{bmatrix} 0 \\ 0 \\ 0 \\ -0,2153 \\ -0,0082 \\ -0,0017 \end{bmatrix} \leq \underline{\bar{u}}^{1} \leq \begin{bmatrix} 0 \\ 0 \\ 0 \\ 0,2153 \\ 0,0082 \\ 0,0017 \end{bmatrix} \quad [\text{mm, rad}]$$

Die Stabendkräfte für Element ③ werden nach Gleichung (5.11) berechnet. Dazu ist es zweckmäßig, zunächst die Ableitungen $\underline{\ddot{u}}^{3(j)}$ zu ermitteln. Die Elementverformungen $\underline{u}^{3(j)}$ entsprechen den Knotenverschiebungen $\underline{r}^{(j)}$.

$$\underline{\ddot{u}}^{3(2)} = 10^{-1} \begin{bmatrix} -0,136 \\ -4,006 \\ 28,018 \\ 0,136 \\ -4,006 \\ -28,018 \end{bmatrix} \sin 50t + 10^{-1} \begin{bmatrix} 0,281 \\ 8,252 \\ -57,720 \\ -0,281 \\ 8,252 \\ 57,720 \end{bmatrix} \sin 103t$$

$$\underline{\ddot{u}}^{3(4)} = 10^{-1} \begin{bmatrix} -0,003 \\ 0,608 \\ 0,518 \\ 0,003 \\ 0,608 \\ -0,518 \end{bmatrix} \sin 50t + 10^{-1} \begin{bmatrix} 0,051 \\ -9,169 \\ -7,803 \\ -0,051 \\ -9,169 \\ 7,803 \end{bmatrix} \sin 755t$$

$$\underline{\ddot{u}}^{3(6)} = 10^{-4} \begin{bmatrix} 1,275 \\ 0,025 \\ 0,025 \\ -1,275 \\ 0,025 \\ -0,025 \end{bmatrix} \sin 50t + 10^{-4} \begin{bmatrix} -47,154 \\ 0 \\ 0 \\ 47,154 \\ 0 \\ 0 \end{bmatrix} \sin 1535t$$

Mit der Elementsteifigkeitsmatrix $\underline{k}^3$

$$\underline{k}^3 = 10^4 \begin{bmatrix} 235,000 & 0 & 0 & -235,000 & 0 & 0 \\ 0 & 0,667 & -2,000 & 0 & -0,667 & -2,000 \\ 0 & -2,000 & 8,000 & 0 & 2,000 & 4,000 \\ -235,000 & 0 & 0 & 235,000 & 0 & 0 \\ 0 & -0,667 & 2,000 & 0 & 0,667 & 2,000 \\ 0 & -2,000 & 4,000 & 0 & 2,000 & 8,000 \end{bmatrix}$$

und der Elementmassenmatrix $\underline{m}^3$

$$\underline{m}^3 = \begin{bmatrix} 4,000 & 0 & 0 & 2,000 & 0 & 0 \\ 0 & 4,457 & -3,771 & 0 & 1,543 & 2,229 \\ 0 & -3,771 & 4,114 & 0 & -2,229 & -3,086 \\ 2,000 & 0 & 0 & 4,000 & 0 & 0 \\ 0 & 1,543 & -2,229 & 0 & 4,457 & 3,771 \\ 0 & 2,229 & -3,086 & 0 & 3,771 & 4,114 \end{bmatrix}$$

werden die einzelnen Anteile der Gleichung (5.11) tabellarisch ermittelt.

Die tatsächlichen Stabendkräfte $\underline{S}^{3+}$ ergeben sich aus der

Summe der Stabendkräfte infolge Ersatzknotenlasten und der Stabendkräfte $\underline{\bar{S}}_R^3$ (vgl. Teil 1, Abschn. 7.2). Wegen $\underline{u} \equiv \underline{\bar{u}}$ gilt:

$$\underline{\bar{S}}^{3+} = \underline{k}^3 \; \underline{u}^3 + \underline{m}^3 \; \underline{\ddot{u}}^3 + \underline{\bar{S}}_R^3 .$$

Die Auswertung erfolgt tabellarisch und ist in Tafel 5.1 wiedergegeben.

Die oberen Schranken für die Stabendkräfte und die Stabendverformungen erhält man zu:

$$\begin{bmatrix} -38{,}34 \\ -109{,}56 \\ -76{,}74 \\ -38{,}34 \\ -109{,}56 \\ -76{,}74 \end{bmatrix} \leq \underline{\bar{S}}^{3+} \leq \begin{bmatrix} 38{,}34 \\ 109{,}56 \\ 76{,}74 \\ 38{,}34 \\ 109{,}56 \\ 76{,}74 \end{bmatrix} \qquad [\mathrm{kN,\ kNm}]$$

$$\begin{bmatrix} -0{,}0082 \\ -0{,}2153 \\ -0{,}0017 \\ -0{,}0082 \\ -0{,}2153 \\ -0{,}0017 \end{bmatrix} \leq \underline{\bar{u}}^3 \leq \begin{bmatrix} 0{,}0082 \\ 0{,}2153 \\ 0{,}0017 \\ 0{,}0082 \\ 0{,}2153 \\ 0{,}0017 \end{bmatrix} \qquad [\mathrm{mm,\ rad}]$$

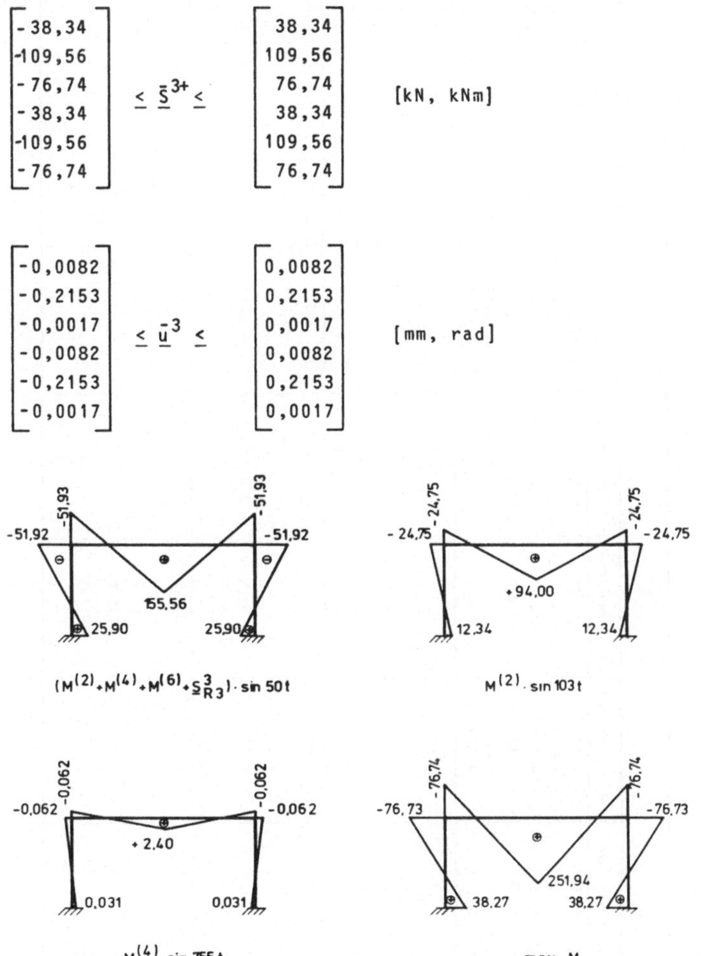

Bild 5.6 Anteile der Momentenverteilung

	Anteil aus $\underline{k}^3 \cdot u^3$			Anteil aus $\underline{m}^3 \cdot \ddot{u}^3$					
Anteil	2. Eigenform	4. Eigenform	6. Eigenform	2. Eigenform	4. Eigenform	6. Eigenform	$\Sigma(\underline{k}^3 \cdot u^3 + \underline{m}^3 \cdot \ddot{\underline{u}}^3)$	$\underline{\bar{S}}_R^3$	$\underline{\bar{S}}^{3+}$
sin50t	25,587	0,620	-0,240	-0,027	-0,001	~ 0	25,939	0	25,939
	0	~ 0	0	-19,214	0,054	0	-19,160	-50,0	-69,160
	-44,829	-0,828	~ 0	22,577	0,008	~ 0	-23,072	75,0	51,928
	-25,587	-0,620	0,240	0,027	0,001	~ 0	-25,939	0	-25,939
	0	~ 0	0	-19,214	0,054	0	-19,160	-50,0	-69,160
	44,829	0,829	~ 0	-22,577	-0,008	~ 0	+23,073	-75,0	51,927
sin103t	-12,420			0,056			-12,364		-12,364
	0			39,583			39,583		39,583
	21,761			-46,510			-24,749		-24,749
	12,420			-0,056			12,364		12,364
	0			39,583			39,583		39,583
	-21,761			46,510			24,749		24,749
sin755t		-0,042			0,010		-0,032		-0,032
		0			-0,820		-0,820		-0,820
		0,055			-0,117		-0,062		-0,062
		0,042			-0,010		0,032		0,032
		0			-0,820		-0,820		-0,820
		-0,055			0,117		0,062		0,062
sin1535t			0,009			-0,009	0		
			0			0	0		
			0			0	0		
			-0,009			0,009	0		
			0			0	0		
			0			0	0		

Die Momentenverteilung im Rahmen ist in Bild 5.6 dargestellt.
Zum Vergleich ist in Bild 5.7 die Momentenverteilung aus der statischen Berechnung gezeigt.

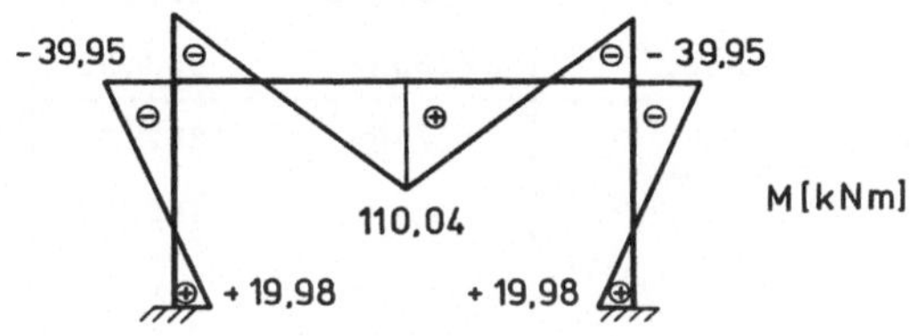

Bild 5.7 Statische Momentenverteilung

Die Berechnung der Verformungen und Schnittgrößen unter Berücksichtigung aller Eigenformen erfordert einen sehr großen Rechenaufwand. Hinreichend genaue Ergebnisse lassen sich in der Regel auch dann erzielen, wenn die Eigenschwingungen, die nur geringen Einfluß auf die Schwingungen haben, vernachlässigt werden (vgl. Kap. 5.1).

Beispiel 5.2:

Der im Bild 5.8 dargestellte Mast wird für den Lastfall Erdbeben untersucht. Dabei wird das Spektrum von Bild 2.24

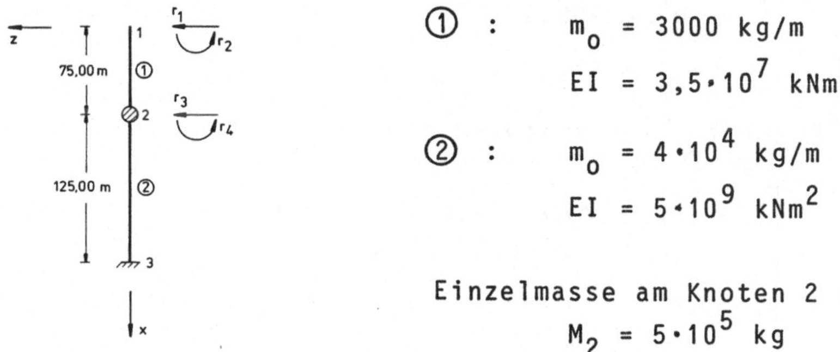

Bild 5.8 Mast mit Massen- und Steifigkeitsverteilung

zur Erfassung der Belastung verwendet; Normalkraftverformungen werden vernachlässigt. Deshalb wird der Mast als System mit vier Freiheitsgraden idealisiert. Als Steifigkeitsmatrix erhält man:

$$\underline{K} = 10^3 \cdot \left[\begin{array}{cc|cc} 0{,}99556 & -57{,}333 & -0{,}99556 & -37{,}333 \\ & 1866{,}7 & 37{,}333 & 933{,}33 \\ \hline \text{sym.} & & 31{,}716 & -1882{,}7 \\ & & & 161870 \end{array}\right]$$

Die Massenmatrix ist aus der konsistenten Massenmatrix der Elemente ① und ② und der konzentrierten Massenmatrix infolge M_2 in Richtung von r_3 zusammengesetzt:

$$\underline{M} = 10^3 \cdot \left[\begin{array}{cc|cc} 0{,}08357 & -0{,}88393 & 0{,}02893 & 0{,}52232 \\ & 12{,}054 & -0{,}52232 & -9{,}0402 \\ \hline \text{sym.} & & 2{,}4407 & -31{,}854 \\ & & & 756{,}10 \end{array}\right]$$

Als Eigenwerte erhält man hierfür

$$\omega_1^2 = 2{,}796 \ s^{-2}$$
$$\omega_2^2 = 6{,}838 \ s^{-2}$$
$$\omega_3^2 = 303{,}9 \ s^{-2}$$
$$\omega_4^2 = 571{,}0 \ s^{-2}.$$

Die zugehörigen Eigenvektoren sind

$$\underline{r}^E = 10^{-3} \cdot \begin{bmatrix} -91{,}45 & -99{,}63 & 105{,}9 & 156{,}8 \\ -1{,}317 & -2{,}245 & 9{,}498 & 17{,}13 \\ -15{,}36 & 17{,}50 & -13{,}25 & 16{,}28 \\ -0{,}187 & 0{,}174 & -1{,}313 & 1{,}175 \end{bmatrix}$$

Für die Modale Analyse ist der Lastvektor $\underline{M}\ \underline{e}$ für Gleichung (5.16) zu berechnen. Mit $\underline{e}^T = [1,\ 0,\ 1,\ 0]$ ergibt sich

$$\underline{M}\ \underline{e} = \begin{bmatrix} 112{,}50 \\ -1406{,}25 \\ 2469{,}63 \\ 756622{,}32 \end{bmatrix}.$$

Die Berechnung der Maximalwerte von q_i nach Gleichung (5.18) ist in der folgenden Tabelle zusammengefaßt. Die Werte für das Geschwindigkeitsspektrum sind hierbei Bild 2.24 mit einem Skalierungsfaktor von 0,37 entnommen (der Wert für die erste Eigenform wurde extrapoliert).

i	$\omega_i\,[s^{-1}]$	$T_i\,[s]$	$(\underline{r}_i^E)^T \underline{M}\ \underline{e}$	$S_v\,[m/s]$	max q_i
1	1,67	3,76	-187,86	0,30	33,75
2	2,62	2,40	166,82	0,30	19,10
3	17,4	0,36	-1027,61	0,35	20,67
4	23,9	0,26	922,79	0,29	11,20

Die maximalen Verformungsvektoren infolge der 4 Eigenformen ergeben sich damit aus Gleichung (4.14) zu

$$\left[\underline{r}^{(j)}\right] = \begin{bmatrix} -3{,}09 & -1{,}90 & 2{,}19 & 1{,}76 \\ -0{,}044 & -0{,}043 & 0{,}196 & 0{,}192 \\ -0{,}52 & 0{,}33 & -0{,}27 & 0{,}18 \\ -0{,}016 & 0{,}003 & 0{,}027 & 0{,}013 \end{bmatrix} \quad [m,\ rad]$$

Eine Überlagerung entsprechend Gleichung (5.15) ergibt

$$\max\ \underline{r} = \begin{bmatrix} 4{,}59 \\ 0{,}281 \\ 0{,}70 \\ 0{,}031 \end{bmatrix} \quad [m,\ rad]$$

Aufgaben:

5.1 Das dargestellte ebene Fachwerk wird durch periodisch wirkende Kräfte

$$R(t) = R_0 \sin\bar{\Omega}t$$

belastet. Die maximal auftretenden Stabkräfte und die maximale Verschiebung r_s sind zu berechnen.

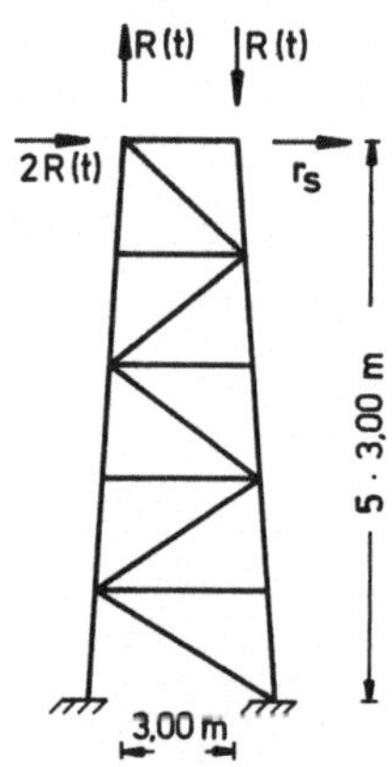

Werkstoff: Stahl St 37

Stabquerschnitte: Stiele L 120x12

Pfosten und Diagonalen L 120x10

R_0 = 10 kN

$\bar{\Omega}$ = 62,8 Hz

5.2 Für den dargestellten Stahlbetonrahmen sind die Schnittgrößen in den Punkten A, B und C für eine Bemessung unter Berücksichtigung einer Erdbebenbelastung in Erdbebenzone 2 nach DIN 4149, Teil 1 (Ausgabe April 1981) zu ermitteln:

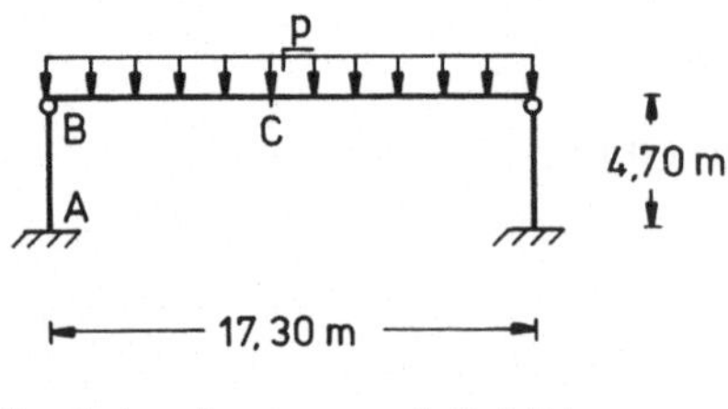

Verkehrslast p = 1,8 kN/m

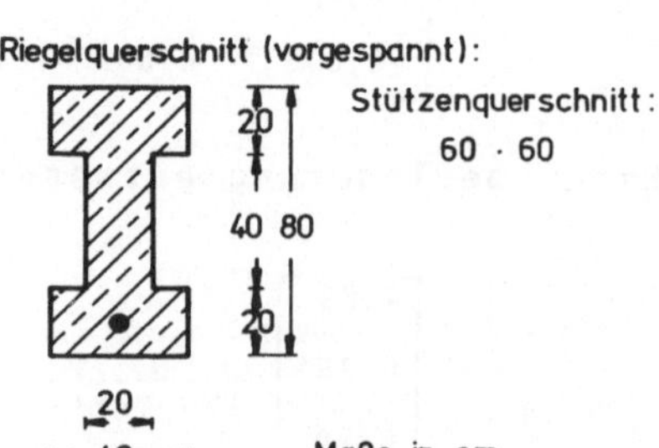

Der Riegel ist durch ein Stabelement mit der konsistenten Massenmatrix darzustellen.

5.3 Der dargestellte Vierendeelträger wird im Obergurt durch eine periodisch wirkende Belastung

$$R(t) = R_0 \sin\tilde{\Omega}t, \quad R_0 = 5 \text{ kN}, \quad \tilde{\Omega} = 100 \text{ Hz}$$

beansprucht. Riegel und Pfosten sind als I-Träger (IPE300) ausgeführt. Gesucht sind die maximalen Schnittgrößen in den Punkten A, B und C und die Vertikalverschiebung unter der Last R(t). Die Eigenformen sind mit der konsistenten Massenmatrix zu berechnen.

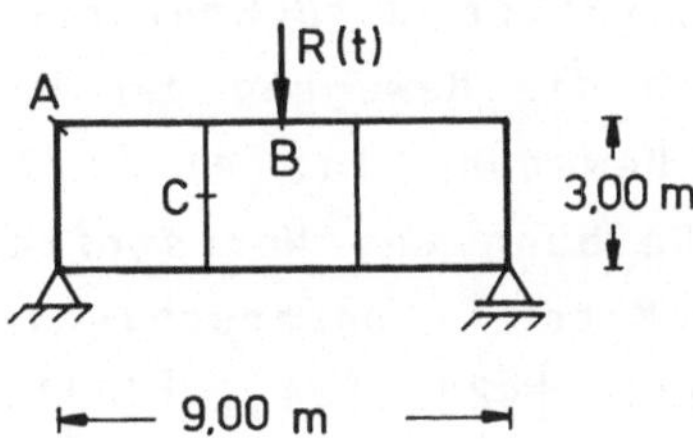

6 Dämpfung

Jede mechanische Schwingung ist nach einer endlichen Zeit abgeklungen, wenn dem System nicht von außen Energie zugeführt wird, z.B. durch Einwirkung einer Kraft. Bei freien Schwingungen nimmt die Amplitude und auch die Geschwindigkeit mit der Zeit ab. Damit wird im Verlaufe der Bewegung die Gesamtenergie, die sich aus potentieller und kinetischer Energie zusammensetzt, immer kleiner bis sie zum Ende der Bewegung auf Null abnimmt. Potentielle und kinetische Energie werden hierbei in andere Energieformen umgewandelt. Unter den Energieumwandlungen kommt den Umwandlungen in Wärme eine besondere Bedeutung zu, da sie auf das Wirken von Reibungskräften zurückzuführen sind. Je nachdem, ob die Reibung durch die Bewegung der Masse in einem dichten Medium, durch Bewegung auf einer trockenen Unterlage oder durch innere Reibung des Werkstoffes verursacht wird, sind die Reibungskräfte in unterschiedlicher Weise zu beschreiben (siehe [33], [42], [24], [48]).
Im Kapitel 2 wurde gezeigt, wie die Dämpfung durch eine geschwindigkeitsproportionale Rückstellkraft berücksichtigt werden kann. Wir beschränken uns auch weiterhin auf diese **viskose Dämpfung.** Im Abschnitt 6.2 werden einige mechanische Grundlagen der Dämpfung am Einmassenschwinger erläutert, in den weiteren Abschnitten werden Formulierungen der Dämpfung für Mehrmassenschwinger und Lösungsmöglichkeiten gezeigt.
Bei Mehrmassenschwingern ist die Dämpfungskraft in jeder dynamischen Gleichgewichtsbedingung eine Funktion der Geschwindigkeiten aller Freiheitsgrade. Anstelle der Dämpfungskonstanten c beim Einmassenschwinger tritt nun die Dämpfungsmatrix $\underline{C}_d$.
Da nur selten genügend Daten zur Verfügung stehen, um eine physikalisch korrekte Dämpfungsmatrix aufzubauen, wird die Wirkung der Dämpfungskräfte meist durch Betrachtung von Grenzfällen abgeschätzt. Hierzu werden Dämpfungsmatrizen

verwendet, die die Lösung des Schwingungsproblems soweit wie möglich vereinfachen. Die Richtigkeit der Annahmen ist vor allem dann zu überprüfen, wenn die Dämpfung in der Bemessung direkt verwendet wird. Dies geschieht zum Beispiel durch Einbau duktiler Schubfelder und Verwendung sehr verformungsfähiger Materialien für erdbebensichere Hochhäuser [59],[60], oder beim Einbau von Dämpfungselementen in Masten oder Schornsteinen zur gezielten Energieverzehrung bei Resonanzerscheinungen.

Durch die Einführung der Dämpfung in die dynamischen Gleichgewichtsbedingungen des Mehrmassenschwingers kommt es zu einer zusätzlichen Kopplung der Zustandsgrößen, so daß die in den Kapiteln 4 und 5 beschriebenen Lösungen nicht mehr anwendbar sind. Für spezielle Dämpfungsmatrizen können jedoch geschlossene Lösungen angegeben werden. Hierzu gehört die **orthogonale Dämpfung**, bei der die Dämpfungsmatrix durch Multiplikation mit der Modalmatrix diagonalisiert werden kann (Abschnitt 6.2). Eine andere Möglichkeit besteht darin, die Dämpfung in den modalen Gleichungen zu berücksichtigen, also nach Durchführung der Modalen Analyse entsprechend Kapitel 5. Für die Lösung können dann die bekannten Formeln für den gedämpften Einmassenschwinger angewendet werden (Abschnitt 6.3).
Durch Einführung einer komplexen Steifigkeit (Abschnitt 6.4) ist es möglich, auch andere Verteilungen der Dämpfungskräfte zu berücksichtigen. Diese Lösungen beschränken sich jedoch auf harmonische Erregung.
Für Dämpfungskräfte, die nicht in einer dieser drei Arten beschrieben werden können, ist die Lösung mit Hilfe der numerischen Integration zu bestimmen. Nur in wenigen Fällen können geschlossene Lösungen abgeleitet werden.

6.1 Elliptische Hysterese

Bei der Untersuchung des Tragverhaltens von Strukturen spielt das Werkstoffgesetz immer eine wesentliche Rolle. Faßt man die viskose Dämpfungskraft $c\,\dot{r}$ und die elastische Rückstellkraft $k\,r$ zur inneren Kraft

$$F = c\,\dot{r} + k\,r$$

zusammen, so läßt sich das zugehörige Werkstoffgesetz als Funktion der Kraft F von den Verformungen r angeben. Für schwingungsfähige Systeme muß im Werkstoffgesetz $F = F(\dot{r}, r)$ die Zeitabhängigkeit der Verformung berücksichtigt werden. Das Werkstoffgesetz ist somit abhängig von der aktuellen Schwingungsform.

Für die stationäre harmonische Schwingung soll das Werkstoffgesetz abgeleitet werden. Wir betrachten zunächst nur die Dämpfungskraft

$$F_D = c\,\dot{r}.$$

Die stationäre harmonische Schwingung erfolgt nach der Funktion (vgl. (2.24))

$$r = \tilde{r}\cos(\tilde{\Omega}t + \varphi).$$

Die Geschwindigkeit $\dot{r}$ ergibt sich zu

$$\dot{r} = -\,\tilde{\Omega}\,\tilde{r}\sin(\tilde{\Omega}t + \varphi).$$

Mit

$$\sin(\tilde{\Omega}t + \varphi) = \pm\sqrt{1 - \cos^2(\tilde{\Omega}t + \varphi)} \quad \text{bzw.}$$

$$\sin(\tilde{\Omega}t + \varphi) = \pm\sqrt{1 - (r/\tilde{r})^2}$$

folgt

$$F_D = \pm c \tilde{\Omega} \tilde{r} \sqrt{1 - (r/\tilde{r})^2}.$$

Dies ist die Gleichung einer Ellipse (vgl. [7]), deren Normalform durch Quadrieren erhalten wird:

$$\left(\frac{F_D}{c \tilde{\Omega} \tilde{r}}\right)^2 + \left(\frac{r}{\tilde{r}}\right)^2 = 1$$

Da die Dämpfungskraft geschwindigkeitsproportional angenommen wurde, ist diese Ellipse gegenüber dem Phasendiagramm für harmonische Schwingungen (siehe Bild 2.2) verzerrt.
Für die gesamte innere Kraft

$$F = c \dot{r} + k r$$

ergibt sich die gedrehte Ellipse (Bild 6.1).

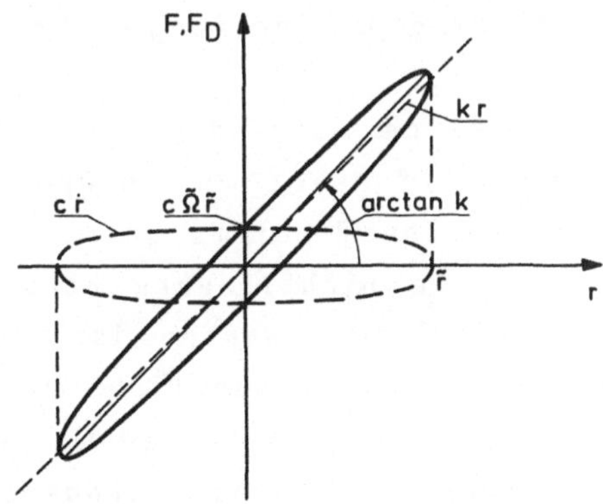

Bild 6.1 Elliptische Hysterese

Aus Bild 6.1 wird deutlich, daß die Verformungen gegenüber der Kraft verzögert eintreten. Die von der Funktion beschriebene Kurve wird deswegen als elliptische Hysterese bezeichnet (Hysterese ist die zeitliche Verzögerung einer Wirkung gegenüber dem Auftreten der Ursache).
Die Größe der in einem Umlauf (in einer Periode) verzehrten

Energie entspricht dem Flächeninhalt der Ellipse

$$A = \pi c \tilde{\Omega} \tilde{r}^2. \tag{6.1}$$

Bei reiner Werkstoffdämpfung (vgl. Kapitel 2) ist dieser Wert sehr klein; die zugehörige Ellipse ist zeichnerisch nicht darstellbar.
Die Energie, die in jeder Periode in Wärme umgewandelt wird, ist also proportional der Dämpfungskonstanten c und proportional dem Quadrat der Amplitude $\tilde{r}$. Nur bei stationären Schwingungen ist der Wert der Energie konstant. Bei quasiharmonischen, also abklingenden Schwingungen (vgl. Kapitel 2) ist die Amplitude und damit auch die verzehrte Energie eine Funktion der Zeit. Das zugehörige Kraft-Verformungs-Diagramm hat die Form einer elliptischen Spirale.
Die elliptische Hysterese ist eine Näherung für das tatsächliche Materialverhalten. Auch bei Vorgängen, die üblicherweise durch eine elastische Berechnung approximiert werden, sind geringfügige Änderungen im Material festzustellen.
Es wäre also eigentlich notwendig, die Dämpfung über ein nichtlineares Werkstoffgesetz zu berücksichtigen. Da die Lösung des nichtlinearen Problems jedoch sehr viel aufwendiger ist, sollte eine nichtlineare Formulierung nur dann verwendet werden, wenn zu erwarten ist, daß die Größe der Energieumwandlung auf eine wesentlich andere Lösung führt. Dies ist zum Beispiel bei der Auslegung von Konstruktionen für extreme Erdbeben (Sicherheitserdbeben) oder extreme Stoßbelastungen (Explosionsdruck) der Fall.
Bei wenigen Be- und Entlastungen in dem Werkstoffbereich, der durch das Elastizitätsgesetz approximiert werden kann, sind die irreversiblen Veränderungen ohne Einfluß auf das Tragverhalten einer Konstruktion. Bei vielfach wiederholter Belastung können die Abweichungen vom elastischen Materialverhalten zum Versagen führen (Ermüdungsbruch), da die Energieumwandlung aller Perioden akkumuliert wird.

Die Energieumwandlung nach (6.1) ist auch von der Schwingungsfrequenz abhängig. Bei reiner Werkstoffdämpfung wurde experimentell festgestellt (vgl. [41]), daß die Dämpfungsarbeit (6.1) frequenzunabhängig ist. Es ist dann eine auf die Frequenz bezogene Dämpfungskonstante

$$c = c_s / \tilde{\Omega}$$

einzuführen. Dieses Dämpfungsverhalten wird als **Strukturdämpfung** bezeichnet. Die Energieumwandlung während einer Periode ergibt sich hierfür zu

$$A = \pi \, c_s \, \tilde{r}^2 . \tag{6.2}$$

Diese Formulierung der Dämpfung setzt voraus, daß die Frequenz der Schwingung im voraus bekannt ist, sich also nicht aus der Lösung der Differentialgleichung ergibt. Damit ist die Berücksichtigung einer solchen frequenzunabhängigen Dämpfung auf stationäre harmonische Schwingungen beschränkt (vgl. [39]).

Die Einführung der Strukturdämpfung ermöglicht die Ableitung einer **komplexen Steifigkeit**, mit deren Hilfe eine kompakte Lösung der stationären Schwingung ermöglicht wird. Diese Formulierung ist besonders bei Mehrmassenschwingern vorteilhaft (vgl. [26], siehe auch Abschnitt 6.4).

Ausgehend von der dynamischen Gleichgewichtsbedingung bei harmonischer Erregung

$$m \, \ddot{r} + c_s / \tilde{\Omega} \, \dot{r} + k \, r = R_0 \, e^{i \tilde{\Omega} t} \tag{6.3}$$

wird für die Verschiebungsfunktion r folgender Ansatz gewählt (vgl. (2.22)):

$$r = a \, e^{i \tilde{\Omega} t} .$$

Die Geschwindigkeit

$$\dot{r} = i\,\tilde{\Omega}\,r$$

wird in (6.3) eingesetzt und es folgt

$$m\,\ddot{r} + (i\,c_s + k)\,r = R_0\,e^{i\tilde{\Omega}t}.$$

Mit

$$\hat{k} = k + i\,c_s$$

kann somit eine **komplexe Steifigkeit** formuliert werden. Eine andere Ableitung der komplexen Steifigkeit geht von einem verallgemeinerten Werkstoffgesetz aus:

$$\sigma = E\,\varepsilon + \frac{\eta}{\tilde{\Omega}}\,\dot{\varepsilon} \qquad (6.4)$$

Der Proportionalitätsfaktor η ist aus Versuchen zu bestimmen. Mit dem harmonischen Dehnungsverlauf

$$\varepsilon = \hat{\varepsilon}\,e^{i\tilde{\Omega}t}, \qquad \dot{\varepsilon} = i\,\tilde{\Omega}\,\varepsilon$$

wobei $\hat{\varepsilon}$ die Einheitsdehnung ist, folgt

$$\sigma = E\,\varepsilon + i\,\eta\,\varepsilon.$$

Entsprechend der allgemeinen Definition des Elastizitätsmoduls als Quotient aus Spannung und Dehnung ergibt sich der **komplexe Elastizitätsmodul** aus

$$\sigma = \hat{E}\,\varepsilon$$

zu

$$\hat{E} = E + \eta\,i.$$

In Abhängigkeit vom Proportionalitätsfaktor η in (6.4) kann der komplexe Elastizitätsmodul also frequenzabhängig oder frequenzunabhängig angegeben werden.

6.2 Orthogonale Dämpfung

Die dynamische Gleichgewichtsbedingung in Matrizenschreibweise (4.1) lautet unter Berücksichtigung der Dämpfungskräfte

$$\underline{M}\,\underline{\ddot{r}} + \underline{C}_d\,\underline{\dot{r}} + \underline{K}\,\underline{r} = \underline{R}(t). \tag{6.5}$$

Die Lösung dieses gekoppelten Systems von Differentialgleichungen vereinfacht sich, wenn die Dämpfungsmatrix $\underline{C}_d$ ebenso wie die Massenmatrix $\underline{M}$ und die Steifigkeitsmatrix $\underline{K}$ bei einer Ähnlichkeitstransformation mit der Modalmatrix auf Diagonalform transformiert wird ((4.12) und (4.13)). Mit Hilfe der Modalen Analyse (Kapitel 5) ist es dann möglich, die Gesamtlösung aus den Lösungen des gedämpften Einmassenschwingers aufzubauen.

Bei der orthogonalen Dämpfung wird für die Dämpfungsmatrix angenommen

$$\underline{C}_d = \alpha\,\underline{M} + \beta\,\underline{K}. \tag{6.6}$$

Die Faktoren α und β können aus Versuchen bestimmt werden. Eine Beziehung zum Lehr'schen Dämpfungsmaß der Grundschwingung wird im folgenden hergestellt.

Die Ähnlichkeitstransformation mit der Modalmatrix ergibt

$$(\underline{r}^E)^T\,\underline{C}_d\,(\underline{r}^E) = \alpha(\underline{r}^E)^T\,\underline{M}\,\underline{r}^E + \beta(\underline{r}^E)^T\,\underline{K}\,\underline{r}^E, \tag{6.7}$$

oder

$$(\underline{r}^E)^T\,\underline{C}_d\,(\underline{r}^E) = \alpha\,\underline{I} + \beta\,\underline{\Omega}. \tag{6.8}$$

Bei einer Modalen Analyse ist für die Normalkoordinaten q_i folgende Differentialgleichung zu lösen

$$\ddot{q}_i + (\alpha + \beta\, \omega_i^2)\, \dot{q}_i + \omega_i^2\, q_i = Q_i . \qquad (6.9)$$

Für massenproportionale Dämpfung erhält man also die Dämpfungskonstante α, für steifigkeitsproportionale Dämpfung die Dämpfungskonstante $\beta \cdot \omega_i^2$. Hieraus ist zu ersehen, daß bei gleichem Dämpfungsmaß für die Grundschwingung die Oberschwingungen mit unterschiedlicher Intensität gedämpft werden.

Bezeichnet man mit D_1 die Lehr'sche Dämpfungszahl (vgl. (2.16)) der Grundschwingung, so ergibt sich für die i-te Oberschwingung die Dämpfungszahl bei massenproportionaler Dämpfung zu

$$D_{\alpha i} = \frac{\omega_1}{\omega_i}\, D_1 ,$$

bei steifigkeitsproportionaler Dämpfung zu

$$D_{\beta i} = \frac{\omega_i}{\omega_1}\, D_1 .$$

Da der Faktor ω_i / ω_1 immer größer als eins ist, wird bei steifigkeitsproportionaler Dämpfung die Oberschwingung stärker gedämpft, bei massenproportionaler Dämpfung werden die Oberschwingungen sehr viel weniger gedämpft ($\omega_1 / \omega_i < 1$). Aus der Dämpfungszahl D_1 der Grundschwingung ergibt sich für massenproportionale Dämpfung der Faktor α zu

$$\alpha = 2\, D_1\, \omega_1 ;$$

für steifigkeitsproportionale Dämpfung ergibt sich der Faktor β zu

$$\beta = \frac{2\, D_1}{\omega_1} .$$

Die unterschiedliche Wirkung beider Dämpfungsarten läßt sich auch an einem einfachen Feder-Masse-Modell veranschaulichen (Bild 6.2). In diesem Modell ist die massenproportionale Dämpfung abhängig von der Geschwindigkeit der Einzelmassen (Bild 6.2a, Einzelmassen gedämpft), die steifigkeitsproportionale Dämpfung abhängig von der Relativgeschwindigkeit benachbarter Einzelmassen (Bild 6.2b, Einzelmassen durch Dämpfungselemente gekoppelt).

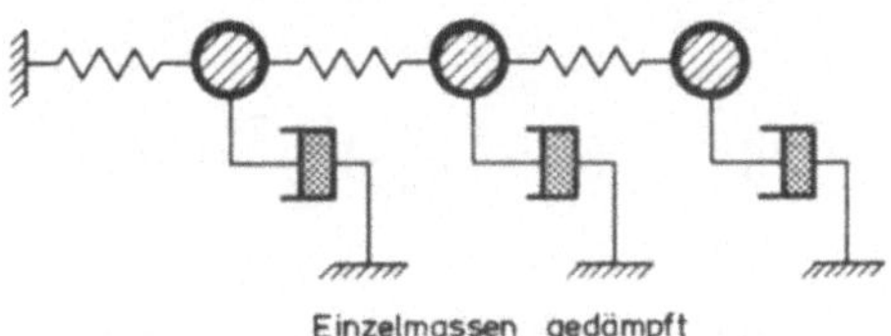

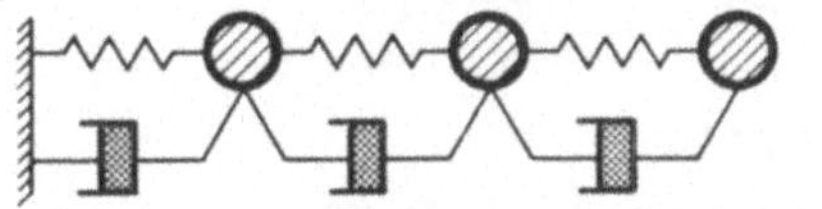

Bild 6.2 Orthogonale Dämpfung

Beispiel 6.1:

In Beispiel 5.1 wurde ein Rahmen (Bild 5.4) für eine gegebene harmonische Erregung mit der Modalen Analyse berechnet. Da nur die zweite Eigenform einen Einfluß auf das Schwingungsverhalten zeigt, entspricht die Berücksichtigung der Dämpfung dem Vorgehen beim Einmassenschwinger (vgl. Kapitel 2). Es soll hier lediglich der Einfluß der Dämpfung auf die Amplituden der Knotenverformungen gezeigt werden. Da nur die zweite Eigenform einen Einfluß hat, wird von der zweiten Gleichung

$$\ddot{q}_2 + 2D\,\omega_2\,\dot{q}_2 + \omega_2^2\,q_2 = Q_2$$

ausgegangen.

Für die Amplitude der Normalkoordinate q_2 gilt

$$q_{o2} = \frac{Q_2}{\omega_2^2} V_2 .$$

Hierbei ist

$$Q_2 = 38{,}643 \; [s^{-2}]$$

$$\omega_2 = 103{,}0 \; [s^{-1}],$$

und

$$V_2 = [(1 - (\frac{\tilde{\Omega}}{\omega_2})^2)^2 + 4(\frac{D\tilde{\Omega}}{\omega_2})^2]^{-\frac{1}{2}},$$

mit $\tilde{\Omega} = 50{,}0$.
Ohne Dämpfung ergab sich der Wert

$$q_{o2} = 0{,}00477$$

(vgl. Beispiel 5.1).
Für ein Dämpfungsmaß $D_1 = 0{,}05$ der Grundschwingung ist bei massenproportionaler Dämpfung das Dämpfungsmaß der zweiten Schwingung (vgl. Abschnitt 6.2)

$$D_{\alpha 2} = \frac{\omega_1}{\omega_2} D_1 = \frac{44{,}66}{103{,}0} \; 0{,}05 = 0{,}02168 \; .$$

Die Schwingungsamplitude q_{o2} ändert sich bei dieser Dämpfung lediglich in nichtsignifikanter Größenordnung

$$q_{o2} = 0{,}00477 \; .$$

Für steifigkeitsproportionale Dämpfung ist das entsprechende Dämpfungsmaß

$$D_{\beta 2} = \frac{\omega_2}{\omega_1} D_1 = \frac{103{,}0}{44{,}66} \; 0{,}05 = 0{,}1153 \; .$$

Die Amplitude r_{o2} ergibt sich zu

$$q_{o2} = 0{,}00472 \; .$$

Mit den geänderten Amplituden der Normalkoordinaten erfolgt die Berechnung der Knotenverformungen und der Schnittgrößen wie in Beispiel 5.1 gezeigt.
Wie aus den Ergebnissen zu ersehen ist, hat die Dämpfung bei einer Erregung außerhalb des Resonanzbereiches fast keinen Einfluß auf das Verhalten der Konstruktion. Wesentlich ist der Einfluß der Dämpfung bei Erregungen, die aus der Überlagerung vieler harmonischer Schwingungen herrühren. Insbesondere wenn für die Erregung ein kontinuierliches Spektrum angegeben werden kann, werden Eigenschwingungen angeregt. In solchen Fällen ist die Dämpfung auf jeden Fall zu berücksichtigen (vgl. Kapitel 2).

6.3 Modale Dämpfung

Bei der modalen Dämpfung wird zuerst eine Modale Analyse des ungedämpften Mehrmassenschwingers durchgeführt (vgl. Kapitel 5). In jeder Differentialgleichung für Normalkoordinaten kann nun eine Dämpfungskraft in der üblichen Weise (Kapitel 2) berücksichtigt werden.
Aus

$$\ddot{q}_i + c_i\,\dot{q}_i + \omega_i^2\,q_i = Q_i$$

folgt nach Einführung der Lehr'schen Dämpfungszahl

$$D = \frac{c_i}{2\omega_i}$$

die Gleichung

$$\ddot{q}_i + 2D\omega_i\dot{q}_i + \omega_i^2 q_i = Q_i \,. \qquad (6.10)$$

Mit

$$(\underline{r}^E)^T \, \underline{C}_d \, \underline{r}^E = \mathrm{diag}\{2D \, \omega_i\}$$

ergibt sich die zugehörige Dämpfungsmatrix zu

$$\underline{C}_d = 2 \, \underline{M} \, \underline{r}^E \, D \, \mathrm{diag}\{\omega_i\} \, (\underline{r}^E)^T \, \underline{M}. \tag{6.11}$$

Da die Lehr'sche Dämpfungszahl einer derart definierten Dämpfungskraft unabhängig von der Frequenz ist, liegt die Wirkung dieser Dämpfung zwischen der massenproportionalen und der steifigkeitsproportionalen Dämpfung.
Es ist allerdings auch möglich für jede Normalkoordinate, also für jede Eigenschwingung ein anderes Dämpfungsmaß zu wählen. Hierdurch läßt sich in einigen Fällen (vgl. [48], [5]) die Wirkung der Dämpfung gut approximieren.
Vor allem bei der dynamischen Berechnung mit Hilfe von Antwortspektren (vgl. Kapitel 2) ist die Modale Dämpfung eine geeignete Methode zur Berücksichtigung des Dämpfungseinflusses.

Beispiel 6.2:

Es soll wiederum die Ampliude der Normalkoordinate für das Tragwerk aus Beispiel 5.1 hier für modale Dämpfung berechnet werden.
Das Dämpfungsmaß ist bei modaler Dämpfung für alle Eigenfrequenzen gleich

$$D_2 = D_1 = 0{,}05 \; .$$

Es ergibt sich

$$q_{o2} = 0{,}00476 \; .$$

Als Interpretation sei auf die Erläuterungen zu Beispiel 6.1 verwiesen.

6.4 Komplexe Steifigkeitsmatrix

Wenn vom Konzept der komplexen Steifigkeit Gebrauch gemacht wird, gilt für die dynamische Gleichgewichtsbedingung des Mehrmassenschwingers

$$\underline{M}\,\ddot{\underline{r}} + (\underline{K} + i\,\underline{C}_s)\,\underline{r} = \underline{R}(t) \qquad (6.12)$$

Diese Gleichung gilt für stationäre harmonische Schwingungen (siehe Abschnitt 6.2). Im Gegensatz zur orthogonalen und zur modalen Dämpfung ist es bei der komplexen Steifigkeitsmatrix möglich, unterschiedliche Dämpfungswerte für alle Elemente zu wählen und somit die Wirkung spezieller Dämpfungselemente zu verfolgen.

Die Berechnung der stationären Schwingung bei harmonischer Erregung reduziert sich auf die Berechnung der Amplituden der Bewegungsfunktion ([48], [26]), wie im folgenden gezeigt wird.

Für die komplexe Formulierung der harmonischen Erregung (vgl. Kapitel 2)

$$\underline{R} = \underline{R}_o\, e^{i\tilde{\Omega}t}$$

ergibt sich die stationäre Schwingung zu

$$\underline{r} = \tilde{\underline{a}}\, e^{i\tilde{\Omega}t}$$

Einsetzen dieser Funktion ergibt ein System von Bestimmungsgleichungen für die Amplituden $\tilde{\underline{a}}$

$$(-\underline{M}\tilde{\Omega}^2 + \underline{K} + i\,\underline{C}_s)\tilde{\underline{a}} = \underline{R}_o$$

Die komplexe Koeffizientenmatrix

$$\underline{Z} = \underline{K} + i\,\underline{C}_s - \tilde{\Omega}^2\underline{M} \qquad (6.13)$$

wird als Impedanzmatrix bezeichnet. Impedanz steht für Scheinwiderstand. In der Matrix $\underline{Z}$ ist der statische Widerstand ($\underline{K}$) und der dynamische Widerstand ($i\,\underline{C}_s - \tilde{\Omega}^2\,\underline{M}$) zusammengefaßt.

Die gedämpfte harmonische Schwingung ergibt sich als Realteil des Vektors $\underline{r}$.
Für die Lösung eines Gleichungssystems mit komplexer Koeffizientenmatrix gibt es verschiedene Möglichkeiten ([26], [66]), auf die hier nicht weiter eingegangen werden soll. Festzuhalten ist, daß mit den Komponenten Realteil und Imaginärteil doppelt soviele Unbekannte zu berechnen sind wie bei einem reellen Gleichungssystem.

Die Lösung für eine komplexe Steifigkeitsmatrix wurde hier lediglich für eine stationäre harmonische Schwingung gezeigt. Mit Hilfe von Integraltransformationen (z.B. Laplace-Transformation) ist es auch möglich, das Anfangswertproblem zu lösen, also freie Schwingungen bei gegebener Anfangsauslenkung oder Anfangsgeschwindigkeit zu berechnen (vgl. [26]).

Beispiel 6.3:

Der Rahmen aus Beispiel 4.1 (bzw. 5.1) wird nunmehr auf seine Reaktion auf eine Anregung im Resonanzbereich der zweiten Eigenfrequenz untersucht.
Als Belastung gilt hierfür

$$\underline{R}(t) = \underline{R}_0 \cos\tilde{\Omega}t,$$

mit

$$\underline{R}_0^T = [0{,}0 \quad 50{,}0 \quad -50{,}0 \quad 0{,}0 \quad 50{,}0 \quad 50{,}0] \ [\mathrm{kN}]$$

und $\tilde{\Omega} = 103{,}0$ [1/s].
Die Berechnung der Amplituden erfolgt durch Inversion der Impedanzmatrix (6.13).
Die Werte der Vergrößerungsfunktion

$$V = \frac{r_{dynamisch}}{r_{statisch}}$$

	1	2	3	4	5
	$\alpha=\beta=R=0$	α = 10,3	$\beta=9,71\cdot10^{-4}$	R_D = 100	R_D = 500
r_{3x}	$2,26\cdot10^4$	10,24	10,23	12,56	2,51
r_{3y}	$1,9\cdot10^4$	8,67	8,69	10,68	2,40
θ_3	$2,25\cdot10^4$	10,19	10,19	12,48	2,49

Tafel 6.1 Werte der Vergrößerungsfunktion

sind für die Knotenverformungen am Knoten 3 in der Tafel 6.1 zusammengestellt.

Die Berechnung der Werte aus Tafel 6.1 erfolgte mit einem speziell hierfür geschriebenen Programm (AMPLO).

Die statischen Verschiebungen ergeben sich aus

$$\underline{K}\ \underline{r}_{st} = \underline{R}_o .$$

Die Werte der Vergrößerungsfunktion des ungedämpften Systems (Spalte 1 in Tafel 6.1) sind lediglich theoretische Vergleichswerte, da das Tragwerk eine solche Belastung im elastischen Bereich nicht aufnehmen kann. Sie ergeben sich aus

$$(\underline{K} - \tilde{\Omega}^2\ \underline{M})\ \underline{r}_{st} = \underline{R}_o .$$

Da ω_2 nicht numerisch exakt gleich $\tilde{\Omega}$ = 103,0 ist, ergeben sich hier endliche Werte, die jedoch sehr groß sind.

Wird für die zweite Erregerfrequenz ein Dämpfungsmaß von

$$D = 0,05$$

zugrundegelegt, ergeben sich bei massenproportionaler Dämpfung die Werte der Spalte 2, bei steifigkeitsproportionaler Dämpfung die Werte der Spalte 3. Die zugehörigen Dämpfungsmatrizen sind

$$\underline{C}_s = \alpha \, \underline{M} \, \tilde{\Omega},$$

mit (vgl. Abschnitt 6.2)

$$\alpha = 2 \, D \, \omega_2 = 2 \cdot 0{,}05 \cdot 103{,}0 = 10{,}3 \ ,$$

und

$$\underline{C}_s = \beta \, \underline{K} \, \tilde{\Omega}$$

mit

$$\beta = 2 \, \frac{D}{\omega_2} = 2 \, \frac{0{,}05}{103{,}0} = 9{,}71 \cdot 10^{-4}.$$

Die Multiplikation mit der Erregerfrequenz $\tilde{\Omega}$ folgt aus der Ableitung der komplexen Steifigkeit (vgl. Abschnitt 6.1).

Aus

$$\underline{M} \, \ddot{\underline{r}} + \underline{C}_d \, \dot{\underline{r}} + \underline{K} \, \underline{r} = \underline{R}_0 \, e^{i \tilde{\Omega} t}$$

ergibt sich für

$$\underline{r} = \underline{r}_0 \, e^{i \tilde{\Omega} t}$$

die Gleichung

$$\underline{M} \, \ddot{\underline{r}} + i \, \tilde{\Omega} \, \underline{C}_d \, \underline{r} + \underline{K} \, \underline{r} = \underline{R}_0 \, e^{i \tilde{\Omega} t}.$$

Mit Bezug auf (6.12) ist also

$$\underline{C}_s = \underline{C}_d \, \tilde{\Omega} \ .$$

Die Dämpfungsmatrix $\underline{C}_d$ ist nach (6.6) zu bilden

$$\underline{C}_d = \alpha \, \underline{M} + \beta \, \underline{K} \ .$$

Eine Möglichkeit, die Amplituden der Knotenverformungen zu reduzieren, besteht darin, ein Dämpfungselement einzubauen (siehe Bild 6.3).

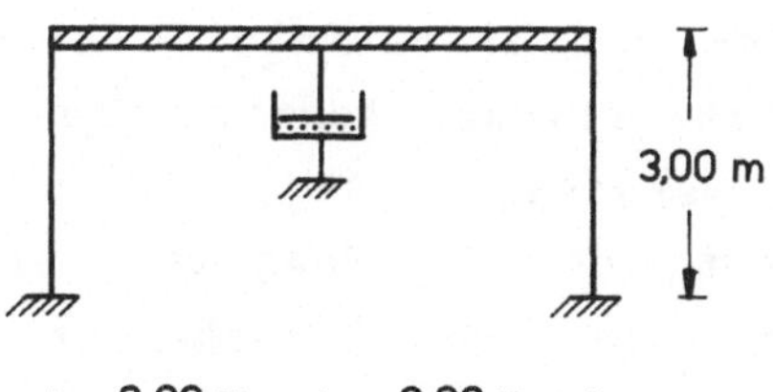

Bild 6.3 Rahmen mit Dämpfungselement

Da an der Stelle des Dämpfungselementes kein Knoten eingeführt wurde, ist ein aequivalenter Knotenlastvektor für die Dämpfungskraft zu bestimmen

$$\underline{R}_D^T = \left[\ 0{,}0 \quad \frac{R_D}{2} \quad -\frac{R_D\,\ell}{8} \quad 0{,}0 \quad \frac{R_D}{2} \quad \frac{R_D\,\ell}{8}\right]$$

Die Vorzeichen der Dämpfungskräfte in den Gleichgewichtsbedingungen ergeben sich aus den Richtungen der Geschwindigkeiten der Knotenverformungen. Die Dämpfungsmatrix $\underline{C}_d$ ist daher mit den Absolutbeträgen der Dämpfungskräfte in der Diagonalen zu besetzen

$$\underline{C}_d = \begin{bmatrix} 0{,}0 & & & & & \\ & R_D/2 & & & \underline{0} & \\ & & R_D\ell/8 & & & \\ & & & 0{,}0 & & \\ & \underline{0} & & & R_D/2 & \\ & & & & & R_D\ell/8 \end{bmatrix}$$

Die Werte der Vergrößerungsfunktion sind für R_D = 100 [kN/(m•s)] in Spalte 4 von Tafel 6.1 und für R_D = 500 in Spalte 5 angegeben.

Wie aus einem Vergleich der Werte der Vergrößerungsfunktion in Tafel 6.1 (Spalte 1 - 5) zu ersehen ist, können durch einen zusätzlichen Dämpfer Schwingungsamplituden im Resonanzbereich erheblich vermindert werden.

Oft ist es nicht möglich oder sinnvoll, einen Schwingungs-

dämpfer mit den erforderlichen Dämpfungswerten in der in Bild 6.3 gezeigten Art anzubringen. Bezüglich der zweckmäßigen und wirtschaftlichen Konstruktion von Dämpfern sei auf die Literatur verwiesen ([42], [24]).
Die Berücksichtigung der Dämpfung bei Verwendung von Antwortspektren wird an Hand der Erdbebenerregung eines Mastes veranschaulicht. Hierzu betrachten wir den Mast aus Beispiel 5.2.

Beispiel 6.4:

Die Ergebnisse für eine modale Dämpfung mit dem Dämpfungsmaß $D = 0{,}1$ sind in Tafel 6.2 zusammengestellt. Gegenüber der Berechnung ohne Dämpfung ändern sich lediglich die Werte des Pseudogeschwindigkeitsspektrums S_V(Spalte 5). Für S_V wird das Spektrum von Bild 2.24 mit einem Skalierungsfaktor von 0,37 verwendet.

1	2	3	4	5	6
i	$\omega_i\,[s^{-1}]$	$T_i[s]$	$(\underline{r}_i^E)^T\ \underline{M}\,\underline{e}$	$S_V[m/s]$	max q_i
1	1,67	3,76	-187,86	0,25	28,12
2	2,62	2,40	166,82	0,154	9,81
3	17,4	0,36	-1027,61	0,08	4,72
4	23,9	0,26	922,79	0,06	2,4

Tafel 6.2 Erdbebenberechnung mit Pseudogeschwindigkeitsspektrum

Mit den Maximalwerten der Normalkoordinaten ergeben sich die maximalen Verschiebungsamplituden:

$$[\underline{r}^{(j)}] = \begin{bmatrix} -2{,}57 & -0{,}98 & 0{,}5 & 0{,}38 \\ -0{,}037 & -0{,}022 & 0{,}045 & 0{,}04 \\ -0{,}43 & 0{,}17 & -0{,}063 & 0{,}039 \\ -0{,}005 & 0{,}0017 & -0{,}006 & 0{,}0028 \end{bmatrix} \quad [m,\ rad]$$

Die Überlagerung der Amplituden nach (5.15) ergibt die Maximalwerte:

$$\max \underline{r} = \begin{bmatrix} 2,82 \\ 0,074 \\ 0,47 \\ 0,0085 \end{bmatrix} [m, rad]$$

Aufgaben:

6.1 Berechnen Sie die Verschiebungen unter Erdbebenerregung für den Mast aus Beispiel 6.1 unter Berücksichtigung

a) massenproportionaler Dämpfung

b) steifigkeitsproportionaler Dämpfung

Gehen Sie von einem Dämpfungsmaß $D_0 = 0,1$ für die Grundfrequenz aus.

6.2 Berechnen Sie die Amplituden der Verschiebung für den Mast aus Aufgabe 1 (Beispiel 6.8) mit Hilfe der komplexen Steifigkeitsmatrix. Berücksichtigen Sie hier getrennt die Dämpfung im unteren Feld und die Dämpfung im oberen Feld als steifigkeitsproportionale Dämpfung mit $D_0 = 0,1$.

7 Vereinfachungen und Näherungen

Wie in den vorangegangenen Kapiteln gezeigt wurde, ist bei der dynamischen Berechnung eines Mehrmassenschwingers ein Eigenwertproblem zu lösen. Im folgenden sollen Möglichkeiten zur Reduzierung des Berechnungsaufwandes vorgestellt werden.
Es gibt drei Möglichkeiten, den Berechnungsaufwand zu reduzieren
- mechanische oder mathematische Kondensation des Problems (Ausnutzung der Symmetrie, Elimination abhängiger Variablen);
- Näherungsverfahren durch Vernachlässigung des Einflusses einiger Freiheitsgrade;
- Näherungsverfahren zur Berechnung einzelner Eigenfrequenzen (vor allem der Grundfrequenz).

7.1 Symmetrische Tragwerke

Die Anzahl der Freiheitsgrade eines Systems reduziert sich durch die Ausnutzung der Symmetrie auf die Hälfte. Die Randbedingungen in den Symmetrieachsen sind dabei wie in der Statik für Symmetrie und Antimetrie festzulegen (Belastungsumordnungsverfahren; siehe Teil 1 Abschn. 6.6). Läßt man die dynamische Belastung des Systems außer acht, so sind die Eigenwertprobleme des symmetrischen und des antimetrischen Teilsystems zu lösen. Die Lösungen (Eigenfrequenzen und Eigenformen) sind wie in der Statik zu überlagern.
Ist die dynamische Belastung des Systems jedoch entweder symmetrisch oder antimetrisch, so ist es ausreichend, nur das Eigenwertproblem des entsprechenden Teilsystems zu lösen, denn bei der Modalen Analyse werden nur die entsprechenden Eigenformen durch den Lastvektor angesprochen (Gl. (5.3)). Vergleicht man die Eigenwertprobleme des vollständigen Systems mit den Berechnungen der Teilsysteme, so

erhält man nur dann gleichwertige Ergebnisse, wenn auch im vollständigen System Knoten in der Symmetrieachse sind.

7.2 Kondensation des Eigenwertproblems

Jedes Eigenwertproblem in der Dynamik läßt sich mehr oder weniger vorteilhaft kondensieren ([34], [36]). Ausgangspunkt ist eine Unterteilung des Knotenverformungsvektors und eine entsprechende Aufspaltung von Gesamtsteifigkeits- und Gesamtmassenmatrix:

$$\left(\begin{bmatrix} \underline{K}_{11} & \underline{K}_{12} \\ \underline{K}_{21} & \underline{K}_{22} \end{bmatrix} - \omega^2 \begin{bmatrix} \underline{M}_{11} & \underline{M}_{12} \\ \underline{M}_{21} & \underline{M}_{22} \end{bmatrix}\right) \begin{bmatrix} \underline{r}_1 \\ \underline{r}_2 \end{bmatrix} = \underline{0}. \tag{7.1}$$

Hieraus ergeben sich zwei Matrizengleichungen:

$$\underline{K}_{11}\,\underline{r}_1 + \underline{K}_{12}\,\underline{r}_2 - \omega^2(\underline{M}_{11}\,\underline{r}_1 + \underline{M}_{12}\,\underline{r}_2) = \underline{0} \tag{7.2}$$

$$\underline{K}_{21}\,\underline{r}_1 + \underline{K}_{22}\,\underline{r}_2 - \omega^2(\underline{M}_{21}\,\underline{r}_1 + \underline{M}_{22}\,\underline{r}_2) = \underline{0}. \tag{7.3}$$

Löst man die Gleichung (7.3) nach $\underline{r}_2$ auf, so erhält man

$$\underline{r}_2 = -\underline{T}\,\underline{r}_1 \tag{7.4}$$

mit

$$\underline{T} = (\underline{K}_{22} - \omega^2\,\underline{M}_{22})^{-1}\,(\underline{K}_{21} - \omega^2\,\underline{M}_{21}). \tag{7.5}$$

Diese Beziehung läßt sich in Gleichung (7.2) einsetzen, und es ergibt sich ein Eigenwertproblem allein in $\underline{r}_1$:

$$[\underline{K}_{11} - \omega^2\,\underline{M}_{11} - (\underline{K}_{12} - \omega^2\,\underline{M}_{12})\underline{T}]\,\underline{r}_1 = \underline{0}. \tag{7.6}$$

Während es sich bei dem Eigenwertproblem (7.1) um ein lineares Problem in ω^2 handelt, ist (7.6), wegen der Abhängigkeit der Matrix $\underline{T}$ von ω^2, nichtlinear in ω^2. Das Eigenwertproblem (7.1) hat die Dimension von $\underline{r}$ (Anzahl der Knotenfreiheitsgrade), das Eigenwertproblem (7.6) lediglich die

Dimension des Vektors $\underline{r}_1$.
Wir wollen zunächst zeigen, wie man das nichtlineare Eigenwertproblem (7.6) durch die wiederholte Lösung eines linearen Eigenwertproblems lösen kann [34]:
Faßt man die Gesamtsteifigkeitsmatrix und die ω^2-fache Gesamtmassenmatrix in einer dynamischen Gleichgewichtsmatrix $\underline{D}$ zusammen, so läßt sich auch diese Matrix entsprechend der Einteilung des Knotenverformungsvektors in $\underline{r}_1$ und $\underline{r}_2$ unterteilen:

$$\underline{D} = \underline{K} - \omega^2 \underline{M} \tag{7.7}$$

mit

$$\underline{D} = \begin{bmatrix} \underline{D}_{11} & \underline{D}_{12} \\ \underline{D}_{21} & \underline{D}_{22} \end{bmatrix}. \tag{7.8}$$

Gleichung (7.5) wird damit zu

$$\underline{T} = \underline{D}_{22}^{-1} \underline{D}_{21}. \tag{7.9}$$

Das Eigenwertproblem (7.6) ist dann

$$\underline{\tilde{D}} \, \underline{r}_1 = \underline{0} \tag{7.10}$$

mit

$$\underline{\tilde{D}} = \underline{D}_{11} - \underline{D}_{12} \underline{D}_{22}^{-1} \underline{D}_{21}. \tag{7.11}$$

Für Gleichung (7.7) gilt

$$\underline{M} = - \frac{\partial}{\partial(\omega^2)} \underline{D}. \tag{7.12}$$

Entsprechend kann für $\underline{\tilde{M}}$ definiert werden:

$$\underline{\tilde{M}} = \underline{M}_{11} - \underline{M}_{12}\underline{D}_{22}^{-1}\underline{D}_{21} - \underline{D}_{12}\underline{D}_{22}^{-1}\underline{M}_{21} + \underline{D}_{12}\underline{D}_{22}^{-1}\underline{M}_{22}\underline{D}_{22}^{-1}\underline{D}_{21}. \tag{7.13}$$

Die Steifigkeitsmatrix $\underline{\tilde{K}}$ ist analog zu Gleichung (7.7):

$$\underline{\tilde{K}} = \underline{\tilde{D}} + \omega^2 \underline{\tilde{M}}. \tag{7.14}$$

Damit wird (7.10) zu

$$\underline{\tilde{K}}\, \underline{r}_1 = \omega^2 \underline{\tilde{M}}\, \underline{r}_1. \tag{7.15}$$

$\underline{\tilde{K}}$ und $\underline{\tilde{M}}$ hängen vom Eigenwert ω^2 ab. Zur Herleitung einer Iterationsvorschrift nehmen wir an, daß $\underline{\tilde{K}}$ und $\underline{\tilde{M}}$ von einem Schätzwert des Eigenwertes (ω^2) abhängen sollen. Gleichung (7.15) wird damit unter Verwendung von Gleichung (7.14) zu

$$(\underline{\tilde{D}}(\tilde{\omega}) + \tilde{\omega}^2 \underline{\tilde{M}}(\tilde{\omega}))\underline{r}_1 = \omega^2 \underline{\tilde{M}}(\tilde{\omega})\underline{r}_1 \tag{7.16}$$

Führen wir $\bar{\omega}^2$ als Differenz zwischen dem wahren und dem geschätzten Eigenwert ein, so erhalten wir ein in $\bar{\omega}^2$ lineares Eigenwertproblem

$$(\underline{\tilde{D}}(\tilde{\omega}) - \bar{\omega}^2 \underline{\tilde{M}}(\tilde{\omega}))\underline{r}_1 = \underline{0}. \tag{7.17}$$

Der tatsächliche Eigenwert ist dann

$$\omega^2 = \tilde{\omega}^2 + \bar{\omega}^2. \tag{7.18}$$

Wenn $\bar{\omega}^2$ in (7.17) Null wird, haben wir eine Lösung des Eigenwertproblems (7.10) gefunden.

Wir wollen diese Rechenschritte in einer Iterationsvorschrift zusammenfassen:

Iterationszähler: ν

Iterationsanfang: $\nu = 0$, Ein geschätzter Eigenwert ω_o^2 ist vorzugeben; beim ersten Eigenwert kann $\omega_o^2 = 0$ gesetzt werden.

ν-ter Iterationsschritt:

Das folgende lineare Gleichungssystem ist zu lösen:

$$\underline{D}_{22}(\omega_\nu)\underline{T} = \underline{D}_{21}(\omega_\nu). \tag{7.19}$$

Mit

$$\underline{A} = \underline{M}_{12}\underline{T}(\omega_\nu) \tag{7.20}$$

können $\underline{\tilde{D}}$ und $\underline{\tilde{M}}$ berechnet werden:

$$\underline{\tilde{D}} = \underline{D}_{11}(\omega_\nu) - \underline{D}_{12}(\omega_\nu)\underline{T}(\omega_\nu) \tag{7.21}$$

$$\underline{\tilde{M}} = \underline{M}_{11} - \underline{A}^T(\omega_\nu) - \underline{A}(\omega_\nu) + \underline{T}^T(\omega_\nu)\underline{M}_{22}\underline{T}(\omega_\nu). \tag{7.22}$$

Das so reduzierte Eigenwertproblem ist

$$[\underline{\tilde{D}}(\omega_\nu) - \bar{\omega}^2\,\underline{\tilde{M}}\,(\omega_\nu)]\underline{r}_1^\nu = \underline{0} \tag{7.23}$$

Für den verbesserten Eigenwert erhält man:

$$\omega_{\nu+1}^2 = \bar{\omega}^2 + \omega_\nu^2 \tag{7.24}$$

Iterationsende: Für den gesuchten Eigenwert muß bei einer vorgegebenen Genauigkeitsschranke ε gelten:

$$\bar{\omega}^2/\omega_\nu^2 < \varepsilon. \tag{7.25}$$

Der Anteil $\underline{r}_2$ des Eigenvektors wird abschließend mit Gleichung (7.4) berechnet.

Da $\underline{\tilde{D}}$ und $\underline{\tilde{M}}$ von ω abhängig sind, kann durch die Iteration jeweils nur ein Eigenwert bestimmt werden. Für die Lösung von Gleichung (7.23) empfiehlt sich deshalb die Vektoriteration nach von Mises (Teil 1 Anhang A2.2.3), Sind nicht nur der erste Eigenwert und -vektor gesucht, so sind mit Hilfe der simultanen Vektoriteration (Anhang A2.2) jeweils zwei Eigenwerte und -vektoren je Iteration zu berechnen. Am Ende einer Iteration ist der zweite Eigenwert als Startwert ω_0^2 für die nächste Iteration einzusetzen.

Für die Konvergenzgeschwindigkeit des Verfahrens ist die Wahl der Freiheitsgrade $\underline{r}_1$ und $\underline{r}_2$ wichtig. In $\underline{r}_1$ sollten die Knotenfreiheitsgrade enthalten sein, die die gesuchten Eigenformen am stärksten beeinflussen.

Eine zweite Möglichkeit der Kondensation geht von Gleichung (7.5) aus (siehe auch [36]). Die Inverse in der Matrix $\underline{T}$ wird in eine Taylorreihe um den ersten Eigenwert entwickelt (siehe [18] Teil 1, S. 104):

$$(\underline{K}_{22} - \omega^2 \underline{M}_{22})^{-1} = \underline{K}_{22}^{-1} + \omega^2 \underline{K}_{22}^{-1} \underline{M}_{22} \underline{K}_{22}^{-1} + \dots \tag{7.26}$$

Vernachlässigt man in $\underline{T}$ die Glieder, die ω in einer Potenz größer als zwei enthalten, so wird $\underline{T}$ näherungsweise zu:

$$\underline{T} = \underline{K}_{22}^{-1} \underline{K}_{21} + \omega^2 (-\underline{K}_{22}^{-1} \underline{M}_{21} + \underline{K}_{22}^{-1} \underline{M}_{22} \underline{K}_{22}^{-1} \underline{M}_{21}). \tag{7.27}$$

Das zu lösende Eigenwertproblem ist dann mit Gleichung (7.6) unter Vernachlässigung der Glieder 4. Ordnung in ω:

$$(\underline{\bar{K}} - \omega^2 \underline{\bar{M}}) \underline{r}_1 = \underline{0} \tag{7.28}$$

mit

$$\underline{\bar{K}} = \underline{K}_{11} - \underline{K}_{12} \underline{K}_{22}^{-1} \underline{K}_{21}$$

und

$$\underline{\bar{M}} = \underline{M}_{11} - \underline{M}_{12} \underline{\bar{T}} - \underline{\bar{T}}^T \underline{M}_{21} + \underline{\bar{T}}^T \underline{M}_{22} \underline{\bar{T}}.$$

Die Matrix $\underline{\bar{T}} = \underline{K}_{22}^{-1} \underline{K}_{21}$ ist hierbei die Lösung des linearen Gleichungssystems

$$\underline{K}_{22} \underline{\bar{T}} = \underline{K}_{21}.$$

Im Gegensatz zum vorherigen Verfahren muß die Inversion bzw. Lösung des linearen Gleichungssystems nicht in jedem Iterationsschritt, sondern nur einmal ausgeführt werden.

Ein Nachteil des Verfahrens ist, daß wegen der Reihenentwicklung nur die Eigenwerte und Eigenvektoren relativ genau bestimmt werden können, die durch die in $\underline{r}_1$ zusammengefaßten Verformungsfreiheitsgrade im wesentlichen beeinflußt werden.

Beim dritten Weg der Kondensation wird $\underline{M}$ als konzentrierte Massenmatrix vorausgesetzt. Faßt man in $\underline{r}_2$ die Knotenverdrehungen zusammen und vernachlässigt die zugehörigen Trägheitswirkungen, so sind die Matrizen $\underline{M}_{12}$, $\underline{M}_{21}$ und $\underline{M}_{22}$ Nullmatrizen. Man erhält damit für $\underline{T}$ nach Gleichung (7.5) ohne weitere Näherung

$$\underline{T} = \underline{K}_{22}^{-1} \underline{K}_{21} \tag{7.29}$$

wobei $\underline{T}$ zu bestimmen ist aus

$$\underline{K}_{22} \underline{T} = \underline{K}_{21}.$$

Das zu lösende Eigenwertproblem wird zu

$$(\hat{\underline{K}} - \omega^2 \hat{\underline{M}}) \underline{r}_1 = \underline{0} \tag{7.30}$$

mit

$$\hat{\underline{K}} = \underline{K}_{11} - \underline{T}^T \underline{K}_{21}$$

und

$$\hat{\underline{M}} \equiv \underline{M}_{11}.$$

Im Vergleich zu den beiden vorangegangenen Verfahren sind hier in $\underline{r}_2$ nur die Knotenverdrehungen zusammengefaßt, so daß die Problemgrößen in Gleichung (7.30) im allgemeinen größer als bei Gleichung (7.23) und (7.28) ist. Eine Kombination mit den beiden vorangegangenen Verfahren ist jedoch möglich.

Im folgenden Beispiel wollen wir die drei Möglichkeiten der Kondensation zeigen.

Beispiel 7.1:

Das in Bild 7.1 dargestellte System wird im folgenden untersucht. Zunächst wird eine genaue Lösung bestimmt, dann werden die oben erläuterten drei Arten der Kondensation angewendet.

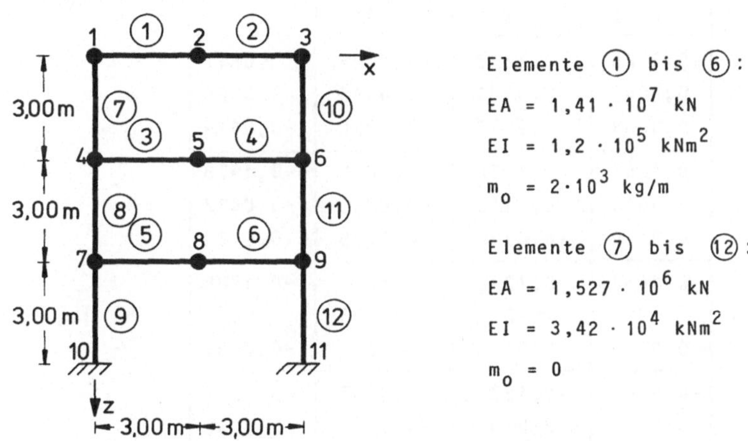

Bild 7.1 System und Idealisierung

Die Riegelmasse wird in den Knoten konzentriert. Die Massenträgheitsmomente werden vernachlässigt. Für die Gesamtmassenmatrix des Systems erhält man so:

$$\underline{M} = 103 \cdot \text{diag}\,\{330,\ 660,\ 330,\ 330,\ 660,\ 330,\ 330,\ 660,\ 330\}$$

Die Lösung des Eigenwertproblems entsprechend Kapitel 4 mit SMIS ergibt 18 sinnvolle Eigenwerte- und vektoren.

Die ersten vier Eigenwerte, Kreiseigenfrequenzen und Perioden sind:

$$\omega_1^2 = 280{,}47\ s^{-2} \qquad \omega_1 = 16{,}75\ s^{-1} \qquad T_1 = 0{,}38\ s$$
$$\omega_2^2 = 2711{,}2\ s^{-2} \qquad \omega_2 = 52{,}07\ s^{-1} \qquad T_2 = 0{,}12\ s$$
$$\omega_3^2 = 6145{,}3\ s^{-2} \qquad \omega_3 = 78{,}39\ s^{-1} \qquad T_3 = 0{,}08\ s$$
$$\omega_4^2 = 7374{,}5\ s^{-2} \qquad \omega_4 = 85{,}87\ s^{-1} \qquad T_4 = 0{,}07\ s.$$

Die zugehörigen Eigenvektoren sind

$\underline{r}^E$ =

$\underline{r}_1^E$	$\underline{r}_2^E$	$\underline{r}_3^E$	$\underline{r}_4^E$	Knoten	
-0,2225	0,1643	-0,0005	0,0812		
0,0045	-0,0131	-0,0548	-0,0066	1	
0,0069	-0,0379	0,1350	-0,0419		
-0,2226	0,1646	~0	0,0816		
~0	~0	-0,3931	~0	2	
-0,0012	0,0124	~0	0,0176		
-0,2225	0,1643	0,0005	0,0812		
-0,0045	0,0131	-0,0548	0,0066	3	
0,0069	-0,0379	-0,1350	-0,0419		
-0,1667	-0,1270	0,0005	-0,1978		
0,0041	-0,0102	-0,0385	-0,0032	4	
0,0139	-0,0390	-0,0289	0,0138		
-0,1668	-0,1273	~0	-0,1988		
~0	~0	0,0073	~0	5	[m, rad]
-0,0049	0,0144	~0	-0,0085		
-0,1667	-0,1270	-0,0005	-0,1978		
-0,0041	0,0102	-0,0385	0,0032	6	
0,0139	-0,0390	0,0289	0,0138		
-0,0772	-0,1998	-0,0001	0,1929		
0,0027	-0,0044	-0,0212	-0,0008	7	
0,0170	0,0171	0,0227	0,0197		
-0,0773	-0,2001	~0	0,1938		
~0	~0	-0,0845	~0	8	
-0,0072	-0,0108	~0	-0,0103		
-0,0772	-0,1998	0,0001	0,1929		
-0,0027	0,0044	-0,0212	0,0008	9	
0,0170	0,0171	-0,0227	0,0197		

Dieser genauen Lösung wollen wir nun die beschriebenen Möglichkeiten der Kondensation gegenüberstellen.

Für die Kondensation mit den Gleichungen (7.19) bis (7.25) werden die Horizontalverschiebungen der Knoten 2 und 5 und die Vertikalverschiebung des Knotens 2 als Hauptfreiheitsgrade $\underline{r}_1$ gewählt. In jedem Iterationsschritt hat so das zu lösende lineare Gleichungssystem (7.19) 24 Unbe-

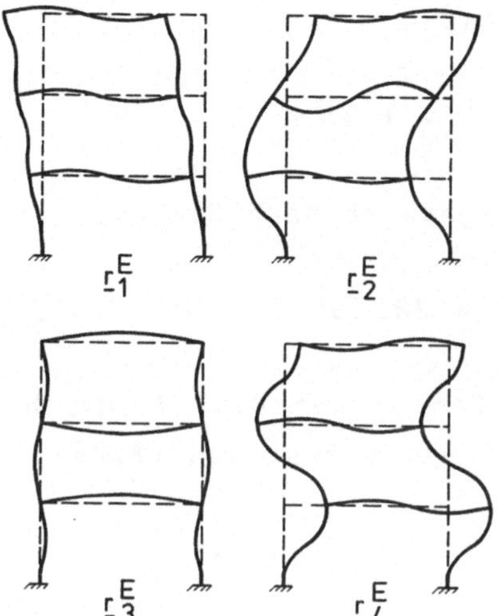

Bild 7.2 Graphische Darstellung der ersten vier Eigenformen

kannte und 3 rechte Seiten. Das Eigenwertproblem (7.23) hat jedoch nur drei Freiheitsgrade.
Am Iterationsanfang wurde $\omega_0^2 = 0$ gewählt. Die Matrizen $\underline{D}_{22}$ und $\underline{D}_{21}$ in Gleichung (7.19) werden damit zu $\underline{K}_{22}$ und $\underline{K}_{21}$. Wegen der konzentrierten Massenmatrix im vorliegenden Beispiel ist die Matrix $\underline{A}$ eine Nullmatrix. Die Matrix $\underline{\tilde{D}}$ in Gleichung (7.21) ist dann

$$\underline{\tilde{D}}(\omega_0=0) = \underline{K}_{11} - \underline{K}_{12}\,\underline{K}_{22}^{-1}\,\underline{K}_{21}.$$

Für $\underline{\tilde{M}}$ nach Gleichung (7.22) erhält man

$$\underline{\tilde{M}}(\omega_0=0) = \underline{M}_{11} + \underline{K}_{12}\,\underline{K}_{22}^{-1}\,\underline{M}_{22}\,\underline{K}_{22}^{-1}\,\underline{K}_{21}.$$

Die Lösung des Eigenwertproblems ergibt

$$\bar{\omega}^2 \equiv \omega_1^2 = 281{,}90\ \mathrm{s}^{-2}.$$

Der Fehler im Vergleich zur genauen Lösung beträgt 0,15 %. Der zweite Iterationsschritt liefert für das Eigenwertproblem (7.23) als Lösung

$$\bar{\omega}^2 = -1{,}37\ s^{-2}.$$

Der verbesserte Eigenwert nach Gleichung (7.24) ist dann

$$\omega_2^2 = 281{,}90 - 1{,}37 = 280{,}53\ s^{-2}.$$

Das ergibt einen Fehler von 0,02 %. Im dritten Iterationsschritt erhält man als Lösung von (7.23)

$$\bar{\omega}^2 = -0{,}066\ s^{-2}.$$

Der zugehörige **erste Eigenwert** nach Gleichung (7.24) ist

$$\omega_3^2 = 280{,}53 - 0{,}066 = 280{,}464\ s^{-2}.$$

Als **zweiten Eigenwert** des Problems erhält man $2957{,}6 s^{-2}$. Mit diesem Wert als Startwert ω_0^2 in Gleichung (7.28) eingesetzt wird die Iteration für den zweiten Eigenwert durchgeführt.

In Tafel 7.1 sind die Ergebnisse zusammengefaßt. Der dort angegebene Fehler bezieht sich auf die genaue Lösung.

Iteration	1. Eigenwert: $\omega_0^2 = 0$			2. Eigenwert: $\omega_0^2 = 2957{,}6$			3. Eigenwert: $\omega_0^2 = 3483{,}6$		
	$\bar{\omega}^2$ [s^{-2}]	ω^2 [s^{-2}]	Fehler [%]	$\bar{\omega}^2$ [s^{-2}]	ω^2 [s^{-2}]	Fehler [%]	$\bar{\omega}^2$ [s^{-2}]	ω^2 [s^{-2}]	Fehler [%]
1.	281,90	281,90	0,15	-228,7	2728,9	0,65	2588,1	6071,7	1,2
2.	-1,37	280,53	0,02	-17,5	2711,4	0,01	73,7	6145,4	0,002
3	-0,066	280,464	-	-0,2	2711,2	-	-0,1	6145,3	-

Tafel 7.1 Zusammenfassung der Ergebnisse

Als Eigenvektoren erhält man im dritten Iterationsschritt jeweils die Eigenvektoren der Lösung des vollständigen Problems.

Bei einer Kondensation nach Gleichung (7.28) wählen wir die Verschiebungen in x-Richtung als Hauptfreiheitsgrade r_1 (Bild 7.1). Das Eigenwertproblem hat somit 9 Freiheitsgrade. Das zu lösende lineare Gleichungssystem hat 18 Unbekannte und 9 rechte Seiten.

Als Lösung erhält man

$$\omega_1^2 = 280{,}17 s^{-2}, \quad \omega_2^2 = 2711{,}4 s^{-2} \quad \text{und} \quad \omega_3^2 = 7374{,}7 s^{-2}.$$

Die ersten beiden Eigenwerte stimmen gut mit der genauen Lösung überein. Der dritte Eigenwert entspricht aber dem vierten Eigenwert der genauen Lösung. Wie man aus der qualitativen Darstellung (Bild 7.2) erkennen kann, wird die dritte Eigenform hauptsächlich durch die Verschiebungen der Knoten 2,5 und 8 in z-Richtung bestimmt. Diese Freiheitsgrade sind jedoch im Vektor $\underline{r}_1$ in der vorliegenden Idealisierung nicht enthalten. Die Eigenvektoren stimmen in drei Dezimalen mit denen der genauen Berechnung überein.

Bei der im vorliegenden Beispiel möglichen genauen Kondensation nach Gleichung (7.30) ist die Lösung eines linearen Gleichungsystems mit 9 Freiheitsgraden und 18 rechten Seiten und die Lösung eines Eigenwertproblems mit 18 Freiwerten notwendig.
Als Lösung erhält man

$$\omega_1^2 = 280{,}25 s^{-2}, \ \omega_2^2 = 2711{,}0 s^{-2}, \ \omega_3^2 = 6145{,}3 s^{-2} \text{und } \omega_4^2 = 7374{,}4 s^{-2}.$$

Der Vergleich dieser Werte mit denen der Lösung des vollständigen Problems zeigt den Einfluß der Rechnergenauigkeit auf die Ergebnisse.

7.3 Mechanisch begründete Näherungen

Wie in der Statik kann man auch in der Dynamik die Problemgröße durch Vernachlässigung der Normalkraftverformungen reduzieren. Die Gesamtsteifigkeitsmatrix wird dabei nach dem Drehwinkelverfahren (Teil 1 Abschnitt 6.4) aufgestellt. Die Massenmatrix sollte in diesem Fall die konzentrierte Massenmatrix unter Vernachlässigung der Massenträgheitsmomente sein. Das Problem kann dann durch Anwendung von Gleichung (7.30) auf die Verschiebungsfreiheitsgrade kondensiert werden. Bei ebenen Rahmensystemen wird so die Problemgröße auf 33 % des Problems ohne Vernachlässigungen reduziert.
Am folgenden Beispiel wollen wir dieses Verfahren erläutern.

Beispiel 7.2:

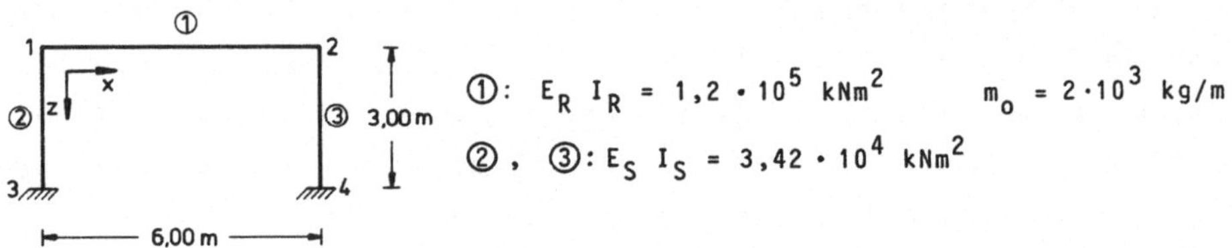

Bild 7.3 Ebener Rahmen

Für den in Bild 7.3 dargestellten Rahmen wird folgender Knotenverformungsvektor gewählt. Als Gesamtsteifigkeitsmatrix unter Vernachlässigung der Normalkraftverformungen erhalten wir:

$$\underline{r}^T = [r_{1x}\,\Theta_1\ \Theta_2]$$

$$\underline{K} = 2{,}28 \cdot 10^4 \begin{bmatrix} 1{,}333 & 1 & 1 \\ 1 & 5{,}51 & 1{,}75 \\ 1 & 1{,}75 & 5{,}51 \end{bmatrix}$$

Für die Massenmatrix wird die gleichmäßig verteilte Masse in den Knotenpunkten konzentriert. Die gesamte Masse ist wegen der linearen Abhängigkeit der Knotenverformungen r_{1x} und r_{2x} dem Freiheitsgrad r_{1x} zuzuordnen:

$$\underline{M} = \begin{bmatrix} 12 & 0 & 0 \\ 0 & 0 & 0 \\ 0 & 0 & 0 \end{bmatrix}$$

Für die Anwendung von Gleichung (7.30) ist die Matrix $\underline{K}_{22}$ (der den Knotenverdrehungen zugeordnete Teil von $\underline{K}$) zu invertieren:

$$\underline{K}_{22} = 2{,}28 \cdot 10^4 \begin{bmatrix} 5{,}51 & 1{,}75 \\ 1{,}75 & 5{,}51 \end{bmatrix} \quad \text{und} \quad \underline{K}_{22}^{-1} = 1{,}617 \cdot 10^{-6} \begin{bmatrix} 5{,}51 & -1{,}75 \\ -1{,}75 & 5{,}51 \end{bmatrix}$$

Das Matrizenprodukt $-\underline{K}_{12}\,\underline{K}_{22}^{-1}\,\underline{K}_{21}$ ist zu berechnen und von $\underline{K}_{11}$ zu subtrahieren: Es ergibt sich so

$$\hat{\underline{K}} = 2{,}28 \cdot 10^4 \cdot 1{,}333 - 0{,}63 \cdot 10^4 \equiv 2{,}41 \cdot 10^4 .$$

Da das System nur einen Verschiebungsfreiheitsgrad hat, vereinfacht sich das Eigenwertproblem zu

$$2{,}41 \cdot 10^4 - 12\,\omega^2 = 0 .$$

Man erhält für den Eigenwert

$$\omega^2 = 2008\, s^{-2} \quad \text{und} \quad \omega = 44{,}8\ s^{-1} .$$

Die Lösung ohne Kondensation und Vernachlässigung der Normalkraftverformungen ergab $\omega_1 = 44{,}7\ s^{-1}$, was einem Fehler von ~ 0,2 % entspricht (siehe Beispiel 4.1).

Eine weitere Möglichkeit mit Hilfe mechanisch begründeter Näherungen die Anzahl der Freiheitsgrade zu reduzieren, betrifft speziell Stockwerkrahmen. Stockwerkrahmen mit Stahl- oder Betonstielen und Betondeckenscheiben als Riegel wirken wie Kragarme mit einem aufgelösten Querschnitt. Die Eigenformen dieser Systeme werden hauptsächlich durch die Horizontalverschiebungen bestimmt. In Bild 7.4 ist ein solches System schematisch dargestellt.

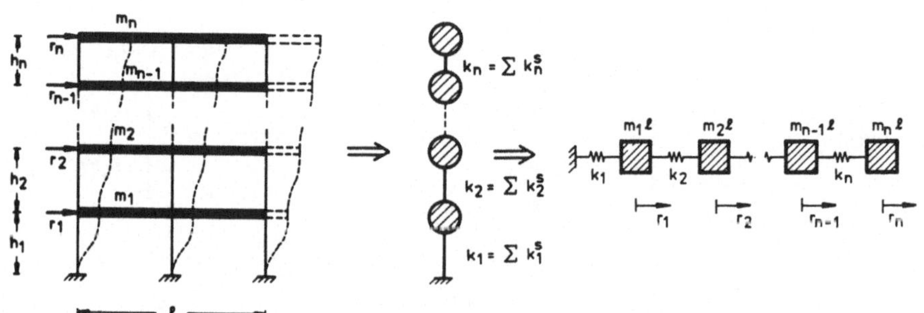

Bild 7.4 Stockwerkrahmen und Idealisierung als Kragarm

Voraussetzung für die nachfolgenden Näherungen sind:

(a) Die Normalkraftverformungen können im Stockwerkrahmen vernachlässigt werden;

(b) Die Biegesteifigkeit der Riegel ist wesentlich größer als die der Stiele;

(c) Das System ist symmetrisch;

(d) Die Biegesteifigkeit der Riegel und die Massebelegung der Riegel ist über die Stockwerke gleichmäßig verteilt.

Wenn diese Voraussetzungen erfüllt sind, hat die erste Eigenform qualitativ die in Bild 7.4 dargestellte Form. Für die Biegesteifigkeit jedes Stieles kann man dann das in Bild 7.5 gezeigte Ersatzsystem verwenden.

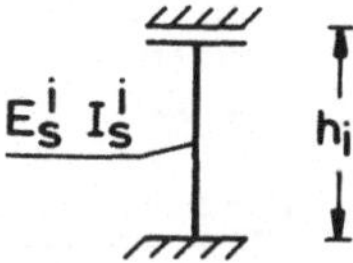

Bild 7.5 Ersatzsystem eines Stieles

Die Biegesteifigkeit bezüglich einer Horizontalverschiebung erhält man mit diesem Ersatzsystem zu

$$k_i^s = \frac{12E_s^i I_s^i}{h_i^3}. \tag{7.31}$$

Die gesamte Biegesteifigkeit eines Stockwerkes wird durch die Summe der Stielsteifigkeiten dargestellt:

$$k_i = \sum k_i^s. \tag{7.32}$$

Das System läßt sich als Kettensystem darstellen (Bild 7.6). An jedem Knoten i wird die Gleichgewichtsbedingung aufgestellt.

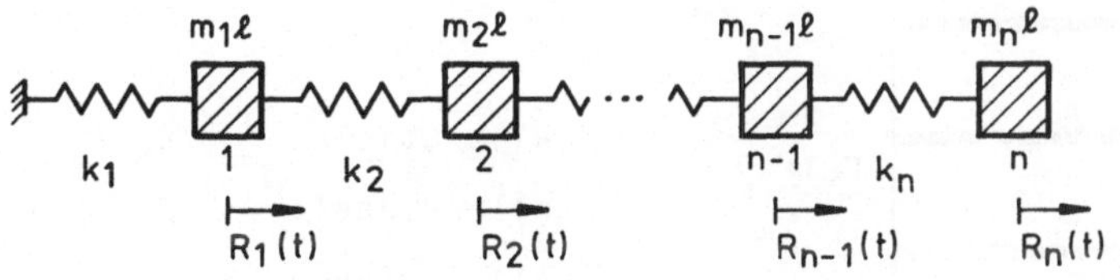

Bild 7.6 Kettensystem

Gleichgewicht ist zwischen der äußeren Belastung $R_i(t)$, den Federkräften und den d'Alembertschen Trägheitskräften (Bild 7.7). Die Gleichgewichtsbedingung lautet:

$$m_i \ell \ddot{r}_i - k_i r_{i-1} + (k_i + k_{i+1}) r_i - k_{i+1} r_{i+1} = R_i(t). \tag{7.33}$$

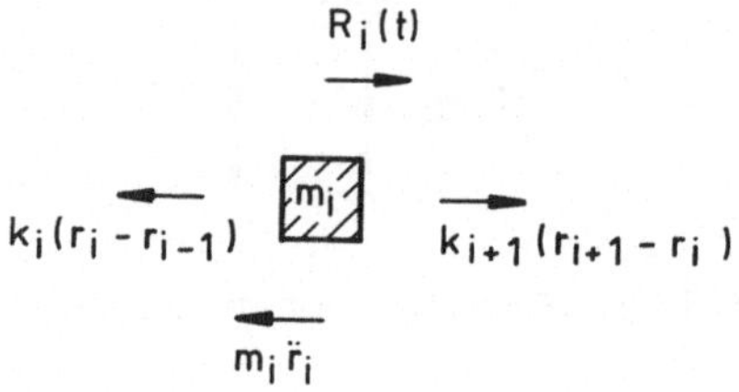

Bild 7.7 An der Masse i wirkende Kräfte

Wie man an Gleichung (7.33) sieht, ist die Massenmatrix eine Diagonalmatrix und die Steifigkeitsmatrix eine Tridiagonalmatrix:

$$\begin{bmatrix} m_1\ell & & & & \\ & m_2\ell & & \underline{0} & \\ & & \ddots & & \\ & \underline{0} & & m_{n-1}\ell & \\ & & & & m_n\ell \end{bmatrix} \begin{bmatrix} \ddot{r}_1 \\ \ddot{r}_2 \\ \vdots \\ \ddot{r}_{n-1} \\ \ddot{r}_n \end{bmatrix} + \begin{bmatrix} k_1+k_2 & -k_2 & & & \\ -k_2 & k_2+k_3 & & & \\ & & \ddots & & \\ & & -k_{n-1} & k_{n-1}+k_n & -k_n \\ & & & -k_n & k_n \end{bmatrix} \begin{bmatrix} r_1 \\ r_2 \\ \vdots \\ r_{n-1} \\ r_n \end{bmatrix} = \begin{bmatrix} R_1 \\ R_2 \\ \vdots \\ R_{n-1} \\ R_n \end{bmatrix}$$

An einem Beispiel soll nun die Anwendung dieses Verfahrens gezeigt werden.

alle Stiele: $E_S\ I_S$ = konst.

alle Riegel: $E_R\ I_R >> E_S\ I_S$

alle Stockwerke: $m_i = m_o$ konst.

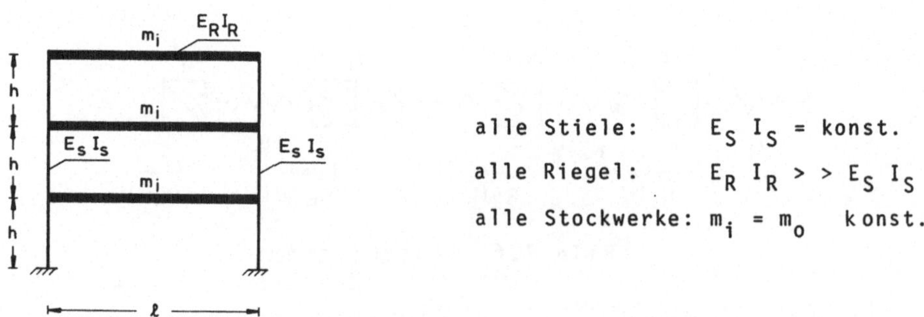

Bild 7.8 Stockwerkrahmen

Beispiel 7.3:

Die Grundfrequenz des in Bild 7.8 dargestellten Stockwerkrahmens soll im folgenden bestimmt werden. Alle Stiele haben gleiche Biegesteifigkeit und die Biegesteifigkeit der Riegel sei wesentlich größer als die Stielsteifigkeit. Die Massenverteilung des Systems ist konstant über die Höhe. Wir erhalten damit für das Eigenwertproblem:

$$\left(\frac{24\,E_S\,I_S}{h^3}\begin{bmatrix}2 & -1 & 0\\ -1 & 2 & -1\\ 0 & -1 & 1\end{bmatrix} - \omega^2 m_o \ell \begin{bmatrix}1 & 0 & 0\\ 0 & 1 & 0\\ 0 & 0 & 1\end{bmatrix}\right)\begin{bmatrix}r_1\\ r_2\\ r_3\end{bmatrix} = \underline{0}$$

Zur Abkürzung der Schreibweise wird vereinbart

$$\lambda = \omega^2 \frac{m_o \ell h^3}{24 E_s I_s}.$$

Für das charakteristische Polynom erhält man damit

$$\lambda^3 - 5\lambda^2 + 6\lambda - 1 = 0.$$

Die Nullstellen sind

$$\lambda_1 \simeq \frac{61}{308}\,, \quad \lambda_2 \simeq \frac{120}{77} \quad \text{und} \quad \lambda_3 \simeq \frac{250}{77}$$

bzw.

$$\omega_1^2 \simeq \frac{366}{77}\,\frac{E_s I_s}{m_o \ell h^3},\ \omega_2^2 \simeq \frac{2880}{77}\,\frac{E_s I_s}{m_o \ell h^3} \quad \text{und} \quad \omega_3^2 \simeq \frac{6000}{77}\,\frac{E_s I_s}{m_o \ell h^3}.$$

Die zugehörigen Eigenvektoren sind

$$\underline{r} = \begin{bmatrix}0{,}445 & 1{,}000 & -0{,}802\\ 0{,}802 & 0{,}445 & 1{,}000\\ 1{,}000 & -0{,}802 & -0{,}445\end{bmatrix}. \quad [\mathrm{rad},\ \mathrm{m}]$$

In Bild 7.9 sind die Eigenvektoren qualitativ dargestellt. Werden bei einem System die ersten Eigenformen durch wenige vorher festzulegende Freiheitsgrade bestimmt **(charakteristische Freiheitsgrade)**, so läßt sich auch bei belie-

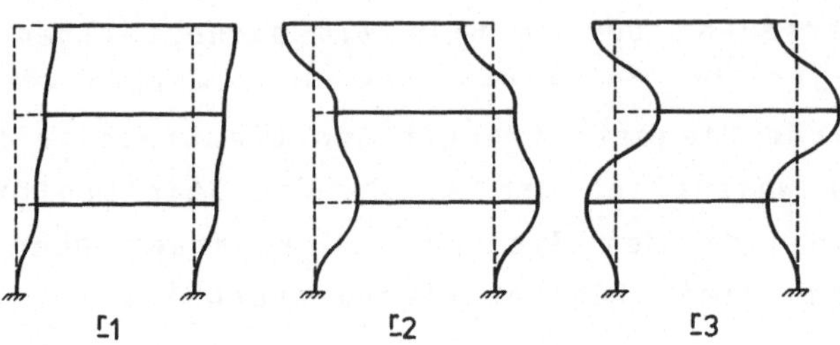

Bild 7.9 Qualitative Darstellung der Eigenform

bigen Systemen die Steifigkeit für die Eigenwertberechnung durch eine statische Berechnung bestimmen. Mit dem Prinzip der virtuellen Arbeiten wird eine Flexibilitätsmatrix $\underline{\hat{f}}$ aufgestellt, die nur von den charakteristischen Freiheitsgraden bestimmt wird.

Es ist vorteilhaft, in diesem Fall mit konzentrierten Massen und einem Iterationsverfahren (z.B. nach von Mises) zu rechnen.

Das allgemeine Eigenwertproblem ist

$$\underline{\hat{f}}^{-1}\underline{r} - \omega^2 \underline{M}\,\underline{r} = \underline{0} \qquad (7.34)$$

Für das spezielle Eigenwertproblem ergibt sich, wenn $\underline{M}$ nur Nichtnullelemente enthält und der kleinste Eigenwert ω^2 mit dem von Mises'schen Iterationsverfahren berechnet werden soll

$$(\underline{A} - \lambda\underline{I})\underline{x} = \underline{0} \qquad (7.35)$$

mit

$$\underline{A} = \underline{M}^{1/2}\,\underline{\hat{f}}\,\underline{M}^{1/2}$$

$$\lambda = 1/\omega^2$$

und

$$\underline{x} = \underline{M}^{1/2}\underline{r}.$$

Hierbei ist

$$\underline{M}^{1/2} = \mathrm{diag}\{\sqrt{M_{11}}\ \sqrt{M_{22}} \ldots \sqrt{M_{nn}}\}.$$

(Dies gilt nur für Diagonalmatrizen).

Man erkennt aus der Herleitung, daß die Steifigkeitsmatrix $\underline{\hat{f}}^{-1}$ nicht explizit berechnet werden muß.

Beispiel 7.4:

An dem in Bild 7.1 dargestellten Rahmensystem wenden wir das oben beschriebene Verfahren an.
Wie für eine statische Berechnung wird zunächst die Gesamtsteifigkeitsmatrix aufgestellt.
Als charakteristische Freiheitsgrade wählen wir die Horizontalverschiebungen an den Knoten 1, 4 und 7.
Die zugehörige Lastmatrix zur Bestimmung der Flexibilitätsmatrix $\underline{f}$ ist hierfür:

$$\underline{R}^T = \left[\begin{array}{ccc|ccc|ccc|ccc|ccc|ccc|ccc|ccc|ccc|ccc} 1&0&0&0&0&0&0&0&0&0&0&0&0&0&0&0&0&0&0&0&0&0&0&0&0&0&0&0&0&0 \\ 0&0&0&0&0&0&0&0&0&1&0&0&0&0&0&0&0&0&0&0&0&0&0&0&0&0&0&0&0&0 \\ 0&0&0&0&0&0&0&0&0&0&0&0&0&0&0&0&0&0&1&0&0&0&0&0&0&0&0&0&0&0 \end{array}\right]$$

Bei den drei Lastfällen bilden nur die zu den charakteristischen Freiheitsgraden gehörenden Verformungen die Flexibilitätsmatrix

$$\underline{\hat{f}} = 10^{-4} \cdot \begin{bmatrix} 1{,}8738 & 1{,}2229 & 0{,}51237 \\ 1{,}2229 & 1{,}1041 & 0{,}50057 \\ 0{,}51237 & 0{,}50057 & 0{,}41142 \end{bmatrix} .$$

Die Massenmatrix ist für dieses Beispiel

$$\underline{M} = \text{diag}\{12,\ 12,\ 12\} .$$

Die für die Berechnung benötigte Matrix $\underline{M}^{1/2}$ ist damit

$$\underline{M}^{1/2} = \sqrt{3}\ \text{diag}\{2,\ 2,\ 2\} .$$

Die Matrix $\underline{A}$ des allgemeinen Eigenwertproblems (7.35) ist

$$\underline{A} = 10^{-3} \cdot \begin{bmatrix} 2,2485 & 1,4674 & 0,61484 \\ 1,4674 & 1,3250 & 0,60068 \\ 0,61484 & 0,60068 & 0,49370 \end{bmatrix}.$$

Als Lösung erhält man für die drei Eigenwerte

$$\omega_1^2 = 280,78 \text{ s}^{-2}, \quad \omega_2^2 = 2709,0 \text{ s}^{-2}, \quad \omega_3^2 = 7325,8 \text{ s}^{-2}.$$

In der Reihenfolge der Eigenwerte sind die Fehler dabei (siehe Beispiel 7.1) 0,11 %, 0,08 % und 19,2 %.

Die zugehörigen Eigenvektoren sind in der Modalmatrix zusammengefaßt:

$$\underline{r}^E = \begin{bmatrix} -0,223 & 0,165 & 0,082 \\ -0,167 & -0,127 & -0,198 \\ -0,077 & -0,200 & 0,193 \end{bmatrix}.$$

Die Modalmatrix zeigt, daß es sich bei dem dritten Eigenvektor um die zum 4. Eigenwert der genauen Berechnung gehörende Eigenform handelt. Der vierte Eigenwert der Berechnung am Gesamtsystem ist $\omega_4^2 = 7374,5$. Der Fehler des hier berechneten Eigenwertes beträgt damit nur 0,66 %.

Ein Zusammenhang zwischen diesem Verfahren und der in Abschnitt 7.1 beschriebenen Kondensation nach Gleichung (7.28) kann hergestellt werden: Die Matrix $\hat{\underline{f}}$ nach Gleichung (7.34) ist die Inverse der bei der Kondensation entstehenden Matrix $\underline{K}$ (siehe auch Teil 1 Gl. (6.30)). Die in (7.34) verwendete Massenmatrix entspricht einer Massenmatrix $\underline{M}$, in der nur die charakteristischen Freiheitsgrade (Hauptfreiheitsgrade) mit Masse belegt sind.
Es gilt mit Bezug auf Gl. (7.28)

$$\overline{\underline{M}} \equiv \underline{M}_{11} \quad \text{und} \quad \underline{M}_{22} = \underline{0}, \quad \underline{M}_{21} = \underline{M}_{12}^T = \underline{0}.$$

Es existiert somit auch formale Übereinstimmung mit Gl. (7.30), wobei dort die in $\underline{r}_1$ zusammengefaßten Freiheitsgrade alle Verschiebungen sind, in Gleichung (7.34) aber nur bestimmte Verschiebungsfreiheitsgrade berücksichtigt werden.

7.4 Näherungen für die Lösung des Eigenwertproblems

Neben den mathematischen Verfahren zur iterativen Lösung des Eigenwertproblems, wie sie im Anhang A2 beschrieben werden, gibt es auch mechanisch begründete Näherungsverfahren zur Lösung des Eigenwertproblems [25], [12].
An erster Stelle ist hierbei auf den Rayleigh-Quotienten hinzuweisen. Es wird angenommen, daß $\underline{r}$ der erste Eigenvektor ist. Aus dem Maximum der potentiellen Energie

$$U = \frac{1}{2}\,\underline{r}^T\,\underline{K}\,\underline{r}$$

und dem Maximum der kinetischen Energie

$$T = \frac{1}{2}\,\omega^2\,\underline{r}^T\,\underline{M}\,\underline{r}$$

läßt sich mit dem Energieerhaltungssatz unter Vernachlässigung der Dämpfung dann der zugehörige Eigenwert bestimmen

$$\omega^2 = \frac{\underline{r}^T\underline{K}\,\underline{r}}{\underline{r}^T\underline{M}\,\underline{r}}\,. \qquad (7.36)$$

Rayleighs Methode beruht nun darauf, einen Verformungszustand $\underline{r}$ anzunehmen, der der ersten Eigenform ähnlich ist. Der angenommene Verformungszustand muß in jedem Fall die geometrischen Randbedingungen erfüllen. Da mit Rayleighs Methode stets der kleinste Eigenwert approximiert wird, ist eine Approximation $\underline{r}$ umso besser, je kleiner der zugehörige Wert ω^2 nach Gleichung (7.36) ist.

Die freien Schwingungen eines Systems werden durch die Trägheitskräfte bestimmt. Die Trägheitskräfte sind jedoch proportional zur Massenbelegung und dem Verformungszustand des Systems. Eine gute Abschätzung für die erste Eigenform erhält man so mit dem Ausgangslastvektor

$$\underline{R}^o = g\ \underline{M}\ \underline{e}. \tag{7.37}$$

Hierbei ist

- g die Erdbeschleunigung (~ 10 m/s^2),
- $\underline{M}$ die Gesamtmassenmatrix [nxn],
- $\underline{e}$ Vektor zur qualitativen Beschreibung der ersten Eigenform.

Die Komponenten von $\underline{e}$ haben gleiche Vorzeichen, wenn die entsprechenden Verformungen in der ersten Eigenform gleichgerichtet sind. Sie haben entgegengesetzte Vorzeichen, wenn die entsprechenden Verformungen entgegengesetzt sind. Die Komponenten von $\underline{e}$ sind Null, wenn die entsprechenden Verformungen keinen Einfluß auf die erste Eigenform haben. Die größte Komponente in $\underline{e}$ sollte Eins sein. In Bild 7.10 ist das anschaulich dargestellt.

Der Verformungsvektor $\underline{r}^o$ ergibt sich aus der Lösung des linearen Gleichungssystems

$$\underline{K}\ \underline{r}^o = \underline{R}^o.$$

Gleichung (7.36) wird damit zu

$$\omega_o^2 = \frac{(\underline{r}^o)^T\ \underline{R}^o}{(\underline{r}^o)^T\ \underline{M}\ \underline{r}^o}. \tag{7.38}$$

Eine Verbesserung des Lastvektors erhält man mit den neuen Trägheitskräften

$$\underline{R}^1 = \omega_o^2\ \underline{M}\ \underline{r}^o. \tag{7.39}$$

Der zugehörige Verformungsvektor ergibt sich aus

$$\underline{K}\ \underline{r}^1 = \underline{R}^1.$$

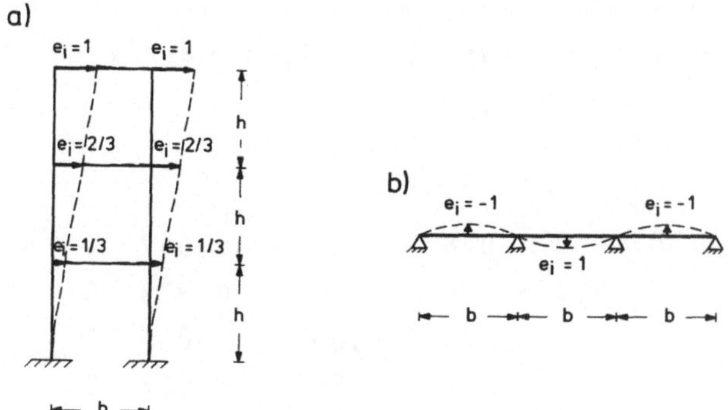

Bild 7.10 Qualitativer Verlauf der ersten Eigenform und zugehörige $\underline{e}$-Vektoren

Damit läßt sich eine Verbesserung des Eigenwertes bestimmen

$$\omega_1^2 = \frac{(\underline{r}^1)^T \; \underline{R}^1}{(\underline{r}^1)^T \; \underline{M} \; \underline{r}^1}. \tag{7.40}$$

Mit dem Rayleigh-Quotienten erhält man stets eine obere Schranke für den ersten Eigenwert, der wahre Eigenwert ist kleiner oder gleich dem Rayleigh-Quotienten.

Im folgenden Beispiel wird eine Anwendung des Rayleigh-Quotienten gezeigt.

Beispiel 7.5:

An dem in Bild 7.11 dargestellten Zweifeldträger wollen wir den Einfluß des Startvektors auf die Berechnung des ersten Eigenwertes und -vektors mit dem Rayleigh-Quotienten zeigen.

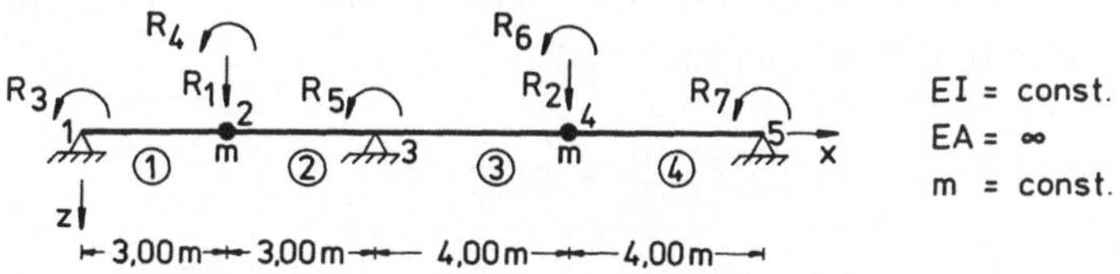

Bild 7.11 Zweifeldträger mit Numerierung der Freiheitsgrade

Die Massenträgheitsmomente werden im folgenden vernachlässigt. Damit erhält man für Steifigkeitsmatrix und Massenmatrix:

$$\underline{K} = EI\cdot\begin{bmatrix} 0{,}889 & 0 & 0{,}667 & 0 & -0{,}667 & 0 & 0 \\ & 0{,}375 & 0 & 0 & 0{,}375 & 0 & -0{,}375 \\ & & 1{,}333 & 0{,}667 & 0 & 0 & 0 \\ & & & 2{,}667 & 0{,}667 & 0 & 0 \\ & \text{symmetrisch} & & & 2{,}333 & 0{,}5 & 0 \\ & & & & & 2{,}0 & 0{,}5 \\ & & & & & & 1{,}0 \end{bmatrix}$$

$$\underline{M} = m\cdot\mathrm{diag}\{1,\ 1,\ 0,\ 0,\ 0,\ 0,\ 0\}.$$

In Bild 7.10 b) ist der qualitative Verlauf der ersten Eigenform von Durchlaufträgern dargestellt. Als zugehörigen Lastvektor für den Rayleigh-Quotienten nehmen wir an:

$$\frac{1}{m}\,\underline{R}^0 = [-10\quad 10\quad 0\quad 0\quad 0\quad 0\quad 0]^T.$$

Mit diesem Lastvektor läßt sich der zugehörige Verformungsvektor aus der Lösung des linearen Gleichungssystems bestimmen:

$$\frac{EI}{m}\,\underline{r}^0 = [-53{,}44\quad 91{,}67\quad 26{,}25\quad 0{,}94\quad -30{,}0\quad -1{,}25\quad 35{,}0]^T$$

Mit diesem Verformungsvektor erhält man für den Rayleigh-Quotienten nach Gleichung (7.38)

$$\frac{m}{EI}\cdot\omega_0^2 = \frac{1451{,}0}{11258{,}3} = 0{,}1289\ .$$

Der neue Lastvektor nach Gleichung (7.39) lautet

$$\frac{1}{m}\underline{R}^1 = [-6{,}887\quad 11{,}815\quad 0\quad 0\quad 0\quad 0\quad 0]^T.$$

Der verbesserte Rayleigh-Quotient nach Gleichung (7.40) ist damit

$$\frac{m}{EI}\,\omega_1^2 = \frac{1486{,}2}{11905} = 0{,}1248\ .$$

Die genaue Lösung ergibt für den ersten Eigenwert

$$\frac{m}{EI}\,\omega^2 = 0{,}1244\ .$$

Der Fehler beträgt bei der ersten Näherung 3,6 % und bei der verbesserten Näherung 0,3 %.
Der Einfluß der geschätzten ersten Eigenform auf den Rayleigh-Quotienten wird deutlich, wenn man für die Lastkomponenten in $\underline{R}^o$ gleiches Vorzeichen annimmmt; das entspricht ungefähr der zweiten Eigenform.
Man erhält mit

$$\frac{1}{m}\,\underline{R}^o = [10 \quad 10 \quad 0 \quad 0 \quad 0 \quad 0 \quad 0]^T$$

für die beiden Näherungen

$$\frac{m}{EI}\,\omega_o^2 = 0{,}2236 \quad \text{und} \quad \frac{m}{EI}\,\omega_1^2 = 0{,}1403\ .$$

Der Fehler beträgt 80 % bei der ersten und 13 % bei der verbesserten Näherung.
Ein zweites Verfahren zur genäherten Bestimmung von Eigenwerten und Eigenvektoren geht auf Vianello, der es zunächst auf die Stabilitätsberechnung anwendete, und auf Stodola zurück. Mit diesem Verfahren können auch mehrere Eigenwerte und -vektoren berechnet werden. Es wird das allgemeine Eigenwertproblem gelöst.
Am Anfang der Iteration steht wiederum ein Vektor, der die geschätzte erste Eigenform beschreibt: Der Vektor $\underline{e}_1^o$ entspricht dem Vektor $\underline{e}$ in Gleichung (7.37). Das Iterationsverfahren mit dem Iterationszähler ν beginnt wie beim Ray-

leigh-Quotienten, indem zunächst ein lineares Gleichungssystem gelöst wird:

$$\underline{K}\,\underline{r}_1^{\nu} = \underline{M}\,\underline{e}_1^{\nu-1}. \tag{7.41}$$

Der genäherte erste Eigenwert im ν-ten Iterationsschritt $\omega_{1\nu}^2$ wird mit dem Rayleigh-Quotienten berechnet:

$$\omega_{1\nu}^2 = \frac{(\underline{r}_1^{\nu})^T\,\underline{M}\,\underline{e}_1^{\nu-1}}{(\underline{r}_1^{\nu})^T\,\underline{M}\,\underline{r}_1^{\nu}}. \tag{7.42}$$

Der verbesserte Eigenvektor ist damit

$$\underline{e}_1^{\nu} = \omega_{1\nu}^2\,\underline{r}_1^{\nu}. \tag{7.43}$$

Diese Iteration wird solange fortgesetzt, bis der Eigenwert genügend genau berechnet wurde.

$$\left|\omega_{1\nu}^2 - \omega_{1\nu-1}^2\right| / \omega_{1\nu}^2 \leq \varepsilon. \tag{7.44}$$

Hierbei ist ε eine vorzugebende Genauigkeitsschranke. Das Verfahren ist eine konsequente Fortführung von Gleichung (7.38) bis (7.40).

Für die Berechnung des zweiten Eigenwertes ist es notwendig, den Einfluß der ersten Eigenform zu eliminieren. Ausgangspunkt ist wieder ein geschätzter Vektor der zweiten Eigenform $\underline{e}_2^o$. Dieser Vektor $\underline{e}_2^o$ kann als Summe aller Eigenvektoren dargestellt werden:

$$\underline{e}_2^o = \underline{r}_E^1\,q_1 + \underline{r}_E^2\,q_2 + \dots . \tag{7.45}$$

Die q_i sind hierin freie skalare Größen. Erweitert man (7.45) von links mit $(\underline{r}_E^1)^T\,\underline{M}$ so erhält man:

$$(\underline{r}_E^1)^T\,\underline{M}\,\underline{e}_2^o = (\underline{r}_E^1)^T\,\underline{M}\,\underline{r}_E^1\,q_1 + (\underline{r}_E^1)^T\,\underline{M}\,\underline{r}_E^2\,q_2 + \dots .$$

Wegen der Orthogonalität der $\underline{r}_E^i$ bezüglich $\underline{M}$ ist

$$(\underline{r}_E^1)^T \, \underline{M} \, \underline{r}_E^1 = 1$$

und

$$(\underline{r}_E^1)^T \, \underline{M} \, \underline{r}_E^i = 0. \qquad \text{für } i = 2,3,\ldots$$

Damit wird q_1 zu

$$q_1 = (\underline{r}_E^1)^T \, \underline{M} \, \underline{e}_2^o. \tag{7.46}$$

Eliminieren wir nun aus Gleichung (7.45) den Einfluß von $\underline{r}_E^1$, so erhalten wir

$$\underline{\tilde{e}}_2^o = \underline{e}_2^o - \underline{r}_E^1 \, q_1.$$

Mit Gleichung (7.46) wird hieraus

$$\underline{\tilde{e}}_2^o = (\underline{I} - \underline{r}_E^1 \, (\underline{r}_E^1)^T \, \underline{M}) \, \underline{e}_2^o. \tag{7.47}$$

Entsprechend Gleichung (7.41) kann damit die Iteration des zweiten Eigenwertes und -vektors beginnen:

$$\underline{K} \, \underline{r}_2^\nu = \underline{M} \, \underline{\tilde{e}}_2^{\nu-1}.$$

Unter Berücksichtigung von Gleichung (7.47) läßt sich diese Beziehung auch in Abhängigkeit des ursprünglichen Startvektors angeben:

$$\underline{K} \, \underline{r}_2^\nu = \underline{\tilde{M}}_2 \, \underline{e}_2^\nu \tag{7.48}$$

mit

$$\underline{\tilde{M}}_2 = \underline{M} - \underline{M} \, \underline{r}_E^1 (\underline{r}_E^1)^T \, \underline{M}. \tag{7.49}$$

Aus Gleichung (7.49) erkennt man, daß wegen des dyadischen Produktes die Matrix $\underline{\tilde{M}}_2$ im Gegensatz zu $\underline{M}$ keine Diagonal- oder Bandform haben kann.

Analog zu der Berechnung des ersten Eigenwertes ist dann

$$\omega_{2\nu}^2 = \frac{(\underline{r}_2^\nu)^T \underline{\tilde{M}}_2 \underline{e}_2^{\nu-1}}{(\underline{r}_2^\nu)^T \underline{\tilde{M}}_2 \underline{r}_2^\nu} \tag{7.50}$$

und

$$\underline{e}_2^\nu = \omega_{2\nu}^2 \, \underline{r}_2^\nu. \tag{7.51}$$

Die Iteration wird entsprechend Gleichung (7.44) beendet.

Sollen auch ein dritter oder weitere Eigenwerte und -vektoren bestimmt werden, so ist in den Gleichungen (7.48), (7.50) und (7.51) nur der Index 2 durch 3 usw. zu ersetzen. Der Vektor $\underline{e}_3^o$ beschreibt einen geschätzten Vorlauf der dritten Eigenform. Die vom ersten und zweiten Eigenvektor bereinigte Massenmatrix $\underline{\tilde{M}}_3$ ist hierbei

$$\underline{\tilde{M}}_3 = \underline{M} - \underline{M}\,\underline{r}_E^1\,(\underline{r}_E^1)^T\,\underline{M} - \underline{M}\,\underline{r}_E^2\,(\underline{r}_E^2)^T\,\underline{M}. \qquad (7.52)$$

An einem abschließenden Beispiel wird das Verfahren erläutert.

Beispiel 7.6:

Für das in Bild 7.12 dargestellte Rahmensystem werden wir im folgenden mit dem Stodola-Vianello Verfahren die ersten drei Eigenwerte und Eigenvektoren bestimmen. Der Einfluß des Startvektors auf die Lösung wird hier wie beim Rayleigh-Quotienten deutlich.
Als Startvektor $\underline{e}_1$ verwenden wir

$$e_1 = [\ 100\ 100\ 100\ 0{,}700\ 0{,}700\ 0{,}700\ 0{,}300\ 0{,}300\ 0{,}300]^T$$

Dieser Startvektor entspricht einer erwarteten 1. Eigenform, wie sie in Bild 7.12 dargestellt ist.
Mit der konzentrierten Massenmatrix werden die Massenträgheitskräfte erfaßt. Der Einfluß der Massenträgheitsmomente wird vernachlässigt. Es ergibt sich die gleiche Massenmatrix wie in Beispiel 7.1.
Die Iteration mit den Gleichungen (7.41) bis (7.44) ergibt für die Eigenwerte

$$\omega_{11}^2 = 280{,}83\ s^{-2},$$

$$\omega_{12}^2 = 280{,}79\ s^{-2},$$

$$\omega_{13}^2 = 280{,}79\ s^{-2},$$

$$\omega_{14}^2 = 280{,}79\ s^{-2}.$$

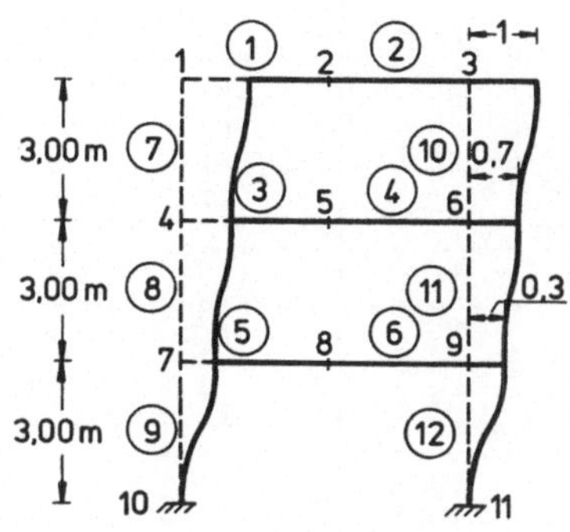

Bild 7.12 System und erwartete 1. Eigenform

Der Fehler zur genauen Lösung (ω_1^2 = 280,47 s. Beispiel 7.1) beträgt 0,11 %.
Mit dem zu ω_{14}^2 gehörenden Eigenvektor $\underline{r}_1^E$ (orthonormal bezüglich $\underline{M}$ s.u.) kann man den Einfluß der ersten Eigenform eliminieren und die Matrix $\underline{\tilde{M}}_2$ nach Gleichung (7.49) berechnen. In $\underline{\tilde{M}}_2$ bleibt dabei der zu den Knotenverdrehungen gehörende Teil der Matrix weiterhin Null. Der zu den Verschiebungen gehörende Teil der Matrix verändert sich jedoch und die Massenmatrix verliert ihre Diagonalform.
Bei Verwendung von $\underline{e}_1$ anstelle von $\underline{e}_2$ in den Gleichungen (7.48) bis (7.51) erhält man für den zweiten Eigenwert

$$\omega_{21}^2 = 2747 \text{ s}^{-2},$$

$$\omega_{22}^2 = 2711{,}9 \text{ s}^{-2},$$

$$\omega_{23}^2 = 2711{,}6 \text{ s}^{-2},$$

$$\omega_{24}^2 = 2711{,}5 \text{ s}^{-2}.$$

Der Fehler zur genauen Lösung (ω_2^2 = 2711,2 s. Beispiel 7.1) beträgt 0,011 %. Mit dem zu ω_{24}^2 gehörenden Eigenvektor $\underline{r}_2^E$ wird der Einfluß der zweiten Eigenform nach Gleichung (7.52) eliminiert. Man erhält die Matrix $\tilde{M}_3$; sie ist auf der folgenden Seite dargestellt.

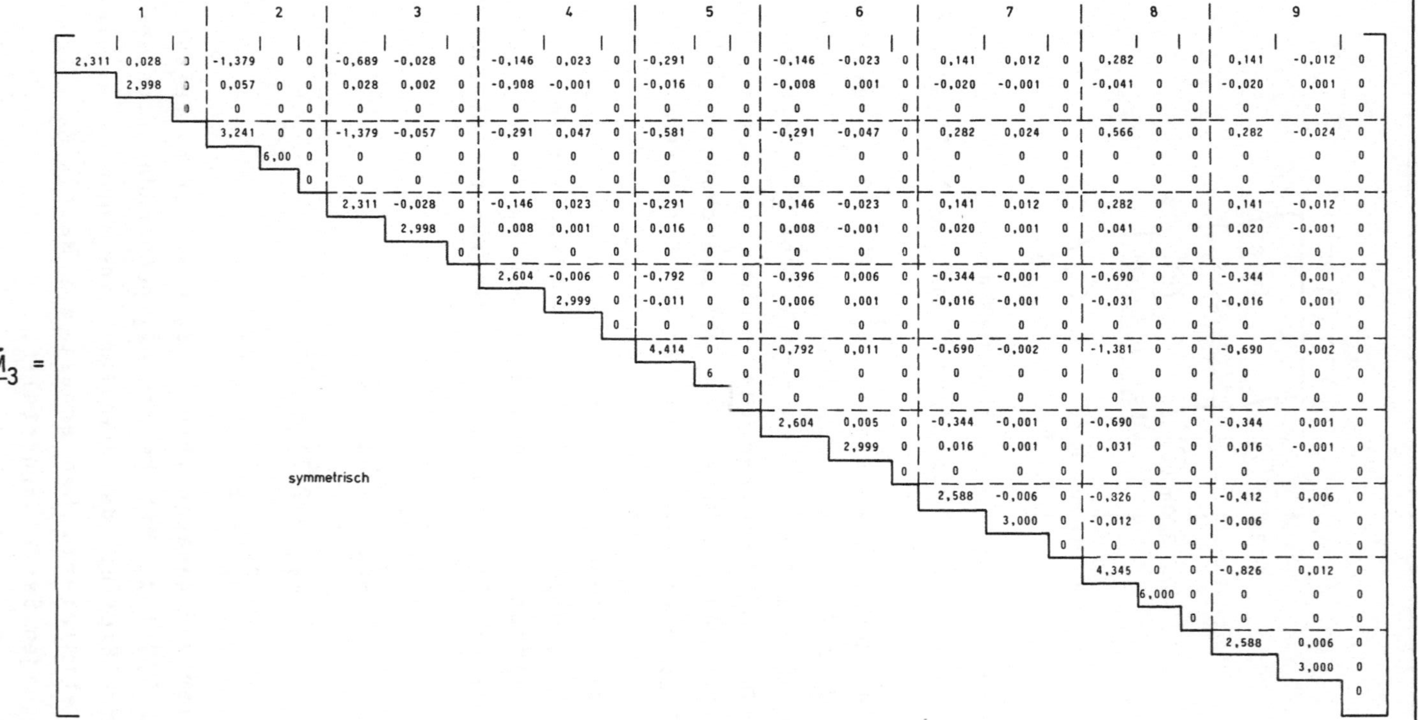

$\tilde{\underline{M}}_3 =$

1			2			3			4			5			6			7			8			9		
2,311	0,028	0	-1,379	0	0	-0,689	-0,028	0	-0,146	0,023	0	-0,291	0	0	-0,146	-0,023	0	0,141	0,012	0	0,282	0	0	0,141	-0,012	0
	2,998	0	0,057	0	0	0,028	0,002	0	-0,908	-0,001	0	-0,016	0	0	-0,008	0,001	0	-0,020	-0,001	0	-0,041	0	0	-0,020	0,001	0
		0	0	0	0	0	0	0	0	0	0	0	0	0	0	0	0	0	0	0	0	0	0	0	0	0
			3,241	0	0	-1,379	-0,057	0	-0,291	0,047	0	-0,581	0	0	-0,291	-0,047	0	0,282	0,024	0	0,566	0	0	0,282	-0,024	0
				6,00	0	0	0	0	0	0	0	0	0	0	0	0	0	0	0	0	0	0	0	0	0	0
					0	0	0	0	0	0	0	0	0	0	0	0	0	0	0	0	0	0	0	0	0	0
						2,311	-0,028	0	-0,146	0,023	0	-0,291	0	0	-0,146	-0,023	0	0,141	0,012	0	0,282	0	0	0,141	-0,012	0
							2,998	0	0,008	0,001	0	0,016	0	0	0,008	-0,001	0	0,020	0,001	0	0,041	0	0	0,020	-0,001	0
								0	0	0	0	0	0	0	0	0	0	0	0	0	0	0	0	0	0	0
									2,604	-0,006	0	-0,792	0	0	-0,396	0,006	0	-0,344	-0,001	0	-0,690	0	0	-0,344	0,001	0
										2,999	0	-0,011	0	0	-0,006	0,001	0	-0,016	-0,001	0	-0,031	0	0	-0,016	0,001	0
											0	0	0	0	0	0	0	0	0	0	0	0	0	0	0	0
												4,414	0	0	-0,792	0,011	0	-0,690	-0,002	0	-1,381	0	0	-0,690	0,002	0
													6	0	0	0	0	0	0	0	0	0	0	0	0	0
														0	0	0	0	0	0	0	0	0	0	0	0	0
															2,604	0,005	0	-0,344	-0,001	0	-0,690	0	0	-0,344	0,001	0
																2,999	0	0,016	0,001	0	0,031	0	0	0,016	-0,001	0
																	0	0	0	0	0	0	0	0	0	0
																		2,588	-0,006	0	-0,326	0	0	-0,412	0,006	0
																			3,000	0	-0,012	0	0	-0,006	0	0
																				0	0	0	0	0	0	0
																					4,345	0	0	-0,826	0,012	0
																						6,000	0	0	0	0
																							0	0	0	0
																								2,588	0,006	0
																									3,000	0
																										0

symmetrisch

Bei Verwendung von $\underline{e}_1$ anstelle von $\underline{e}_3$ hat man folgende Näherungen für den dritten Eigenwert:

$$\omega_{31}^2 = 31506\ s^{-2},$$

$$\omega_{32}^2 = 13089\ s^{-2},$$

$$\omega_{33}^2 = 7679,7\ s^{-2},$$

$$\omega_{34}^2 = 7388,0\ s^{-2},$$

$$\omega_{35}^2 = 7375,3\ s^{-2}.$$

Die zugehörigen Eigenvektoren sind in der Modalmatrix $\underline{r}^E$ zusammengefaßt:

$\underline{r}^E =$

			Knoten	
0,22254	0,16435	0,08100		
-0,00454	-0,01307	-0,00525	1	
-0,00687	-0,03793	-0,04156		
0,22258	0,16463	0,08139		
~0	~0	~0	2	
0,00116	0,01243	0,01815		
0,22254	0,16435	0,08100		
0,00454	0,01307	0,00525	3	
-0,00687	-0,03793	-0,04156		
0,16675	-0,12717	-0,19755		
-0,00411	-0,01022	-0,00212	4	
-0,01389	-0,03898	0,01407		
0,16678	-0,12739	-0,19849		
~0	~0	~0	5	[m, rad]
0,00489	0,01438	-0,00809		
0,16675	-0,12717	-0,19755		
0,00411	0,01022	0,00212	6	
-0,01389	-0,03898	0,01407		
0,07724	-0,19965	0,19322		
-0,00269	-0,00442	-0,00024	7	
-0,01701	0,01710	0,01976		
0,07726	-0,20000	0,19414		
~0	~0	~0	8	
0,00716	-0,01076	-0,01000		
0,07724	-0,19965	0,19322		
0,00269	0,00442	0,00024	9	
-0,01701	0,01710	0,01976		

Man erkennt deutlich, daß der dritte Eigenwert eine Näherung für den vierten Eigenwert der vollständigen Lösung (s.

Beispiel 7.1) darstellt. Verwendet man als Startvektor den folgenden Vektor

$$\underline{e}_3^T = [0\ 0\ 0 \,\vdots\, 0\ 1\ 0 \,\vdots\, 0\ 0\ 0 \,\vdots\, 0\ 0\ 0 \,\vdots\, 0\ 1\ 0 \,\vdots\, 0\ 0\ 0 \,\vdots\, 0\ 0\ 0 \,\vdots\, 0\ 1\ 0 \,\vdots\, 0\ 0\ 0],$$

so erhält man als Näherungen für den dritten Eigenwert

$$\omega_{31}^2 = 6229{,}1\ s^{-2},$$

$$\omega_{32}^2 = 6178{,}1\ s^{-2},$$

$$\omega_{33}^2 = 6161{,}3\ s^{-2},$$

$$\omega_{34}^2 = 6153{,}2\ s^{-2},$$

$$\omega_{35}^2 = 6149{,}2\ s^{-2}.$$

Der Fehler im Vergleich zur vollständigen Lösung (ω_3^2 = 6145,3) beträgt 0,06 %. Als Eigenvektor erhält man:

$$\underline{r}_3^E = \begin{bmatrix} 0{,}0005 \\ 0{,}0543 \\ -0{,}1363 \\ \hline \sim 0 \\ 0{,}3963 \\ \sim 0 \\ \hline -0{,}0005 \\ 0{,}0543 \\ 0{,}1363 \\ \hline -0{,}0006 \\ 0{,}0380 \\ 0{,}0282 \\ \hline \sim 0 \\ -0{,}0068 \\ \sim 0 \\ \hline 0{,}0006 \\ 0{,}0380 \\ -0{,}0282 \\ \hline 0{,}0001 \\ 0{,}0205 \\ -0{,}0180 \\ \hline \sim 0 \\ 0{,}0691 \\ \sim 0 \\ \hline -0{,}0001 \\ 0{,}0205 \\ 0{,}0180 \end{bmatrix}$$

Das ist eine Näherung für den dritten Eigenvektor der vollständigen Lösung (vgl. Beispiel 7.1).
Neben diesen mechanisch begründeten Näherungsverfahren gibt es in der Literatur weitere Iterationsverfahren, die mathematisch begründet sind [66], [3], [12] (siehe auch Anhang A2).

Aufgaben:

7.1 Man untersuche an dem dargestellten System die in Abschnitt 7.1 beschriebenen Verfahren der Kondensation. Als Hauptfreiheitsgrade sind die Verschiebungen r_{3z}, r_{5z} und r_{7z} zu wählen. Man vergleiche die Ergebnisse mit der genauen Lösung.

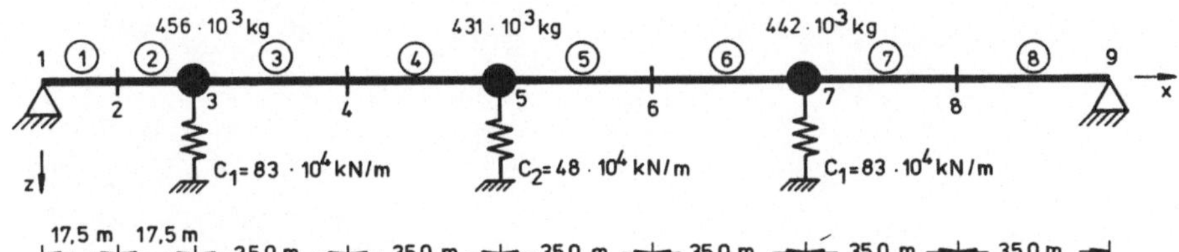

Alle Elemente: $EI = 4{,}25 \cdot 10^{12}$ N m^2, $m_o = 2 \cdot 10^4$kg/m.
Keine Normalkraftverformungen

7.2 Man berechne die Eigenwerte des Systems von Aufgabe 7.1 entsprechend Gleichung (7.34) und Beispiel 7.4.

7.3 Für das dargestellte System sollen die ersten drei Eigenwerte und -vektoren mit dem Stodola-Vianello Verfahren bestimmt werden. Die Ergebnisse sind mit der genauen Lösung zu vergleichen.

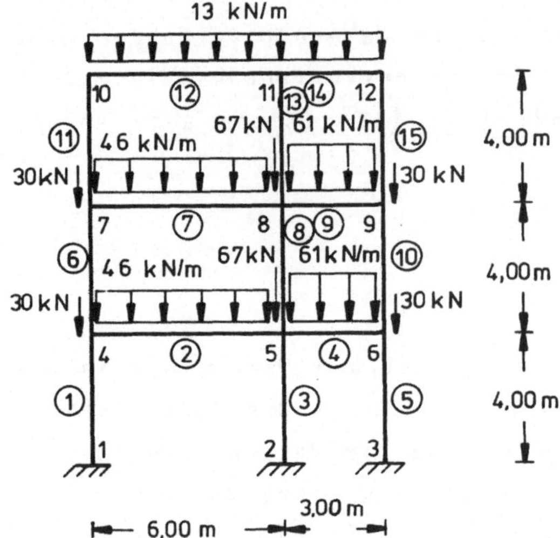

Elemente	Profil
①,③,⑥,⑧,⑪,⑬	IPEo 450
②,⑦	IPEo 600
④,⑨	IPE 300
⑤,⑩,⑮	IPE 220
⑫	IPEo 270
⑭	IPE 120

8 Nichtlineare Schwingungen

In den bisher behandelten Bewegungsgleichungen sind alle zeitabhängigen Terme linear. Diese Linearität ergibt sich aus der Annahme, daß die Systemeigenschaften (Steifigkeit, Dämpfung, Masse) unabhängig von der Zeit und von den Formänderungen sind. In vielen Fällen wird durch diese Annahme das Tragverhalten zu ungenau erfaßt, so z.B. wenn

- die Verformungen des Tragwerks den Spannungszustand beeinflussen,
- plastische Verformungen mit Energieverlusten (Dissipation) die Materialdämpfung ändern,
- Alterung und Ermüdung ein zeitabhängiges Materialverhalten bewirken,
- zur Beschreibung der Dämpfung die Geschwindigkeitsproportionalität nicht ausreicht,
- die Masse des Systems sich ändert (Beladen von Tanks und Silos).

Diese Probleme führen zu einer Bewegungsgleichung der Form

$$F(r, \dot{r}, \ddot{r},...) = R(t), \qquad (8.1)$$

in der die Bewegungsgrößen nichtlinear auftreten.

Das Superpositionsgesetz besitzt hierfür keine Gültigkeit. Damit ist auch die Modale Analyse nicht anwendbar. Für Sonderfälle, insbesondere bei Einmassenschwingern, lassen sich Lösungen der nichtlinearen Differentialgleichungen angeben (siehe z.B. [33], [35], [28]).
In den meisten Fällen kann eine Lösung nur numerisch gefunden werden, indem die Systemeigenschaften zu jedem Zeitpunkt t_i dem aktuellen Zustand angepaßt werden. Eine Lösung kann mit den in Abschnitt 2.8 und im Anhang A1 angegebenen Iterationsverfahren gefunden werden.

Da sich in Abhängigkeit von den Gegebenheiten immer andere Formulierungen des nichtlinearen Problems ergeben, ist eine allgemeine Behandlung nicht möglich. Das Vorgehen soll hier deswegen exemplarisch für den baupraktisch wichtigen Fall der nichtlinearen Steifigkeit gezeigt werden.
Im Abschnitt 8.1 werden Lösungen für Einmassenschwinger mit nichtlinearer Federcharakteristik angegeben. Der Einfluß von Normalkräften auf die Transversalschwingungen von Stäben wird in Abschnitt 8.2 gezeigt. In Abschnitt 8.3 wird die Berechnung von Tragwerken bei elastisch-plastischem Materialverhalten diskutiert.

8.1 Einmassenschwinger mit nichtlinearer Federcharakteristik

Für die hauptsächlichen Baustoffe des konstruktiven Ingenieurbaus, Stahl, Stahl- und Spannbeton und Holz ist bei Untersuchungen des Schwingungsverhaltens im Gebrauchszustand eine Berechnung im elastischen Bereich ausreichend. Eine Nichtlinearität ist immer dann zu berücksichtigen, wenn Stahl und Stahlbeton im Bereich bleibender Verformungen beansprucht werden. Durch die Bemessung wird gewährleistet, daß solche Beanspruchungen bei planmäßiger Nutzung der Konstruktionen nicht auftreten. Da extreme Stoßbelastungen (Fahrzeugaufprall, Flugzeugabsturz, Gaswolkenexplosion) jedoch nicht ausgeschlossen werden können, ist oftmals der Nachweis zu führen, daß kurzzeitige Überbeanspruchungen nicht zu einem Verlust der Standsicherheit führen.
Eine Abschätzung der bleibenden Verformungen ist in vielen Fällen mit einem einfachen Einmassenmodell möglich. Das Vorgehen wird für die Stoßbelastung eines Balkens erläutert.

Beispiel 8.1:

Der in Bild 8.1 dargestellte Stahlbetonbalken soll bezüglich seiner Reaktion auf einen Druckstoß untersucht werden (vgl. [52], Bezeichnungen nach DIN 1045).

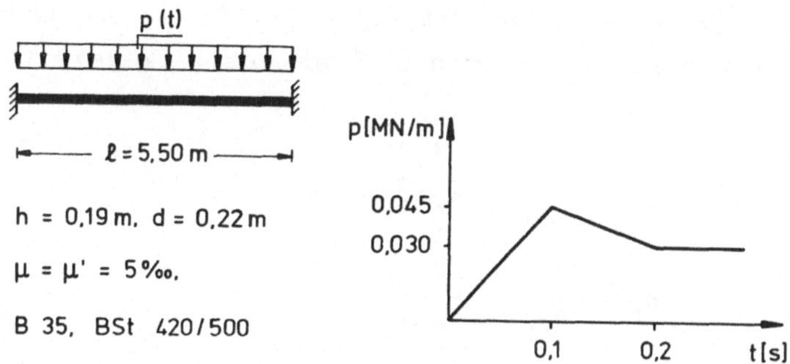

Bild 8.1 Druckstoß auf einen Stahlbetonbalken

Der Balken wird für die Berechnung als Gelenkfedersystem idealisiert, da Beanspruchungen in den plastischen Bereich hinein nur in Feldmitte und an den Lagern zu erwarten sind (Bild 8.2). Durch die Reduktion auf das Gelenkfedersystem entsteht ein System mit einem Freiheitsgrad (Bild 8.2 a))

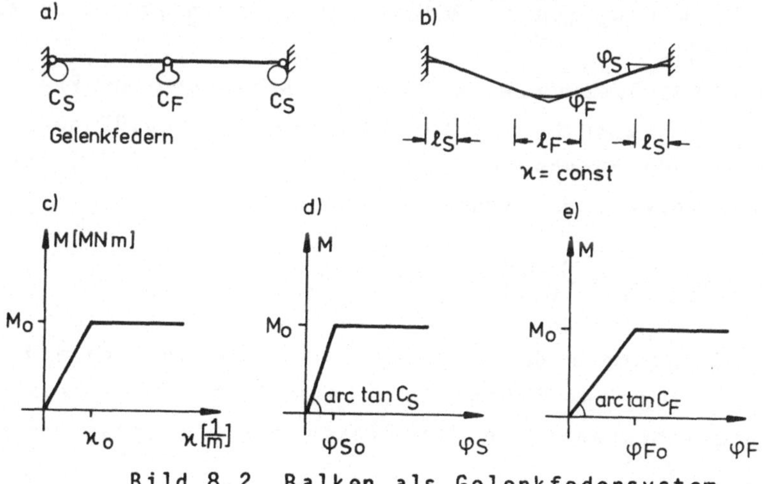

Bild 8.2 Balken als Gelenkfedersystem

Die Bewehrung wurde so gewählt, daß an den Lagern und in Feldmitte das Grenzmoment M_o = 0,09 [MNm] aufgenommen werden kann. Damit gilt an den Lagern und in Feldmitte die gleiche Momenten-Krümmungs-Beziehung (Bild 8.2 c). Da an den Lagern und in Feldmitte unterschiedliche Stabenddrehwinkel φ_S und φ_F auftreten, müssen durch Einführung von Bereichen mit konstanter Krümmung (Bild 8.2 b) kompatible Federcharakteristiken für die Drehfedern abgeleitet werden:

$$c_S = \frac{M_o}{\varphi_{So}} = \frac{M}{\kappa_o \ell_S}$$

$$c_F = \frac{M_o}{\varphi_{Fo}} = \frac{M}{\kappa_o \ell_F}.$$

Die Momentenkrümmungsbeziehung nach Bild 8.2 c ist eine Idealisierung des tatsächlichen Werkstoffs (Zustand I - elastisch, Zustand II - gerissene Betonzugzone und Zustand III - bleibende Dehnungen der Bewehrung). Für die Festlegung einer zulässigen maximalen Krümmung ist die Bügelumschnürung der Druckzone von Bedeutung. Bei einer Bemessung ist zudem noch auf die Abhängigkeit der Grenzwerte M_o und κ_o von der Belastungsgeschwindigkeit zu achten (vgl. [14]).

Für die Abschätzung wird hier in Anlehnung an Ergebnisse statischer Versuche mit dem Grenzwert κ_o = 0,01 gerechnet. Bei einer Bruchdehnung des Stahles von ε_B = 2,5 % ist folgender Grenzwert der Krümmung einzuhalten:

$$\kappa_g = \frac{\varepsilon}{h} = \frac{0,025}{0,16} = 0,15625 \ [\tfrac{1}{m}].$$

Als Freiheitsgrad der Bewegung wird die vertikale Knotenverschiebung in Feldmitte eingeführt. Die dynamische Gleichgewichtsbedingung für diesen Freiheitsgrad ist (vgl. Gl. (2.10))

$$m \, r + c \; \dot{r} + k \, r = R(t).$$

Mit dem Prinzip der virtuellen Verschiebungen werden die Größen m, c_D, k und $R(t)$ bestimmt

$$m = \frac{m_0 \ell}{3},$$

m_0: gleichmäßige Massebelegung des Balkens,

$$k = \frac{8(c_S + c_F)}{\ell^2},$$

$$c = 2\, m\omega D$$

$\omega = \sqrt{\frac{k}{m}}$: Eigenfrequenz des elastischen Systems

D : Dämpfungsbeiwert,

$$R = p(t)\, \frac{\ell}{2}.$$

Unter Berücksichtigung der Momenten-Winkelbeziehungen (Bild 8.2 d) und e)) gilt für die Rückstellkraft F eine bereichsweise lineare Federcharakteristik (Bild 8.3)

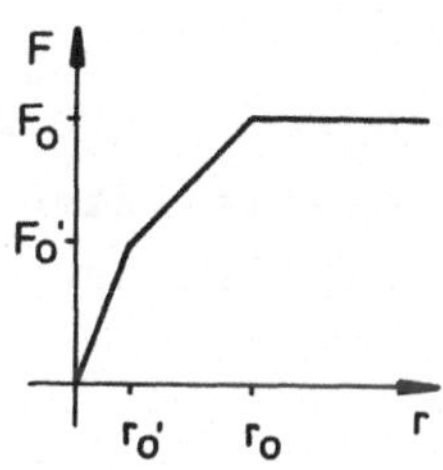

Bild 8.3 Federcharakteristik

Mit dieser Federcharakteristik ist auch die dynamische Gleichgewichtsbedingung (8.2) bereichsweise linear und es können für die einzelnen Bereiche geschlossene Lösungen angegeben werden. An den Bereichsgrenzen sind die ent-

sprechenden Übergangsbedingungen zu berücksichtigen.
Eine allgemeine Lösung ergibt sich durch die Aufbereitung geschlossener Lösungen des Duhamel-Integrals in inkrementeller Form (vgl. [31]). Mit diesem Verfahren wurde die in Bild 8.4 angegebene Verschiebungsfunktion berechnet.
In Bild 8.4 sind die Grenzen der linearen Bereiche gekennzeichnet. Es ist deutlich zu sehen, wie die Verformungen für eine konstante Rückstellkraft F_0 bis zur Entlastung parabelförmig ansteigen.

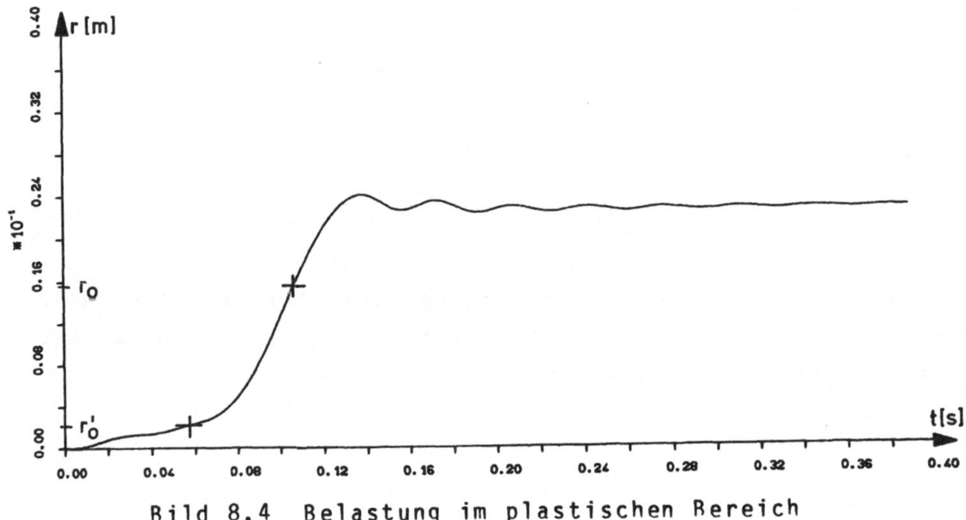

Bild 8.4 Belastung im plastischen Bereich

Für sehr kurze Druckstöße kann eine Abschätzung bleibender Verformungen auch durch direkte Integration der dynamischen Gleichgewichtsbedingung bei konstanter Rückstellkraft berechnet werden:

$$m\,\ddot{r} + F_0 = 0.$$

Hierbei wird der elastische Widerstand zu Beginn der Bewegung vernachlässigt. Die Anfangsbedingungen sind:

$$\dot{r}_0 = \frac{I}{m} \text{ und } r_0 = 0$$

mit

$$I = \int_{-\infty}^{\infty} R\,dt$$

als Erregerimpuls.

Nichtlineare Schwingungen treten auch dann auf, wenn für die Lager oder für die Verbindungselemente Materialien mit nichtlinearer Charakteristik verwendet werden (vgl. [4]). Zusätzlich können Haltekräfte oder Auflagerkräfte einseitig begrenzt sein und nur Druckkräfte aufnehmen (Seile, Anheben vom Lager), und beim Überschreiten von Grenzlastzuständen können sprunghafte Änderungen der Verformungsgrößen eintreten (Schlupf bei Bolzenverbindungen). Derartige Probleme können im allgemeinen nur mit einer numerischen Integration der Bewegungsgleichungen gelöst werden. Wegen des großen numerischen Aufwandes sollten sinnvolle Idealisierungen mit möglichst wenigen Freiheitsgraden der Verschiebung gewählt werden. Im folgenden wird ein Kragträger betrachtet, der am freien Ende durch ein nichtlineares Seil gehalten wird.

Beispiel 8.2:

Das System ist ein Einmassenschwinger bestehend aus einem Kragarm und einer Senkfeder. Es werden drei Fälle untersucht: ohne Feder, mit nichtlinearer Zug- und Druckfeder und mit nichtlinearer Druckfeder.

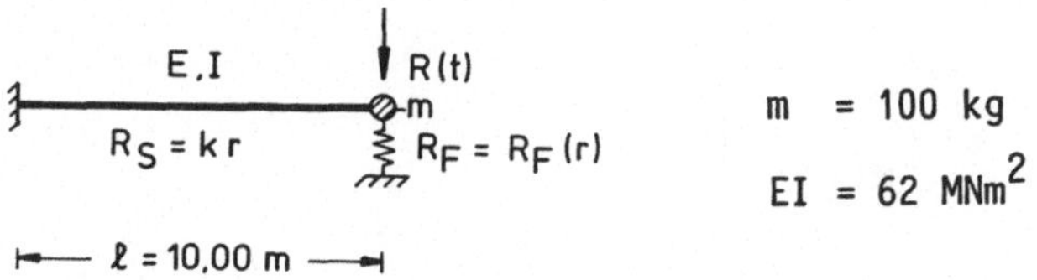

Bild 8.5 Nichtlinearer Einmassenschwinger

Als Rückstellkraft R_S ergibt sich

$$R_S = \frac{3EI}{\ell^3}\, r = 0{,}186\ r.$$

Die Federcharakteristiken der Lagerung sind in Bild 8.6 dargestellt.

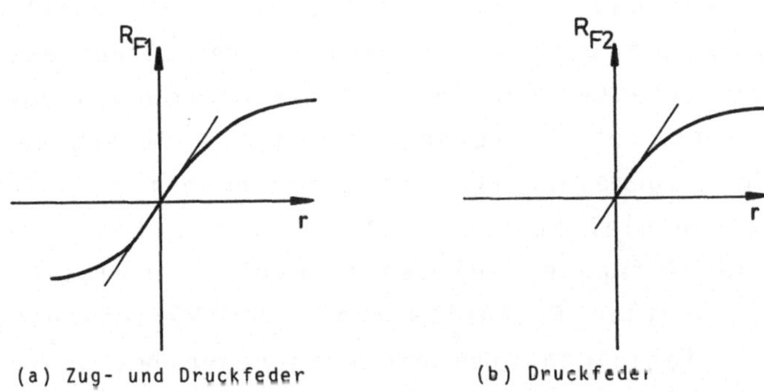

Bild 8.6 Nichtlineare Federcharakteristik

Im einzelnen wurde von folgenden Beziehungen ausgegangen:

$$R_{F1} = R_o \ln\left(\left|\frac{r}{r_{St}}\right| + 1\right) \operatorname{sign}(r)$$

$$\text{mit } \operatorname{sign}(r) = \begin{cases} +1 & \text{für } r \geq 0 \\ -1 & \text{für } r < 0\,; \end{cases}$$

$$R_{F2} = R_o \ln\left(\left|\frac{r}{r_{St}}\right| + 1\right) H(r)\,,$$

$$\text{mit } H(r) = \begin{cases} +1 & \text{für } r \geq 0 \\ 0 & \text{für } r < 0\,; \end{cases}$$

$$r_{St} = \frac{0{,}100}{\frac{3EI}{\ell^3}}\,, \quad R_o = \frac{5\cdot 3EI}{\ell^3}\, r_{St} = 0{,}5\ [\text{MN}].$$

Die dynamische Gleichgewichtsbedingung ist

$$10^{-4}\ \ddot{r} + 0{,}186\ r + R_F = 0{,}1\ \sin(\tilde{\Omega} t).$$

Die dynamische Gleichgewichtsbedingung wurde mit dem Runge-Kutta-Verfahren (Anhang A1) numerisch gelöst. In Bild 8.7 und 8.8 sind die Lösungen für drei verschiedene Federcharakteristiken gegenübergestellt:

1. $R_F = 0$ (linearer Fall),
2. $R_F = R_{F1}$ nach Bild 8.6,
3. $R_F = R_{F2}$.

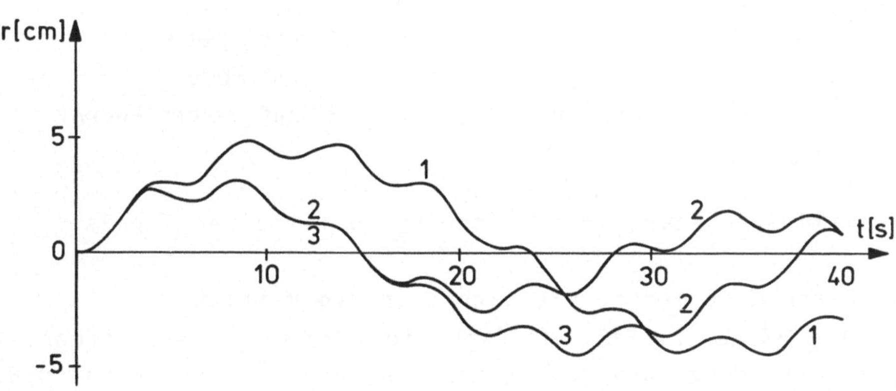

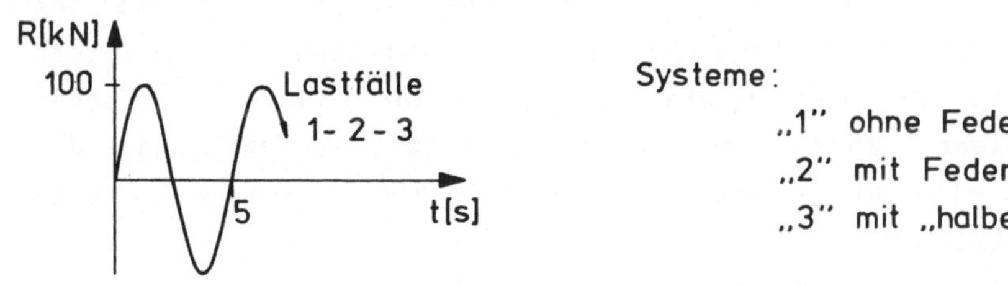

Bild 8.7 Nichtlineare Schwingung bei harmonischer Erregung

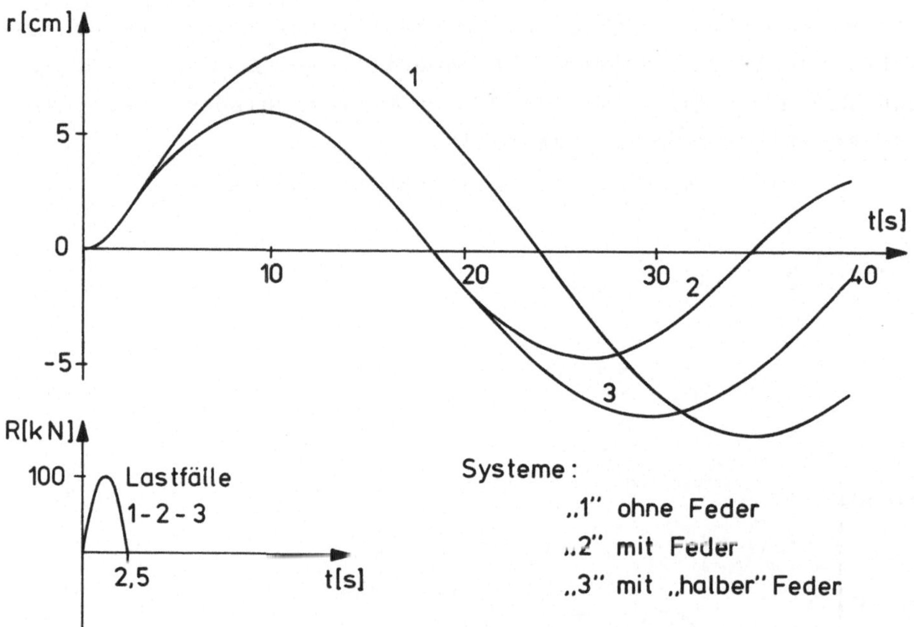

Bild 8.8 Nichtlineare Schwingung für einen Impuls

Die Berechnung erstreckte sich über den Bereich $0 < t \leq 40$ s. In Bild 8.7 ist die Lösung für die harmonische Belastung wie angegeben aufgezeigt, in Bild 8.8 die Lösung für die erste Sinushalbwelle von R(t). Es ist deutlich zu sehen, daß im Bereich negativer Verformungen die Lösung für die nur einseitig wirkende Feder zu größeren Verformungen führt. Die Nichtlinearität bewirkt, daß die Funktion r(t) nicht als Summe zweier harmonischer Funktionen darstellbar ist.

Es muß abschließend betont werden, daß Idealisierungen mit Einmassenschwingern zwar brauchbare Abschätzungen nichtlinearer und bleibender Verformungen liefern, daß aber eine grobe mechanische Modellbildung zu großen Abweichungen führen kann.

8.2 Eigenschwingungen und Stabilität von Balken

Wird der Einfluß der Normalkräfte auf die Biegeverformung von Balken bei der Berechnung der Formänderungsarbeit berücksichtigt, so ergibt sich folgende Differentialgleichung [12]:

$$EI\ r^{IV} + N\ r'' + m_0\ \ddot{r} = p(x,t).$$

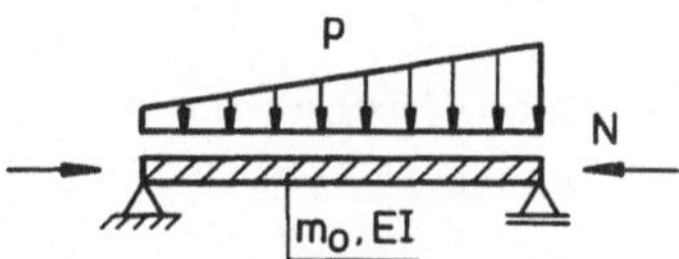

Bild 8.9 Balken mit Normalkraft und Querbelastung

Für Mehrmassenschwinger kann der Einfluß der Normalkräfte durch Einführung der geometrischen Steifigkeitsmatrix $\underline{K}^g$ erfaßt werden. Aus (8.1) wird dann

$$\underline{M}\ \ddot{\underline{r}} + (\underline{K}^e + \lambda\ \underline{K}^g)\ \underline{r} = \underline{0}. \tag{8.2}$$

Die Differentialgleichung ist nichtlinear, da die Verformungen vom Belastungszustand (unter Einfluß der Trägheitskräfte) abhängen.

Für das homogene Problem

$$\underline{M}\ \ddot{\underline{r}} + (\underline{K}^e + \lambda\ \underline{K}^g)\ \underline{r} = \underline{0}$$

kann für einen vorgegebenen Lastparameter λ (d.h. für konstante Normalkräfte) die Lösung mit dem üblichen Ansatz gefunden werden. Es ergibt sich das Eigenwertproblem

$$(-\omega^2\ \underline{M} + \underline{K}^e + \lambda\ \underline{K}^g)\ \underline{r} = \underline{0}. \tag{8.3}$$

Die Bedingung der nichttrivialen Lösung

$$\left| -\omega^2\ \underline{M} + \underline{K}^e + \lambda\ \underline{K}^g \right| = 0$$

kann durch eine Kombination der Parameter ω und λ erreicht werden. Für $\omega = 0$ ergibt sich das statische Eigenwertproblem ($\lambda_K = \min \lambda$ ist die Knicklast) und für $\lambda = 0$ das dynamische Eigenwertproblem (siehe Kap. 4).
Es kann gezeigt werden, daß λ_K immer eine lineare Funktion von ω^2 ist, wenn die Knickfigur und die Eigenform der Grundfrequenz übereinstimmen ([45], [41]).

Beispiel 8.3

Bestimmung der freien Schwingungen des beidseitig gelenkig gelagerten Stabes mit Normalkraft (vgl. [45], S. 403 ff):

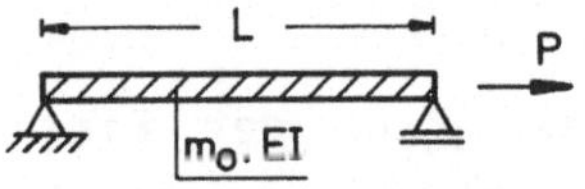

Bild 8.10: Balken unter Normalkraftbelastung

Mit den Steifigkeitsmatrizen und der Massenmatrix nach Anhang A4 ergibt sich nach Reduktion der Freiheitsgrade (8.2) zu

$$\left(- \frac{m_o L}{420} \begin{bmatrix} 4L^2 & -3L^2 \\ -3L^2 & 4L^2 \end{bmatrix} \omega^2 + \frac{EI}{L^3} \begin{bmatrix} 4L^2 & 2L^2 \\ 2L^2 & 4L^2 \end{bmatrix} + \frac{P}{L} \begin{bmatrix} \frac{2L^2}{15} & -\frac{L^2}{30} \\ -\frac{L^2}{30} & \frac{2L^2}{15} \end{bmatrix} \right) \begin{bmatrix} r_1 \\ r_2 \end{bmatrix} = \underline{0}$$

Mit den Abkürzungen

$$\mu = \frac{PL^2}{EI}$$

$$\Omega^2 = \omega^2 \frac{m_o L^4}{EI}$$

ergibt sich aus der Determinante die charakteristische Gleichung

$$\left(2 + \frac{\mu}{6} - \frac{\Omega^2}{60}\right)\left(6 + \frac{\mu}{10} - \frac{\Omega^2}{420}\right) = 0.$$

Die Eigenfrequenzen können hieraus als Funktionen der Normalkraft berechnet werden

$$\omega_1 = 10,954 \sqrt{\frac{EI}{m_o L^4} \left(1 + \frac{PL^2}{12EI}\right)}$$

$$\omega_2 = 50,200 \sqrt{\frac{EI}{m_o L^4} \left(1 + \frac{PL^2}{60EI}\right)}$$

Man erkennt, daß Druckkräfte die Eigenfrequenzen verringern, Zugkräfte sie erhöhen. Diese Eigenschaft kann auch beim Stimmen eines Saiteninstrumentes beobachtet werden. Die Grundfrequenz ω_1 verschwindet, wenn

$$P = - \frac{12EI}{L^2} .$$

Dies ist die Knicklast des Systems. Da die Steifigkeitsmatrizen und die Massenmatrix mit der Annahme einer kubischen Biegelinie abgeleitet werden, ist diese Knicklast größer als die tatsächliche (Eulerfall II). Bei einer mehrfachen Elementunterteilung wird die Abweichung kleiner.
Aus den Ausdrücken für die Eigenfrequenzen ergeben sich durch Quadrieren lineare Beziehungen zwischen dem Quadrat der Eigenfrequenz und der Normalkraft P. Für die Grundfrequenz ist diese Beziehung in Bild 8.11 aufgetragen.

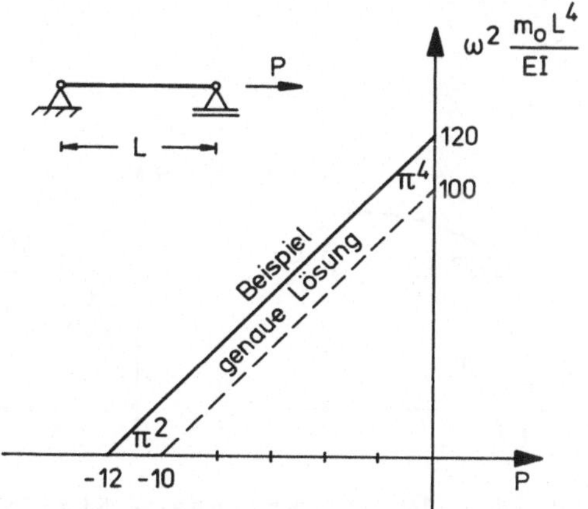

Bild 8.11 Knicklast und Eigenfrequenz

Die genaue Lösung führt bei dem gelenkig gelagerten Träger ebenfalls auf eine Gerade, da sowohl die genaue Lösung des Knickproblems als auch die genaue Lösung des Schwingungsproblems auf eine Sinuslinie führen.
Dieser Zusammenhang zwischen der Eigenfrequenz und der Knicklast kann als zerstörungsfreie Testmethode dazu benutzt werden, Knicklasten von Stäben experimentell zu bestimmen, oder umgekehrt eine vorhandene Normalkraft indirekt zu messen.

8.3 Mehrmassenschwinger mit nichtlinearem Werkstoffverhalten

Bei nichtlinerarem Stoffgesetz gilt, wie eingangs erwähnt, das Superpositionsgesetz nicht und es kann deshalb auch keine Modale Analyse durchgeführt werden. Die gekoppelten Gleichgewichtsbedingungen ((4.5), (6.5)) sind somit simultan zu lösen. Als allgemein anwendbares Verfahren steht hierfür die numerische Integration zur Verfügung. Bei den im Anhang A1 angegebenen Verfahren sind in jedem Zeitschritt die jeweils gültigen Steifigkeitsverhältnisse einzusetzen. Für den eindimensionalen Fall ist dies im Bild 8.12 veranschaulicht.

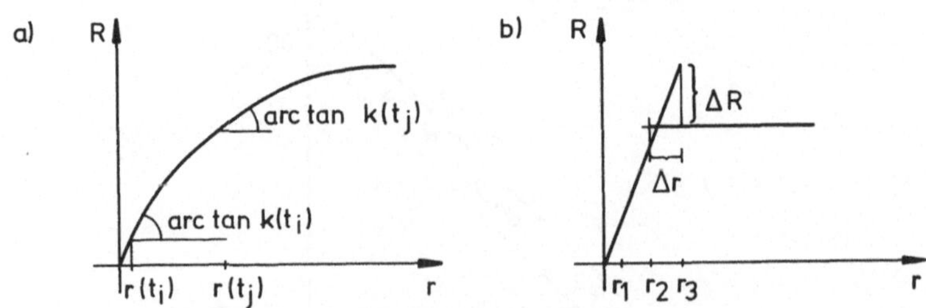

Bild 8.12 Nichtlineare Steifigkeit

Ist die Änderung der Steifigkeitsverhältnisse zwischen zwei Zeitpunkten sehr groß, dann treten Fehler auf, die sich als Differenzkräfte ΔR (siehe Bild 8.12 b) vor allem auf den Verlauf der Beschleunigungen auswirken. Da bei der numerischen Integration wegen des erheblichen Rechenaufwandes oft nur ein kleiner Zeitraum betrachtet wird, kann es vorkommen, daß sich die Fehler nicht akkumulieren, sondern daß das Ergebnis lediglich 'etwas falsch' ist. Es ist deswegen notwendig, in jedem Zeitpunkt die Erfüllung der Gleichgewichtsbedingung (6.5)

$$\underline{M}\,\underline{\ddot{r}} + \underline{C}\,\underline{\dot{r}} + \underline{K}\,\underline{r} - \underline{R}(t) = \underline{0}$$

zu kontrollieren.
In vielen Fällen kann der Fehler dadurch korrigiert werden, daß Differenzkräfte

$$\Delta\underline{R} = \underline{M}\,\underline{\ddot{r}} + \underline{C}\,\underline{\dot{r}} + \underline{K}\,\underline{r} - \underline{R}(t) \qquad (8.4)$$

im darauffolgenden Schritt als Lasten berücksichtigt werden.
Ein anderer Weg besteht darin, eine zusätzliche Iterationsschleife einzuführen, so daß die dynamischen Gleichgewichtsbedingungen erfüllt werden. Die Iterationsvorschrift, das Konvergenzkriterium und die Fehlerschranke sind mit Bezug auf das verwendete numerische Integationsverfahren zu wählen.
Da die Elemente verschiedenen Spannungszuständen unterworfen sind und auch unterschiedlichen Werkstoffgesetzen gehorchen können, erfolgen Änderungen der Steifigkeiten zu verschiedenen Zeitpunkten und bei verschiedenen Verschiebungszuständen. Hierauf ist insbesondere bei elastischer Entlastung zu achten. Die Knotenkräfte können deswegen im allgemeinen Fall nicht als Knotenkräfte R ermittelt werden, sondern sie sind für die Elemente als Ersatzknotenlasten zu bestimmen (siehe Teil 1 Abschn. 7.1).

Zur Veranschaulichung der Problematik soll in Beispiel 8.4 die Bewegung eines Pfahles betrachtet werden. Eine vertikale Stoßbelastung auf Pfähle tritt beim Rammvorgang auf. Die dynamische Reaktion des Pfahles gibt Aufschluß über den Wirkungsgrad des Rammsystems, den Zustand des Pfahles und seine Einbindung in den Boden. Die dynamische Reaktion kann durch Dehnungs- und Beschleunigungsmesser am Pfahlkopf festgestellt werden [21]. In einer Computersimulation (Beispiel 8.4) kann der Vorgang durch Parameterstudien untersucht werden.

Beispiel 8.4

Der Pfahl nach Bild 8.13 wird einer Stoßbelastung mit Glockenimpuls [27] und zur Kontrolle auch einer harmonischen Belastung unterworfen.

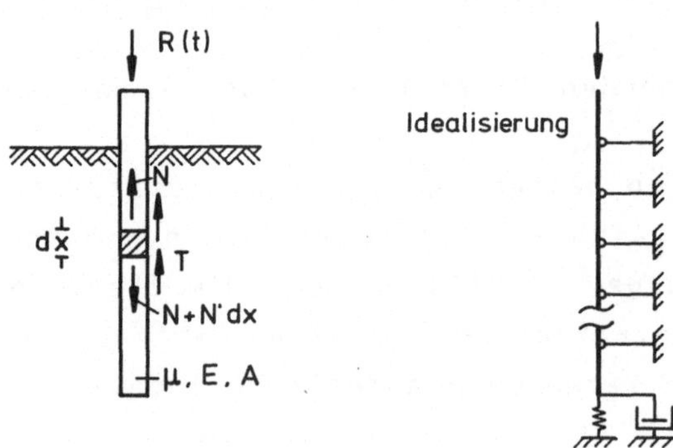

Bild 8.13 Pfahl im Boden

Für ein Pfahlelement dx gilt als Bewegungsgleichung

$$\mu(x)\, \ddot{u}_x\, dx - N(x,t) + N(x,t) + N'dx - T\, dx = 0$$

Eine Diskretisierung führt auf die dynamische Gleichgewichtsbedingung (vgl. (6.5))

$$\underline{M}_P\, \underline{\ddot{r}} + (\underline{C}_{DP} + \underline{C}_{DB})\, \underline{\dot{r}} + (\underline{K}_P + \underline{K}_B)\, \underline{r} = \underline{R}(t).$$

Die Indizes 'P' und 'B' beziehen sich hier auf Pfahl und Boden. Die Matrizen $\underline{M}_p$, $\underline{C}_p$ und $\underline{K}_p$ sind aus den Elementmatrizen für Fachwerkelemente aufzubauen (vgl. Kap. 4, 6). Da keine horizontalen Verschiebungen auftreten, werden die entsprechenden Freiheitsgrade eliminiert.
Die Matrizen $\underline{C}_B$ und $\underline{K}_B$, die die Widerstandskräfte des Bodens berücksichtigen, sind analog aufzubauen. Die zugehörigen Elementmatrizen können für einen linearen Verschiebungsansatz mit dem Prinzip der virtuellen Arbeit (vgl. Kap. 3 und [12]) abgeleitet werden:

$$\underline{k}_\beta^i = \frac{\tau_o^i \cdot A^i}{r_o^i} \begin{bmatrix} 1/3 & 1/6 \\ 1/6 & 1/3 \end{bmatrix},$$

mit A^i: Mantelfläche des Elements ⓘ ,
τ_o^i: Grenzscherspannung Pfahl-Boden am Element ⓘ ,
r_o^i: Grenzverschiebung am Element ⓘ ,

$$\underline{c}_{DB}^i = \delta^i \, \underline{k}_B^i$$

mit δ : Dämpfungskonstante.

Für die Widerstandskraft des Bodens wird ein elastisch-plastisches Werkstoffgesetz benutzt (Bild 8.14). Das Werkstoffgesetz nach Bild 8.14 ist eine Näherung für das tatsächliche Bodenverhalten. Durch Variation der Konstanten r_o und τ_o, und der Elementeinteilung kann das tatsächliche Bodenverhalten genügend genau dargestellt werden.
Für den Fußwiderstand wird eine zusätzliche Steifigkeit und Dämpfung eingeführt:

$$k_F = \frac{\sigma_o A^F}{r_o},$$

$$c_F = \delta^F \, k_F,$$

A^F: Pfahlquerschnittsfläche.

In der Werkstoffbeziehung (Bild 8.14 b) werden am Fuß keine Zugspannungen zugelassen.

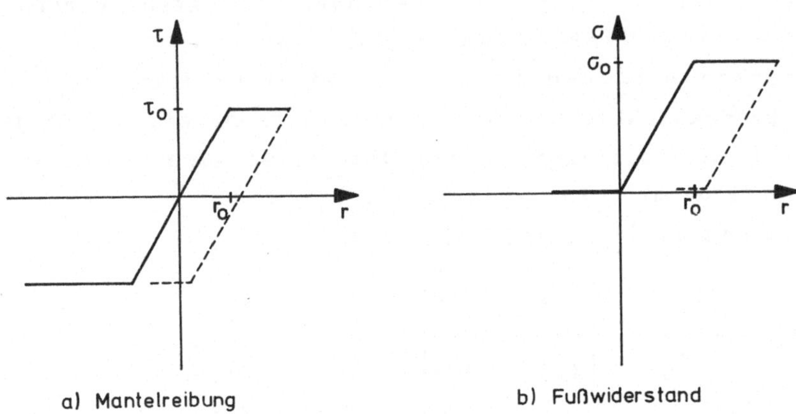

Bild 8.14 Elastisch-plastisches Werkstoffgesetz für Bodenwiderstand

Bei der numerischen Integration der dynamischen Gleichgewichtsbedingungen macht sich der Unterschied in der Größenordnung der Elemente der Matrizen $\underline{K}_P$ und $\underline{K}_B$ bemerkbar ($EA/\Delta L \cong 10^7$, $\tau_0 A/r_0 \cong 10^2$). Die Berechnung muß deswegen mit hoher Genauigkeit erfolgen.
In den Bildern 8.15 und 8.16 sind die Ergebnisse der Berechnung mit dem in Anhang A1.3 beschriebenen Verfahren dargestellt.
Hierbei werden die Beschleunigungen in jedem Schritt durch eine innere Iterationsschleife korrigiert, bis zwei Referenzwerte konvergieren.
In Bild 8.15 ist die Lösung für harmonische Belastung, in Bild 8.16 für Impulsbelastung aufgetragen.
Im folgenden sind die Daten für den Pfahl zusammengestellt:

Länge : $L = 9{,}0$ [m]
Querschnittsfläche : $A = 0{,}7854$ [m^2]
Elastizitätsmodul : $E = 3{,}4 \cdot 10^4$ [MN/m^2]

Mantelreibung : $\tau_o = 0,5$ [MN/m²]
$r_o = 0,002$ [m]
$\delta = 1,0 \cdot 10^{-4}$ [1/s]

Fußwiderstand : $\sigma_o = 5,0$ [MN/m²]
$r_o = 0,002$ [m]
$\delta_F = 1,0 \cdot 10^{-3}$ [1/s]

Zusätzlich wurde folgende Rayleigh-Dämpfung berücksichtigt:

$$\underline{C} = \underline{M} + 5,0 \cdot 10^{-4}\, \underline{K}.$$

Die Größen r, $\dot{r}$, $\ddot{r}$ und N sind jeweils an zwei verschiedenen Punkten, Pfahlkopf und Pfahlfuß, dargestellt. Die Normalkraft N am Pfahlkopf entspricht der aufgebrachten Belastung R(t). Es ist zu sehen, daß die Kraft am Pfahlfuß (Bild 8.16 d) nur bis zu dem zulässigen Wert ansteigt, der durch den Fußwiderstand vorgegeben ist. In den Bildern 8.15 f und 8.16 f ist auch das Kraft-Verformungsdiagramm für den Fußwiderstand angegeben.
Als Fußwiderstand sind die statische Rückstellkraft und die Dämpfungskraft zusammengefaßt. Dadurch ergibt sich die gegenüber dem elastisch-plastischen Werkstoffgesetz ausgerundete Form, und auch die Schleife bei Entlastung und Wiederbelastung (Bild 8.15 f, Bild 8.16 f). Aus der Gegenüberstellung von Pfahlkopfkraft und Pfahlkopfgeschwindigkeit (Bild 8.15 e, Bild 8.16 e) kann auf die Einbindung des Pfahles und damit auf die Tragfähigkeit geschlossen werden [21].
Obwohl Beispiel 8.4 nicht die übliche Anwendung der nichtlinearen Berechnung im konstruktiven Ingenieurbau widerspiegelt, konnten einige wesentliche Aspekte, speziell die Bedeutung unterschiedlicher Steifigkeitsverhältnisse und der Zusammenhang zwischen den Größen r, $\dot{r}$, $\ddot{r}$ und N sowie der Einfluß der Dämpfung auf das nichtlineare Verhalten (vgl. Kap. 6) gezeigt werden.

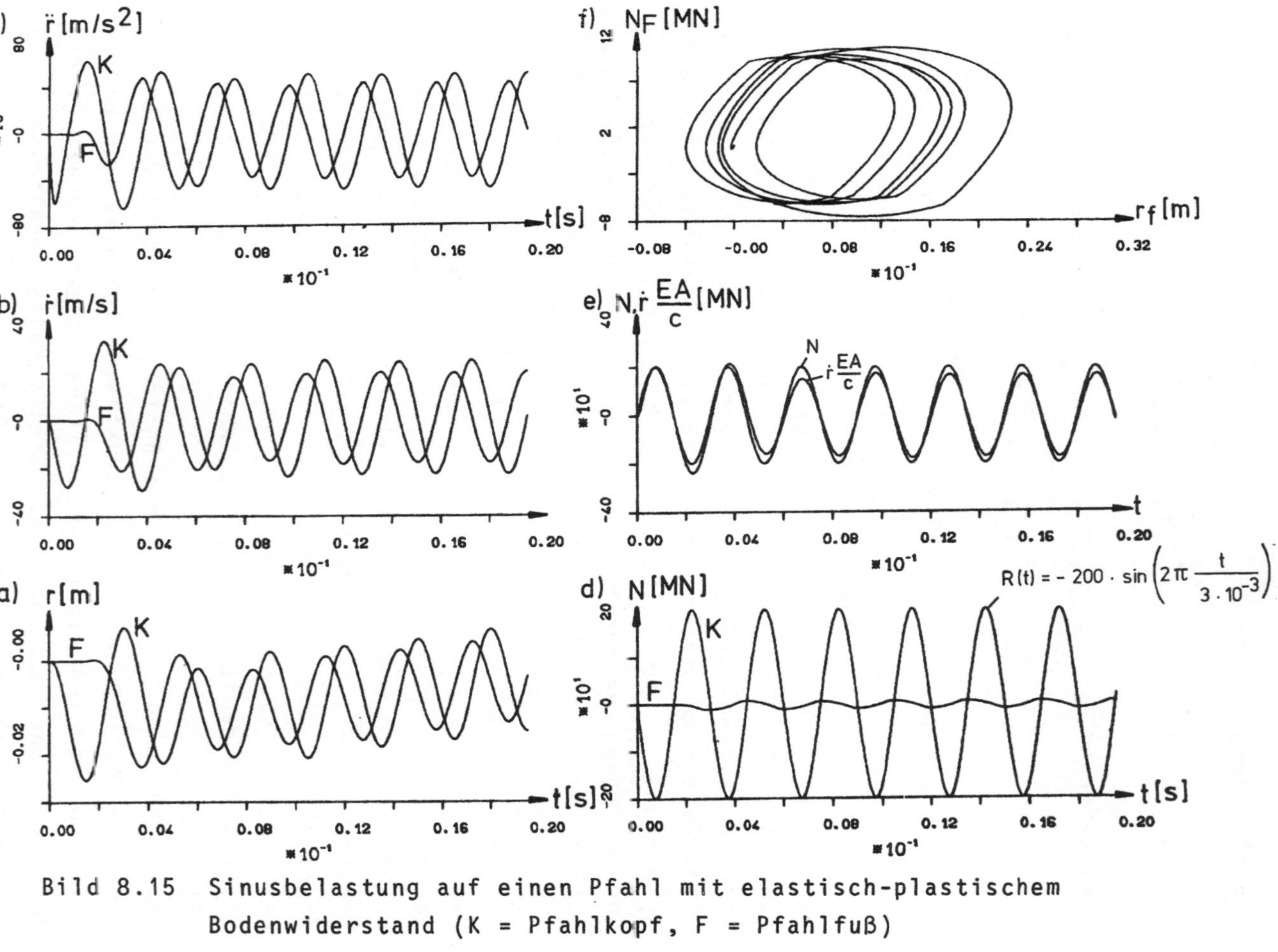

Bild 8.15 Sinusbelastung auf einen Pfahl mit elastisch-plastischem Bodenwiderstand (K = Pfahlkopf, F = Pfahlfuß)

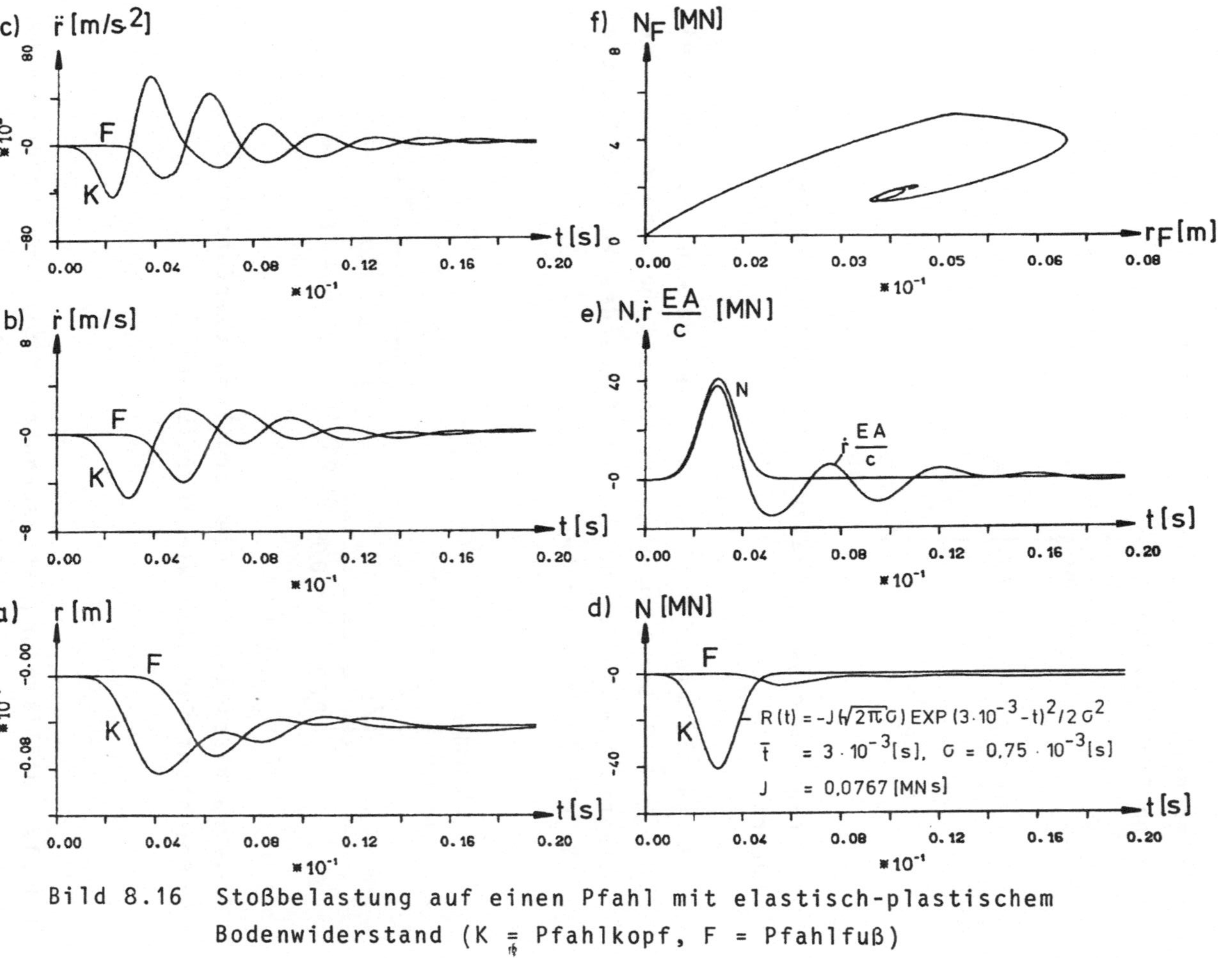

Bild 8.16 Stoßbelastung auf einen Pfahl mit elastisch-plastischem Bodenwiderstand (K ≙ Pfahlkopf, F = Pfahlfuß)

Aufgaben:

8.1 Berechnen Sie den Balken aus Beispiel 8.1 für den angegeben Dreiecksimpuls

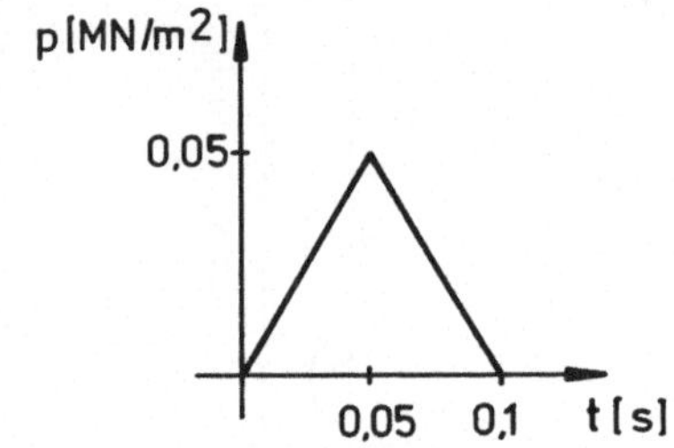

Führen Sie eine Abschätzung der bleibenden Verformungen durch.

8.2 Führen Sie eine Idealisierung des Balkens aus Beispiel 8.1 mit 2 Stabelementen durch und berechnen Sie die plastischen Verformungen für folgendes Werkstoffgesetz für die Stabendmomente

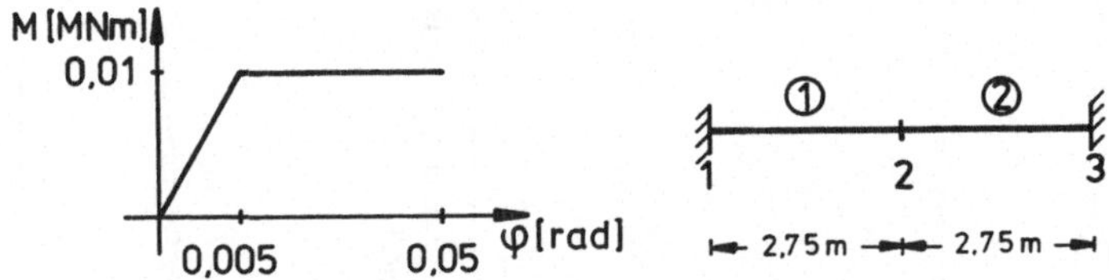

Vernachlässigen Sie die Normalkraftverformungen. Belastungsfunktion wie in Beispiel 8.1.

8.3 Als Idealisierung abgespannter Maste und Schornsteine kann oft ein Durchlaufträger auf federnder Lagerung gewählt werden.

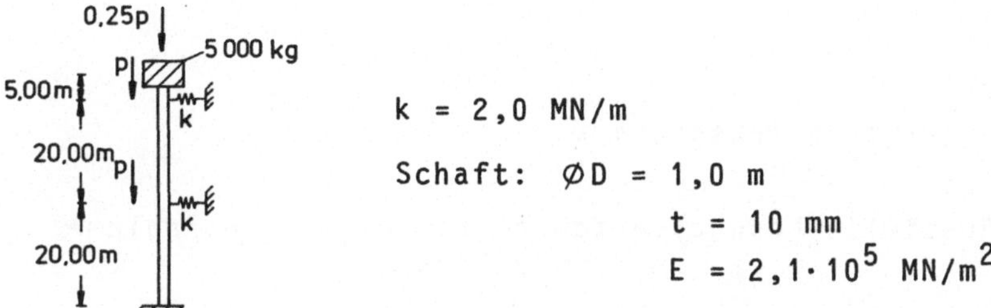

Berechnen Sie die Knicklast und die Eigenfrequenzen des dargestellten Schornsteins. Ermitteln Sie den Einfluß der Normalkraft auf die Grundfrequenz und zwei höhere Frequenzen, indem Sie die Berechnung für P/P_{Ki} = 0,1; 0,2; 0,5 durchführen. Führen Sie die Berechnung mit 3 Elementen und mit 9 Elementen durch und diskutieren Sie eventuelle Unterschiede.

Anhang

A1 Numerische Integration

A2 Spezielle Lösungsverfahren für Eigenwertprobleme

A3 Tabellen

A4 Elementkatalog

A1 Numerische Integration

Von der Vielzahl der bekannten Algorithmen werden hier ohne weitere Ableitung vier angegeben, die sich für dynamische Probleme als genau und leistungsfähig erwiesen haben:

- Runge-Kutta-Verfahren
- Wilson-ϑ-Verfahren
- explizite Integration
- kubische Approximation mit Iteration

A1.1 Runge-Kutta-Verfahren

Das Runge-Kutta-Verfahren approximiert die gesuchte Bewegungs-Zeit-Funktion durch ein Polynom vierter Ordnung. Der Abbruchfehler ist damit klein von fünfter Ordnung. Da das Verfahren lediglich Funktionswerte der Bewegung, Geschwindigkeit und Beschleunigung des vorhergehenden Zeitschrittes benötigt, gehört es zu den Einschrittverfahren.

Durch Substitution

$$\underline{\hat{z}} = \underline{\dot{r}} \qquad \text{und} \quad \underline{z} = \begin{bmatrix} \underline{\hat{z}} \\ \underline{r} \end{bmatrix} \quad \text{wird}$$

$$\underline{M}\,\underline{\ddot{r}} + \underline{C}\,\underline{\dot{r}} + \underline{K}\,\underline{r} = \underline{R}(t)$$

zum System von Differentialgleichungen erster Ordnung:

$$\underline{z} = \underline{A}\,\underline{z} + \underline{h}(t). \tag{A1.1}$$

Für eine reguläre Massenmatrix gilt z.B.:

$$\underline{A} = \begin{bmatrix} \underline{I} & \underline{0} \\ \underline{M}^{-1}\underline{C} & \underline{M}^{-1}\underline{K} \end{bmatrix} \quad \text{und} \quad \underline{h}(t) = \begin{bmatrix} \underline{0} \\ \underline{M}^{-1}\underline{R}(t) \end{bmatrix}$$

Bezüglich der Transformation siehe auch Gl. (4.18) und (4.19).

Mit den Anfangswerten zum Zeitpunkt t_i,

$$\underline{r}(t_i) = \underline{r}_i, \qquad \underline{\dot{r}}(t_i) = \underline{\dot{r}}_i = \underline{\hat{z}}_i \quad \text{und} \quad \underline{\ddot{r}}(t_i) = \underline{\ddot{r}}_i = \underline{\dot{\hat{z}}}_i,$$

kann der Vektor $\underline{z}_{i+1}$ berechnet werden

$$\underline{z}_{i+1} = \underline{z}_i + \frac{1}{6}\,[\underline{K}_a + 2\,\underline{K}_b + 2\,\underline{K}_c + \underline{K}_d].$$

Die Hilfsgrößen ergeben sich aus

$$\underline{K}_a = [\underline{A}\;\underline{z}_i + \underline{h}(t_i)]\;\Delta t$$

$$\underline{K}_b = [\underline{A}(\underline{z}_i + \frac{1}{2}\,\underline{K}_a) + \underline{h}(t_i + \frac{\Delta t}{2})]\;\Delta t$$

$$\underline{K}_c = [\underline{A}(\underline{z}_i + \frac{1}{2}\,\underline{K}_b) + \underline{h}(t_i + \frac{\Delta t}{2})]\;\Delta t$$

$$\underline{K}_d = [\underline{A}(\underline{z}_i + \underline{K}_c) + \underline{h}(t_i + \Delta t)]\;\Delta t.$$

Die Beschleunigung $\underline{\ddot{r}}_{i+1} = \dot{z}_{i+1}$ kann aus der Anfangsgleichung (A1.1) berechnet werden.

A1.2 Wilson-ϑ-Verfahren

Das Wilson-ϑ-Verfahren (vgl. [12]) wird hier in seiner inkrementellen Formulierung angegeben, da diese für die Lösung nichtlinearer Probleme vorteilhaft programmiert werden kann. Der ϑ-Faktor zur Vergrößerung des Zeitschritts bei der Berechnung der Funktionswerte der Belastungsfunktion bewirkt, daß Eigenschwingungen, die zu hohen Eigenfrequenzen des im Inkrement linearen Systems gehören, unterdrückt werden. Allerdings bewirkt diese Verlängerung des Zeitschritts auch eine Vergrößerung des Fehlers. Bei einem linearen System bewirkt $\vartheta > 1$ eine Verlängerung der Eigenperiode und eine Verlängerung der Amplitude. Für $\vartheta = 1$ entspricht das Verfahren einer Polynomapproximation 3. Ordnung.

Mit dem Parameter ϑ wird der vergrößerte Zeitschritt bestimmt

$$\tau = \vartheta\;\Delta t.$$

Der Algorithmus geht von einer inkrementellen Formulierung der Bewegungsgleichung aus

$$\underline{M}\ \Delta\ddot{\underline{r}} + \underline{C}_d\ \Delta\dot{\underline{r}} + \underline{K}\ \Delta\underline{r} = \Delta\underline{R}(t).$$

Zum Zeitpunkt t_o sind die Anfangswerte der Zustandsgrößen gegeben: $\underline{r}_o$, $\dot{\underline{r}}_o$, $\ddot{\underline{r}}_o$.

Mit dem Zeitschritt Δt und dem vergrößerten Zeitschritt

$$\tau = \vartheta \cdot \Delta t$$

sind beim Übergang vom Zeitpunkt t_i zum Zeitpunkt t_{i+1} die folgenden Rechenschritte durchzuführen:

Aufstellen der "effektiven" Steifigkeitsmatrix:

$$\underline{K}^* = \underline{K} + \frac{6}{\tau^2}\ \underline{M} + \frac{3}{\tau}\ \underline{C}_d.$$

Die Steifigkeitsmatrix $\underline{K}$ und die Dämpfungsmatrix $\underline{C}_d$ werden entsprechend den zum Zeitpunkt t_i vorhandenen Steifigkeitsverhältnissen aufgestellt.
Aufstellen des "effektiven" Lastvektors

$$\Delta\underline{R}^* = \Delta\underline{R} + \underline{M}\left(\frac{6}{\tau}\ \dot{\underline{r}}_i + 3\ \ddot{\underline{r}}_i\right) + \underline{C}_d\left(3\ \dot{\underline{r}}_i + \frac{\tau}{2}\ \ddot{\underline{r}}_i\right).$$

Die Belastungsfunktion $\underline{R}$ ist also zum Zeitpunkt $t_i+\tau$ auszuwerten:

$$\Delta\underline{R} = \underline{R}(t_i + \tau) - \underline{R}(t_i).$$

Berechnung des Inkrements $\Delta\underline{r}^*$ für den Zeitschritt τ aus:

$$\underline{K}^*\Delta\underline{r}^* = \Delta\underline{R}^*.$$

Berechnung des Beschleunigungsinkrements für den Zeitschritt τ:

$$\Delta\ddot{\underline{r}}^* = \frac{6}{\tau^2}\,\Delta\underline{r}^* - \frac{6}{\tau}\,\dot{\underline{r}}_i - 3\,\ddot{\underline{r}}_i$$

$$\Delta\ddot{\underline{r}} = \frac{1}{\vartheta}\,\Delta\ddot{\underline{r}}^*$$

$$\ddot{\underline{r}}_{i+1} = \ddot{\underline{r}}_i + \Delta\ddot{\underline{r}}$$

$$\Delta\dot{\underline{r}} = \Delta t\,\ddot{\underline{r}}_i + \frac{\Delta t}{2}\,\Delta\ddot{\underline{r}}$$

$$\dot{\underline{r}}_{i+1} = \dot{\underline{r}}_i + \Delta\dot{\underline{r}}$$

$$\Delta\underline{r} = \Delta t\,\dot{\underline{r}}_i + \frac{\Delta t^2}{2}\,\ddot{\underline{r}}_i + \frac{\Delta t^2}{6}\,\Delta\ddot{\underline{r}}$$

$$\underline{r}_{i+1} = \underline{r}_i + \Delta\underline{r}.$$

A1.3 Explizites Integrationsverfahren

Besonders bei der Berechnung von Stoßproblemen hat es sich als wirkungsvoll erwiesen, die dynamische Grundgleichung mit einer konzentrierten Massenmatrix zu formulieren und als entkoppeltes System von Differentialgleichungen aufzulösen

$$\ddot{r}^j_{i+1} = \frac{1}{m^j}\left(R^j(t_{i+1}) - \underline{K}^j_i\,\underline{r}_i - \underline{C}^j_i\,\dot{\underline{r}}_i\right) \qquad \text{(A1.2)}$$

j: j-ter Freiheitsgrad

m^j: zu j gehöriges Diagonalelement von $\underline{M}$

$\underline{K}^j_i$, $\underline{C}^j_i$: j-te Zeile der Steifigkeitsmatrix und Dämpfungsmatrix zum Zeitpunkt t_i.

Die Zustandsgrößen zum Zeitpunkt t_{i+1} ergeben sich aus den zentralen Differenzenquotienten zu

$$\dot{\underline{r}}_{i+1} = \dot{\underline{r}}_i + \Delta t\,\ddot{\underline{r}}_{i+1}$$

$$\underline{r}_{i+1} = \underline{r}_i + \Delta t\,\dot{\underline{r}}_{i+1}.$$

Zur anschaulichen Interpretation des Verfahrens betrachten wir ein eindimensionales Feder-Masse-System (Bild A1.1).

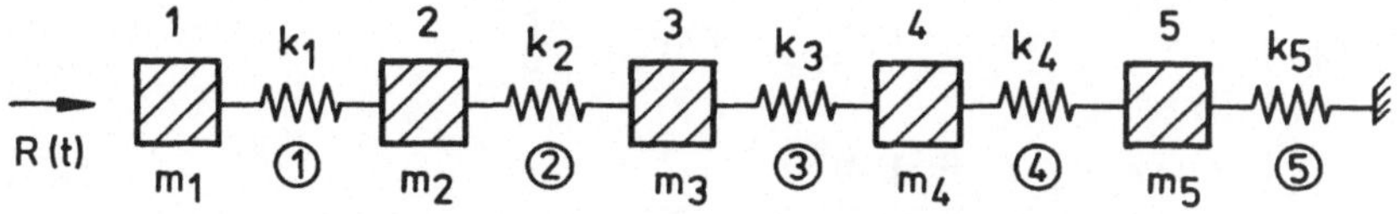

Bild A1.1 Feder-Masse-System

Die durch die Kraft R bewirkte Beschleunigung im Element ① wird über die Federkraft auf das nächste Element übertragen. Für einen kleinen Zeitschritt bleiben alle Massen außer der ersten in Ruhe. Die Beschleunigung des ersten Elementes kann also aus (A1.2) berechnet werden. Der Zeitschritt muß allerdings kleiner als ca. 1/5 der Eigenschwingdauer ($0{,}2T_0$) des einzelnen Feder-Masse-Systems nach Bild A1.2 sein, da das Verfahren sonst nicht konvergiert. Bei mehrfach gekoppelten Systemen ist für T_0 die kleinste Eigenschwingdauer zu setzen.

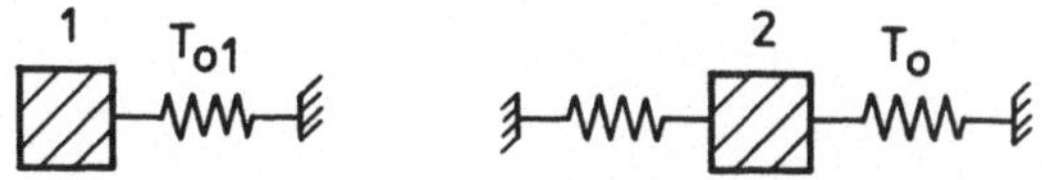

Bild A1.2 Einzelnes Feder-Masse-System

A1.4 Kubische Approximation mit Iteration

Wird die Funktion der Verschiebungen in jedem Intervall durch ein kubisches Polynom approximiert (vgl. auch A1.3), so läßt sich folgendes Verfahren mit innerer Iterationsschleife ableiten:

$$\underline{\ddot{r}}_i = \underline{\ddot{r}}_{i-1} \qquad (A1.3)$$

$$\underline{r}_i = \underline{r}_{i-1} + \underline{\dot{r}}_{i-1}\,\Delta t + (2\underline{\ddot{r}}_{i-1} + \underline{\ddot{r}}_i)\,\frac{\Delta t^2}{6} \qquad (A1.4)$$

$$\underline{\dot{r}}_i = \underline{\dot{r}}_{i-1} + (\underline{\ddot{r}}_{i-1} + \underline{\ddot{r}}_i)\,\frac{\Delta t}{2} \qquad (A1.5)$$

$$\underline{\ddot{r}}_i = \underline{M}^{-1}(\underline{R}(t_i) - \underline{C}\,\underline{\dot{r}}_i - \underline{K}\,\underline{r}_i) \qquad (A1.6)$$

$$|\underline{r}_i - \underline{r}_{i-1}| / (\underline{r}_{i-1}^T\,\underline{r}_{i-1}) \leq \varepsilon \qquad (A1.7)$$

Die Gleichungen (A1.4) bis (A1.6) sind solange zu wiederholen, bis das Konvergenzkriterium (A1.7) erfüllt ist. ε ist eine vorzugebende Genauigkeitsschranke. Mit diesem Verfahren können auch für sehr große Änderungen in den Steifigkeiten stabile Lösungen berechnet werden. Ein Nachteil ist hier, wie bei der expliziten Integration, daß der Zeitschritt Δt aus der kleinsten Eigenperiode zu bestimmen ist, da sonst keine Konvergenz eintritt.

A2 Spezielle Lösungsverfahren für Eigenwertprobleme

Neben den in Teil 1 Anhang A2.2 dargestellten Grundlagen und den dort angegebenen Lösungsverfahren ist in der Dynamik als Lösungsverfahren die Bisektionsmethode (A2.1) und die Simultane Vektoriteration (A2.2) von Bedeutung.

A2.1 Bisektionsmethode

Mit der Bisektionsmethode können ausgewählte Eigenwerte und Eigenvektoren bestimmt werden. Voraussetzung ist, daß die Matrix, deren Eigenwerte bestimmt werden sollen, nur eine Nebendiagonale aufweist, also in Tridiagonalform vorliegt. Das allgemeine Eigenwertproblem (4.9)

$$(\underline{K} - \omega^2 \underline{M})\ \underline{r} = \underline{0}$$

ist also zuerst auf die Standardform zu transformieren

$$(\underline{A} - \lambda\ \underline{I})\ \underline{x} = \underline{0}.$$

In einem zweiten Schritt ist die Matrix $\underline{A}$ in die Tridiagonalmatrix $\underline{T}(\underline{A})$ zu transformieren. Hierfür liegen leistungsfähige Algorithmen vor (siehe z.B. [50],[19], [66], [56] und [49]). Das charakteristische Polynom $P(\lambda)$ ergibt sich durch Ausmultiplizieren der Determinante

$$P(\lambda) = \det\{\lambda\underline{I}-\underline{T}(\underline{A})\} = \det\left\{\begin{bmatrix} \lambda-T_{11} & T_{12} & & & & \\ T_{21} & \lambda-T_{22} & T_{23} & & \underline{0} & \\ & T_{32} & \lambda-T_{33} & T_{34} & & \\ & & & \ddots & & \\ & \underline{0} & T_{n-1,n-2} & \lambda-T_{n-1,n-1} & T_{n-1,n} \\ & & & T_{n,n-1} & \lambda-T_{nn} \end{bmatrix}\right\}$$

Für das charakteristische Polynom läßt sich eine Rekursionsformel angeben:

$$P(\lambda) \equiv P_a(\lambda) = (\lambda-T_{nn})\ P_{n-1}(\lambda)-T^2_{n-1,n-1}\ P_{n-2}(\lambda).$$

Hierbei ist P_{n-j} das charakteristische Polynom der Untermatrix

$$\underline{T}_{n-j} = \begin{bmatrix} T_{11} & T_{12} & & & \\ T_{21} & T_{22} & T_{23} & & \underline{0} \\ & T_{32} & T_{33} & \cdots & \\ & \underline{0} & & \ddots & \\ & & & \cdots & T_{n-j,n-j} \end{bmatrix}.$$

Mit

$$P_o(\lambda) = 1 \qquad \text{und} \qquad P_1(\lambda) = \lambda-T_{11}$$

kann für einen gegebenen Wert $\lambda = p$ das charakteristische Polynom sukzessive ausgewertet werden. Die Polynome $P_j(\lambda)$ haben die Eigenschaft der Sturm'schen Kette, das heißt, daß bei einer Auswertung von $P(\lambda)$ für einen Wert $\lambda = p$ so viele Vorzeichenwechsel eintreten wie Eigenwerte $\lambda_j < p$ existieren. Für eine positiv definite 4 x 4 Matrix könnte sich die Auswertung wie folgt ergeben:

$$\begin{matrix} P_o(p) & P_1(p) & P_2(p) & P_3(p) & P_4(p). \\ + & + & - & + & + \end{matrix}$$

Da zwei Vorzeichenwechsel eintreten, gibt es also im Intervall $\{0,p\}$ zwei Eigenwerte.
Durch Verwendung mehrerer Werte p_i können somit Intervalle für spezielle Eigenwerte angegeben werden. Insbesondere ergibt sich die Möglichkeit, durch sukzessive Veränderung

der Intervallgrenzen eines Intervalls $\{p_1, p_2\}$ Eigenwerte bis zu einer vorgegebenen Genauigkeit zu bestimmen. Als Startwert für die obere Schranke aller Eigenwerte kann die Zeilensummennorm

$$p_2 = \underset{i}{\mathrm{Max}}\{ \sum_{k=1}^{n} T_{iK} \}$$

angewendet werden [49].

A2.2 Simultane Vektoriteration

Bei einer dynamischen Berechnung durch Überlagerung der Eigenformen nimmt der Einfluß einzelner Eigenformen in der Regel mit steigender Eigenfrequenz ab (siehe Kap. 6). Es ist deswegen oft nicht notwendig, alle Eigenformen und Eigenfrequenzen des Gesamtsystems

$$(\underline{K} - \omega^2 \underline{M})\ \underline{r} = \underline{0}$$

zu berechnen, sondern man kann sich auf die niedrigsten Eigenfrequenzen und zugehörigen Eigenformen beschränken. Bei größeren Problemen ist die Auswertung des charakteristischen Polynoms (siehe Teil 1, Anhang A2.2.2) sehr aufwendig und zudem fehleranfällig. Mit dem Iterationsverfahren nach von Mises kann die kleinste Eigenfrequenz und die zugehörige Eigenform bestimmt werden (siehe Teil 1, Anhang A2.2.3). Die gleichzeitige iterative Berechnung mehrerer Eigenvektoren und Eigenfrequenzen wird als "simultane Vektoriteration" bezeichnet. Zusätzlich zu den Rechenschritten beim Verfahren nach von Mises muß bei der simultanen Vektoriteration in jedem Schritt eine Orthonormierung der iterierten Vektoren durchgeführt werden.
Das Verfahren wird hier für das Eigenwertproblem mit symmetrischen positiv definiten Matrizen $\underline{M}$ und $\underline{K}$ angegeben.

Gegenüber der hier gezeigten Iterationsvorschrift nach [49] sind verschiedene Varianten möglich, von denen einige auch für beliebige Matrizen $\underline{M}$ und $\underline{K}$ gelten (vgl. [66], [3]).

Sollen ρ Eigenwerte und Eigenvektoren berechnet werden, so sind zuerst ρ linear unabhängige Vektoren $\underline{r}_i$ zu einer Matrix $\underline{r}_\rho$ zusammenzufassen.

Die ρ Vektoren müssen bezüglich der Matrix $\underline{M}$ orthonormiert sein:

$$\underline{r}_\rho^T \; \underline{M} \; \underline{r}_\rho = \underline{I}_\rho, \tag{A2.1}$$

mit $\underline{I}_\rho$ als Einheitsmatrix der Kantenlänge ρ.

Im k-ten Iterationsschritt sind folgende Berechnungen durchzuführen:

1. Berechnung der Hilfsvektoren $\underline{x}_p^k$ aus

$$\underline{K} \; \underline{x}_\rho^k = \underline{M} \; \underline{r}_\rho^{k-1} \tag{A2.2}$$

2. Berechnung der Vektoren $\underline{r}_i^k$ durch Orthonormierung der Vektoren $\underline{x}_i^k$; die Vektoren werden der Reihe nach zu den vorhergehenden orthogonalisiert und dann normiert.
Erster Vektor:

$$\underline{r}_1^k = \frac{\underline{x}_1^k}{\sqrt{(\underline{x}_1^k)^T \; \underline{M} \; \underline{x}_1^k}}. \tag{A2.3}$$

Zweiter und folgende Vektoren (mit Index 'e'):
Orthogonalisierung:

$$\underline{h} = \underline{x}_e^k - \sum_{i=1}^{e-1} (\underline{x}_e^k)^T \; \underline{M} \; \underline{r}_i^k \; \underline{r}_i^k. \tag{A2.4}$$

Normierung:

$$\underline{r}_i^k = \frac{\underline{h}}{\sqrt{\underline{h}^T \underline{M}\, \underline{h}}} . \tag{A2.5}$$

Um im ersten Schritt von beliebigen linear unabhängigen Vektoren $\underline{r}_\rho^o$ ausgehen zu können, werden zuerst die Hilfsvektoren

$$\underline{x}^o = \underline{M}\, \underline{r}_\rho^o$$

gebildet und dann die Orthonormierung mit den Gleichungen (A2.3), (A2.4) und (A2.5) durchgeführt.
In jedem Schritt werden die Eigenwerte (Eigenfrequenzen) über den Rayleigh-Quotienten bestimmt (vgl. Teil 1, Anhang A2.2.3)

$$(\omega_i^2)^k = \frac{(\underline{r}_i^k)^T\, \underline{K}\, \underline{r}_i^k}{(\underline{r}_i^k)^T\, \underline{M}\, \underline{r}_i^k} .$$

Die Berechnung wird abgebrochen, wenn die Fehlerschranke ε erreicht ist:

$$\max \left[\frac{(\omega_i^2)^k - (\omega_i^2)^{k-1}}{(\omega_i^2)^k}\right] < \varepsilon .$$

Bezüglich des Konvergenzverhaltens des Verfahrens sei auf [49] verwiesen.
Um zu gewährleisten, daß es sich bei den gefundenen Eigenwerten und -vektoren um alle Eigenwerte und zugehörigen Eigenvektoren im betrachteten Intervall $0 < \lambda \leq \lambda_\rho$ handelt, müssen die Startvektoren folgende Bedingungen erfüllen:

- Die Startvektoren sollten ausschließlich Nichtnullelemente als Komponenten erhalten;

- Die Startvektoren dürfen nicht orthogonal zu den jeweils gesuchten Eigenvektoren sein.

Zur Veranschaulichung des Verfahrens der simultanen Vektoriteration betrachten wir ein Eigenwertproblem, das in der Standardform vorliegt

$$(\underline{A} - \lambda\, \underline{I})\underline{x} = \underline{0},$$

mit

$$\underline{A} = \begin{bmatrix} 327{,}6 & -163{,}6 & 0 \\ -163{,}6 & 327{,}2 & -223{,}3 \\ 0 & -223{,}3 & 304{,}8 \end{bmatrix}.$$

Die vorstehend gezeigten Berechnungsschritte können mit $\underline{K} \equiv \underline{A}$ und $\underline{M} \equiv \underline{I}$ sinngemäß angewendet werden.

Da in jedem Schritt das Gleichungssystem (A2.2) mit mehreren rechten Seiten gelöst werden muß, ist es zweckmäßig, die Inverse $\underline{A}^{-1}$ von $\underline{A}$ vorab zu berechnen (z.B. hier durch Entwicklung nach Adjunkten [66]).

$$\underline{A}^{-1} = 10^{-3} \begin{bmatrix} 6{,}11218 & 6{,}11188 & 4{,}47764 \\ 6{,}11188 & 12{,}22377 & 8{,}95527 \\ 4{,}47764 & 8{,}95527 & 9{,}84158 \end{bmatrix}.$$

Die Berechnung von 3 Iterationsschritten für die ersten beiden Eigenwerte und -vektoren ist schematisch in Tabellenform wiedergegeben (Tafel A2.1).

Als Startvektoren verwenden wir die ersten beiden Spalten der Einheitsmatrix.

Die genaue Lösung ist $\lambda_1 = 42{,}75$ und $\lambda_2 = 319{,}37$. Nach drei Iterationsschritten sind die Eigenwerte auf 0,1 % und 3 % genau berechnet.

1. Iterationsschritt (k = 1):

				1	0					
			$\underline{r}^0$:	0	1					
				0	0		$\underline{r}_1^1$	$\underline{h}$		$\underline{r}_2^1$
	6,11218	6,11188	4,47764	6,11218	6,11188		0,62788	-3,70274		-0,77831
$\underline{A}^{-1}:10^{-3}$	6,11188	12,22377	8,95527	6,11188	12,22377	$10^{-3}:\underline{x}^1$	0,62785	2,40963	$\cdot 10^{-3}$	0,50650
	4,47764	8,95527	9,84158	4,47764	8,95527		0,45997	1,76531		0,37107

$1/\sqrt{(\underline{x}_1^1)^T\,\underline{x}_1^1} = 10^3/\sqrt{6,11268^2 + 6,11188^2 + 4,47764^2} = \underline{102,73} \equiv (\lambda_1)^1$ (Fehler 140 %)

$(\underline{x}_2^1)^T\,\underline{r}_1^1 = (0,62788\cdot 6,11188 + 0,62785\cdot 12,22377 + 0,45997\cdot 8,95527)\cdot 10^{-3} = \underline{15,63136\cdot 10^{-3}}$

$1/\sqrt{\underline{h}^T\underline{h}} = 10^3/\sqrt{(-3,70274)^2 + 2,40963^2 + 1,76531^2} = \underline{210,20} \equiv (\lambda_2)^1$ (Fehler 34 %)

2. Iterationsschritt (k = 2):

				0,62788	-0,77831					
			$\underline{r}^1$:	0,62785	0,50650					
				0,45997	0,37107		$\underline{r}_1^2$	$\underline{h}$		$\underline{r}_2^2$
	6,11218	6,11188	4,47764	9,73464	0		0,43229	-2,59771		-0,88378
$\underline{A}^{-1}:10^{-3}$	6,11188	12,22377	8,95527	15,63138	4,75743	$\cdot 10^{-3}:\underline{x}^2$	0,69416	0,58616	$\cdot 10^{-3}$	0,19942
	4,47764	8,95527	9,84158	12,96082	4,70277		0,57556	1,24415		0,42328

$(\lambda_1)^2 \equiv 1/\sqrt{(\underline{x}_1^2)^T\,\underline{x}_1^2} = 44,41$ (Fehler 4 %) $(\underline{x}_2^2)^T\,\underline{r}_1^2 = 6,00913\cdot 10^{-3}$ $(\lambda_2)^2 \equiv 1/\sqrt{\underline{h}^T\underline{h}} = 340,22$ (Fehler 7 %)

3. Iterationsschritt (k = 3):

				0,43229	-0,88378					
			$\underline{r}^2$:	0,69416	0,19942					
				0,57556	0,42328		$\underline{r}_1^3$	$\underline{h}$		$\underline{r}_2^3$
	6,11218	6,11188	4,47764	9,46201	-2,28770		0,40512	-2,62365		-0,86467
$\underline{A}^{-1}:10^{-3}$	6,11188	12,22377	8,95527	16,28165	0,82669	$\cdot 10^{-3}:\underline{x}^3$	0,69710	0,24861	$\cdot 10^{-3}$	0,08193
	4,47764	8,95527	9,84158	13,81645	1,99436		0,59155	1,50381		0,49561

$(\lambda_1)^3 \equiv 1/\sqrt{(\underline{x}_1^3)^T\,\underline{x}_1^3} = 42,82$ (Fehler 0,1 %) $(\underline{x}_2^3)^T\,\underline{r}_1^3 = 0,82927\cdot 10^{-3}$ $(\lambda_2)^3 \equiv 1/\sqrt{\underline{h}^T\underline{h}} = 329,57$ (Fehler 3 %)

Tafel A2.1 Beispiel für die simultane Vektoriteration

A3 Tabellen

A3.1 Lösungen für den Einmassenschwinger

A3.2 Fourierreihenentwicklung für periodische Belastungsfunktionen

A3.3 Dämpfungszahlen

A3.4 Mercalli- und Richterskala

A3.1 Lösungen für den Einmassenschwinger

gegeben: Masse m, Dämpfungskonstante c, Steifigkeit k, Anfangsverschiebung r_o, Anfangsgeschwindigkeit $\dot{r}_o$

Vorwerte:
Eigenfrequenz $\omega = \sqrt{k/m}$
Dämpfungszahl $D = c/(2m\omega)$
Eigenkreisfrequenz gedämpft $\bar{\omega} = \omega\sqrt{1 - D^2}$

PROBLEM	DIFFERENTIALGLEICHUNG	LÖSUNG	KONSTANTEN
FREIE UNGEDÄMPFTE SCHWINGUNG	$m\ddot{r} + kr = 0$	$r(t) = r_o \cos\omega t + \frac{\dot{r}_o}{\omega} \sin\omega t$	
FREIE GEDÄMPFTE SCHWINGUNG	$m\ddot{r} + c\dot{r} + kr = 0$	$r(t) = e^{-D\omega t}(r_o \cos\bar{\omega}t + \frac{\dot{r}_o + D\omega r_o}{\bar{\omega}} \sin\bar{\omega}t)$	
ERZWUNGENE UNGEDÄMPFTE SCHWINGUNG BEI HARMONISCHER BELASTUNG	$m\ddot{r} + kr = R_o \sin\Omega t$	$r(t) = r_o \cos\omega t + \frac{\dot{r}_o}{\omega} \sin\omega t + \frac{R_o}{m(\omega^2-\Omega^2)} (\sin\Omega t - \frac{\Omega}{\omega} \sin\omega t)$	
ERZWUNGENE GEDÄMPFTE SCHWINGUNG BEI HARMONISCHER BELASTUNG	$m\ddot{r} + c\dot{r} + kr = R_o \sin\Omega t$	$r(t) = e^{-D\omega t}(A\cos\bar{\omega}t + B\sin\bar{\omega}t) + \frac{R_o m}{m^2(\omega^2-\Omega^2)^2+c^2\Omega^2} ((\omega^2-\Omega^2) \sin\Omega t - 2D\omega\Omega\cos\Omega t)$	$A = r_o + \frac{R_o c\Omega}{m^2(\omega^2-\Omega^2)^2+c^2\Omega^2}$ $B = \frac{AD\omega}{\bar{\omega}} + \frac{\dot{r}_o}{\bar{\omega}} - \frac{R_o m\Omega(\omega^2-\Omega^2)}{\bar{\omega}(m^2(\omega^2-\Omega^2)+c^2\Omega^2)}$
ERZWUNGENE UNGEDÄMPFTE SCHWINGUNG NACH EINEM BELASTUNGSSPRUNG	für $t < 0 : m\ddot{r} + kr = 0$ für $t \geq 0 : m\ddot{r} + kr = R_o$	für $t < 0 \quad r = 0$ für $t \geq 0 \quad r(t) = \frac{R_o}{k} + (r_o - \frac{R_o}{k})\cos\omega t + \frac{\dot{r}_o}{\omega} \sin\omega t$	
ERZWUNGENE GEDÄMPFTE SCHWINGUNG NACH EINEM BELASTUNGSSPRUNG	für $t < 0 : m\ddot{r} + c\dot{r} + kr = 0$ für $t \geq 0 : m\ddot{r} + c\dot{r} + kr = R_o$	für $t < 0 \quad r = 0$ für $t \geq 0 \quad r(t) = \frac{R_o}{k} + e^{-D\omega t}(A\cos\bar{\omega}t + B\sin\bar{\omega}t)$	$A = r_o - \frac{R_o}{k}$, $B = \frac{\dot{r}_o + D\omega A}{\bar{\omega}}$
ERZWUNGENE UNGEDÄMPFTE SCHWINGUNG BEI BELIEBIGER BELASTUNG $R(\tau)$	$m\ddot{r} + kr = R(\tau)$	$r(t) = r_o \cos\omega t + \frac{\dot{r}_o}{\omega} \sin\omega t + \frac{1}{m\omega} \int_0^t R(\tau) \sin(\omega(t-\tau))d\tau$	
ERZWUNGENE GEDÄMPFTE SCHWINGUNG BEI BELIEBIGER BELASTUNG $R(\tau)$	$m\ddot{r} + c\dot{r} + kr = R(\tau)$	$r(t) = e^{-D\omega t}(r_o \cos\bar{\omega}t + \frac{\dot{r}_o + D\omega r_o}{\bar{\omega}} \sin\bar{\omega}t) + \frac{1}{m\bar{\omega}} \int_0^t R(\tau)e^{-D\omega(t-\tau)} \sin(\bar{\omega}(t-\tau))d\tau$	

A3.2 Fourierreihenentwicklung für periodische Belastungsfunktionen

Belastung	Belastungsfunktion	Fourierreihenentwicklung
$t_o = 2\pi/\tilde{\Omega}$ 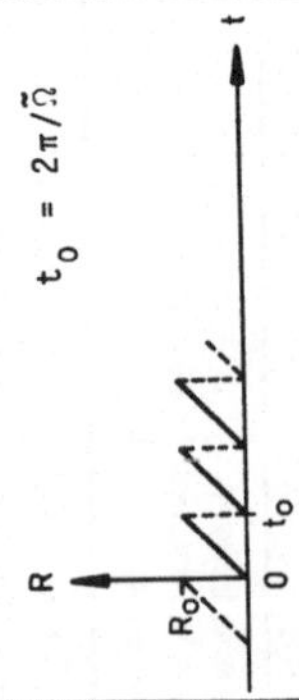	$R = \frac{R_o}{t_o}\, t$ für $0<t<t_o$	$R(t) = R_o\left(0,5 - \frac{1}{\pi}\sum_{i=1}^{\infty} \frac{\sin(i\tilde{\Omega}t)}{i}\right)$
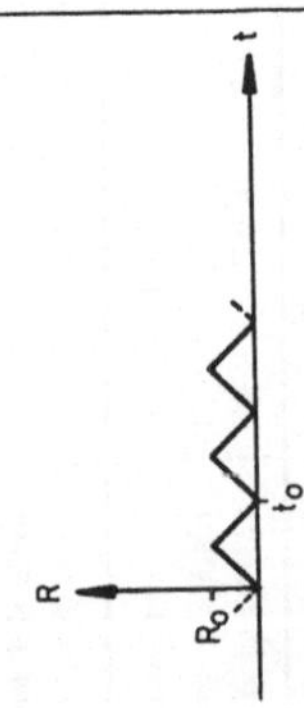	$R = 2R_o \frac{t}{t_o}$ für $0\leq t\leq 0,5t_o$ $R = 2R_o\left(1 - \frac{t}{t_o}\right)$ für $0,5t_o\leq t\leq t_o$	$R(t) = R_o\left(0,5 - \frac{4}{\pi^2}\sum_{i=1}^{\infty} \frac{\cos((2i-1)\tilde{\Omega}t)}{(2i-1)^2}\right)$
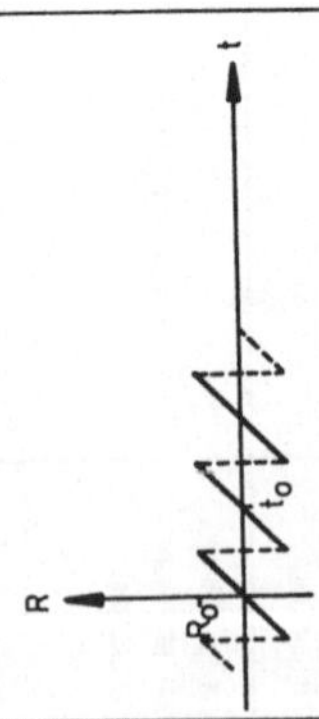	$R = 2\frac{R_o}{t_o}\, t$ für $-0,5t_o\leq t\leq 0,5t_o$	$R(t) = \frac{2R_o}{\pi}\sum_{i=1}^{\infty} (-1)^{i-1} \frac{\sin(i\tilde{\Omega}t)}{i}$
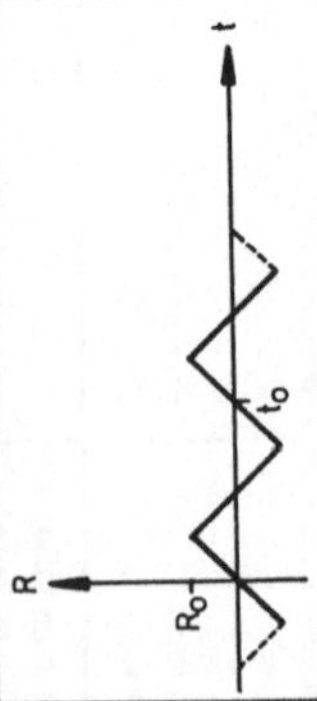	$R = 4\,\frac{R_o}{t_o}\, t$ für $-0,25t_o\leq t\leq 0,25t_o$ $R = R_o\,\left(2-\frac{4t}{t_o}\right)$ für $0,25t_o\leq t\leq 0,75t_o$	$R(t) = \frac{8R_o}{\pi^2}\sum_{i=1}^{\infty}\left((-1)^{i-1} \frac{\sin((2i-1)\tilde{\Omega}t)}{(2i-1)^2}\right)$
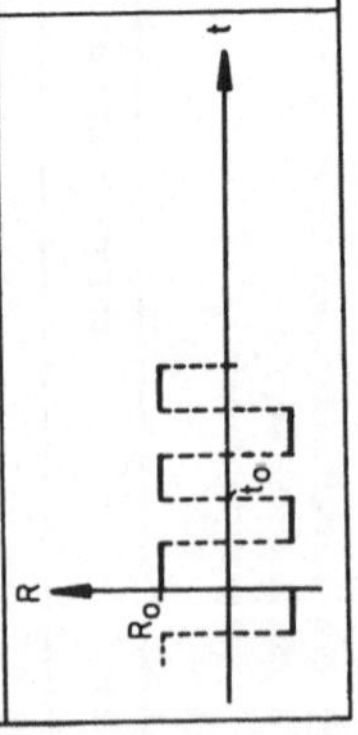	$R = R_o$ für $0\leq t\leq 0,5t_o$ $R = R_o$ für $0,5t_o<t<t_o$	$R(t) = \frac{4R_o}{\pi}\sum_{i=1}^{\infty} \frac{\sin((2i-1)\tilde{\Omega}t)}{2i-1}$

A3.3 Dämpfungszahlen

Dämpfungszahlen nach Petersen [42]

δ_1: Materialdämpfung

δ_2: Konstruktionsdämpfung

δ_3: Gründungsdämpfung

$\delta = \delta_1 + \delta_2 + \delta_3$

δ_1	Stahl	0,005
	Aluminium	0,015
	Bauholz (Laubholz)	0,035
	(Nadelholz)	0,045
	Kunststoff GFK	0,040
	Stahlbeton (Zustand I)	0,025
	(Zustand II)	0,045
	Spannbeton	0,025
	Leichtbeton	0,040
	Natur- und Kunststein	0,050
δ_2	*Stahl*	
	Hochbaukonstruktion	
	ohne Ausbau, geschweißt, GV	0,015
	ohne Ausbau, SL	0,020
	mit Ausbau	0,040
	Schornsteine aus Stahl, ohne Abspannung	
	ohne Ausbau, geschweißt, GV	0,002
	ohne Ausbau, SL	0,005
	mit Ausbau, Rauchrohr u. Isolierung	0,020
	mit Ausbau, Ausmauerung	0,035
	Turm- und Antennentragwerke, ohne Abspannung	
	ohne Ausbau, geschweißt, GV	0,007
	ohne Ausbau, SL	0,010
	mit Einbauten	0,015
	abgespannte Schornsteine und Maste	0,040
	Brückenkonstruktionen aus Stahl	
	Fußgänger- und Straßenbrücken	
	Fahrbahnplatte Stahl und Asphalt	0,030
	Fahrbahnplatte Beton	0,040
	Fahrbahnplatte Holz	0,05C

δ_2	Eisenbahnbrücken aus Stahl	
	offene Bauweise	0,035
	geschlossene Bauweise ohne Schotterbett	0,030
	geschlossene Bauweise mit Schotterbett	0,050
	Fußgänger- und Rohrleitungsbrücke als Hängesteg	0,010
	Schrägseilbrücke (Stahl)	0,030
	Hängebrücke (Stahl)	0,025
	Bauholz	
	Hochbau- und Brückenkonstruktionen	
	Leimbauweise	0,020
	Dübel-, Bolzen-, Nagelbauweise	0,040
	Stahl- und Spannbeton	
	Hochbaukonstruktionen	
	Scheiben- und Kastenbauweise ohne Ausbau	0,020
	Scheiben- und Kastenbauweise mit Ausbau	0,035
	Rahmenbauweise ohne Ausbau	0,025
	Rahmenbauweise mit Ausbau	0,040
	Brückenkonstruktionen	0,020
	Schornsteine und turmartige Bauwerke	
	ohne Ausbau	0,010
	mit Ausbau	0,015
δ_3	Lagerung in Gelenken, auf Rollen u. PTFE-Lagern	0,005
	auf Gleit- und Verformungslagern	0,015
	Einspannung von Rahmentragwerken	0,010
	Einspannung von frei austragenden Konstruktionen	
	auf Stahlkonstr. (auch auf abgespannten Masten)	0,010
	auf Betonkonstr.	0,005
	auf Fundamenten Fels	0,005
	Kies	0,008
	Sand	0,010
	Pfahlrost	0,015

A3.4 Mercalli- und Richterskala

Mercalli-Grad	Benennung	Kurze Beschreibung		Maximale Beschl. B nach Richter (1956) m/s^2
I	unmerklich	nicht fühlbar		0,01
II	sehr leicht	vereinzelt gefühlt		0,022
III	leicht	in Häusern gefühlt		0,047
IV	mäßig	in Häusern allgemein gefühlt, Fenster klirren		0,10
V	ziemlich stark	im Freien gefühlt, Lampen pendeln		0,22
VI	stark	allgemein mit Schrecken gefühlt	Gebäudeschäden	0,47
VII	sehr stark	Stehen fällt schwer, Gegenstände fallen um, im fahrenden Kraftwagen gefühlt	Gebäudeschäden	1,00 ≈ 0,1g*)
VIII	zerstörend	Steuern von Kraftwagen beeinträchtigt	Gebäudeschäden	2,20
IX	verwüstend	allg. Panik, Zerstörungen an Rohrleitungen	Gebäudezerstörungen	4,70
X	vernichtend	große Erdrutsche	Gebäudezerstörungen	10,0 ≈ g *)
XI	Katastrophe	Gleise verbogen, Rohrleitungen vollst. zerstört	Gebäudezerstörungen	22,00
XII	große Katastrophe	nichts hält stand	Gebäudezerstörungen	

*) $g = 9{,}81\ m/s^2$ (Erdbeschleunigung auf Meereshöhe)

A4 Elementkatalog

Für die folgenden Elemente sind die Elementmatrizen zusammengestellt:

Fachwerkelemente (a) eben
(b) räumlich

Stabelemente (a) räumlich
(b) Trägerrost
(c) eben
(d) eben mit Momentengelenk

Zusammenstellung der Matrizen $\underline{L}_D^i$, $\underline{\bar{k}}_D^i$, $\underline{\bar{k}}^i$, $\underline{k}^i$, $\underline{\bar{m}}^i$ und $\underline{m}^i$ für die Transformationen:

(3.6) $\underline{\bar{S}}^i = \underline{\bar{k}}_D^i \, \underline{\bar{u}}^i$

(3.7) $\underline{S}^i = \underline{k}_D^i \, \underline{u}^i$

(3.8) $\underline{k}_D^i = \underline{L}_D^i \, \underline{\bar{k}}_D{}^i \, (\underline{L}_D^i)^T$

(3.11) $\underline{\bar{S}}^i = \underline{\bar{k}}^i \, \underline{\bar{u}}^i - \omega^2 \, \underline{\bar{m}}^i \, \underline{\bar{u}}^i$

(3.12) $\underline{S}^i = \underline{k}^i \, \underline{u}^i - \omega^2 \, \underline{m}^i \, \underline{u}^i$

(3.13) $\underline{k}^i = \underline{L}_D^i \, \underline{\bar{k}}^i \, (\underline{L}_D^i)^T$

(3.14) $\underline{m}^i = \underline{L}_D^i \, \underline{\bar{m}}^i \, (\underline{L}_D^i)^T$

In Matrizen wird für die Stablänge der Buchstabe ℓ verwendet, die Indizes ℓ und r bezeichnen das linke oder rechte Stabende. Das linke Stabende ist der Koordinatenursprung der lokalen Koordinaten.

A4.1 Ebenes Fachwerkelement

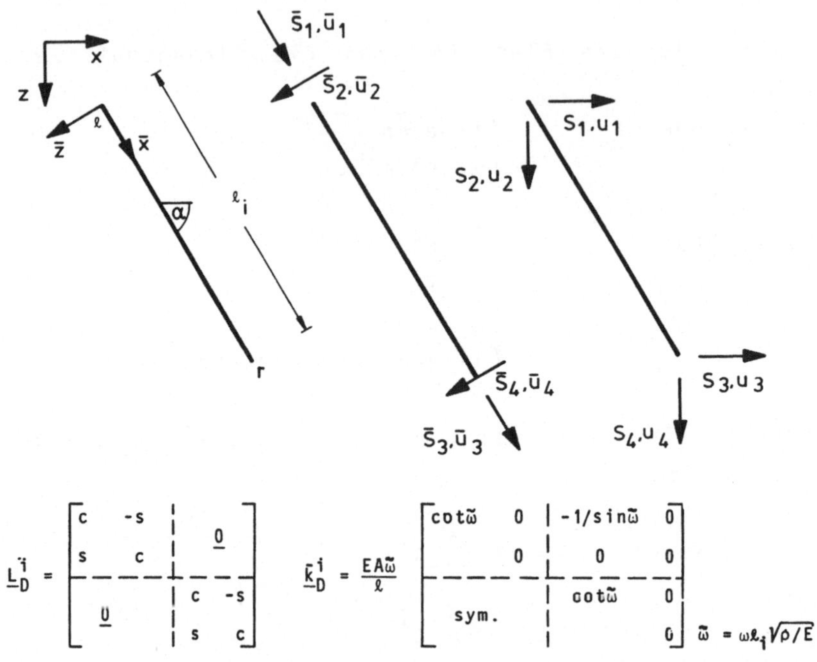

$$\underline{L}_D^i = \left[\begin{array}{cc|cc} c & -s & & \underline{0} \\ s & c & & \\ \hline & \underline{0} & c & -s \\ & & s & c \end{array}\right] \qquad \underline{\bar{k}}_D^i = \frac{EA\tilde{\omega}}{\ell} \left[\begin{array}{cc|cc} \cot\tilde{\omega} & 0 & -1/\sin\tilde{\omega} & 0 \\ & 0 & 0 & 0 \\ \hline & & \cot\tilde{\omega} & 0 \\ \text{sym.} & & & 0 \end{array}\right] \quad \tilde{\omega} = \omega\ell_i\sqrt{\rho/E}$$

reine Longitudinalschwingung

$$\underline{\bar{k}}^i = \frac{EA}{\ell} \left[\begin{array}{cc|cc} 1 & 0 & -1 & 0 \\ & 0 & 0 & 0 \\ \hline & & 1 & 0 \\ \text{sym.} & & & 0 \end{array}\right] \qquad \underline{k}^i = \frac{EA}{\ell} \left[\begin{array}{cc|cc} c^2 & cs & -c^2 & -cs \\ & s^2 & -cs & -s^2 \\ \hline & & c^2 & cs \\ \text{sym.} & & & s^2 \end{array}\right]$$

$$\underline{\bar{m}}^i = \frac{\rho A\ell}{6} \left[\begin{array}{cc|cc} 2 & 0 & 1 & 0 \\ & 2 & 0 & 1 \\ \hline & & 2 & 0 \\ \text{sym.} & & & 2 \end{array}\right] \qquad \underline{m}^i = \frac{\rho A\ell}{6} \left[\begin{array}{cc|cc} 2 & 0 & 1 & 0 \\ & 2 & 0 & 1 \\ \hline & & 2 & 0 \\ \text{sym.} & & & 2 \end{array}\right]$$

$c \equiv \cos\alpha = (x_r - x_\ell)/\ell_i$ $\qquad s \equiv \sin\alpha = (z_r - z_\ell)/\ell_i$

$\ell_i = \sqrt{(x_r - x_\ell)^2 + (z_r - z_\ell)^2}$

A4.2 Räumliches Fachwerkelement

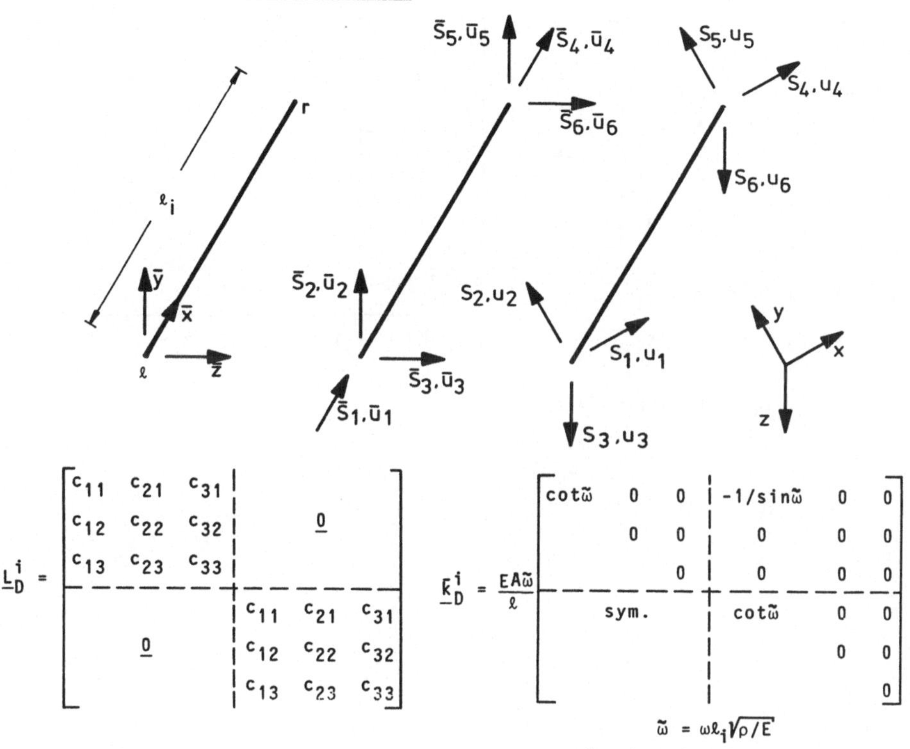

$$
\underline{L}_D^i = \left[\begin{array}{ccc|ccc}
c_{11} & c_{21} & c_{31} & & & \\
c_{12} & c_{22} & c_{32} & & \underline{0} & \\
c_{13} & c_{23} & c_{33} & & & \\
\hline
 & & & c_{11} & c_{21} & c_{31} \\
 & \underline{0} & & c_{12} & c_{22} & c_{32} \\
 & & & c_{13} & c_{23} & c_{33}
\end{array}\right]
$$

$$
\underline{\bar{k}}_D^i = \frac{EA\tilde{\omega}}{\ell} \left[\begin{array}{ccc|ccc}
\cot\tilde{\omega} & 0 & 0 & -1/\sin\tilde{\omega} & 0 & 0 \\
 & 0 & 0 & 0 & 0 & 0 \\
 & & 0 & 0 & 0 & 0 \\
\hline
 & \text{sym.} & & \cot\tilde{\omega} & 0 & 0 \\
 & & & & 0 & 0 \\
 & & & & & 0
\end{array}\right]
$$

$$\tilde{\omega} = \omega \ell_i \sqrt{\rho/E}$$

reine Longitudinalschwingung

$$
\underline{\bar{k}}^i = \frac{EA}{\ell} \left[\begin{array}{ccc|ccc}
1 & 0 & 0 & -1 & 0 & 0 \\
 & 0 & 0 & 0 & 0 & 0 \\
 & & 0 & 0 & 0 & 0 \\
\hline
 & \text{sym.} & & 1 & 0 & 0 \\
 & & & & 0 & 0 \\
 & & & & & 0
\end{array}\right]
$$

$$
\underline{k}^i = \frac{EA}{\ell} \left[\begin{array}{ccc|ccc}
c_{11}^2 & c_{11}c_{12} & c_{11}c_{13} & -c_{11}^2 & -c_{11}c_{12} & -c_{11}c_{13} \\
 & c_{12}^2 & c_{12}c_{13} & -c_{12}c_{11} & -c_{12}^2 & -c_{12}c_{13} \\
 & & c_{13}^2 & -c_{13}c_{11} & -c_{13}c_{12} & -c_{13}^2 \\
\hline
 & \text{sym.} & & c_{11}^2 & c_{11}c_{12} & c_{11}c_{13} \\
 & & & & c_{12}^2 & c_{12}c_{13} \\
 & & & & & c_{13}^2
\end{array}\right]
$$

$$\bar{\underline{m}}^i = \underline{m}^i = \frac{\rho A \ell}{6} \left[\begin{array}{ccc|ccc} 2 & 0 & 0 & 1 & 0 & 0 \\ & 2 & 0 & 0 & 1 & 0 \\ & & 2 & 0 & 0 & 1 \\ \hline & \text{sym.} & & 2 & 0 & 0 \\ & & & & 2 & 0 \\ & & & & & 2 \end{array}\right]$$

$c_{11} \equiv \cos\alpha_{11} = (x_r - x_\ell)/\ell_i$ $\qquad$ $c_{12} \equiv \cos\alpha_{12} = (y_r - y_\ell)/\ell_i$

$c_{13} \equiv \cos\alpha_{13} = (z_r - z_\ell)/\ell_i$ $\qquad$ $\ell_i = \sqrt{(x_r - x_\ell)^2 + (y_r - y_\ell)^2 + (z_r - z_\ell)^2}$

Für $c_{21}, \ldots, c_{33}$ siehe Seite 237.

A4.3 Räumliches Stabelement

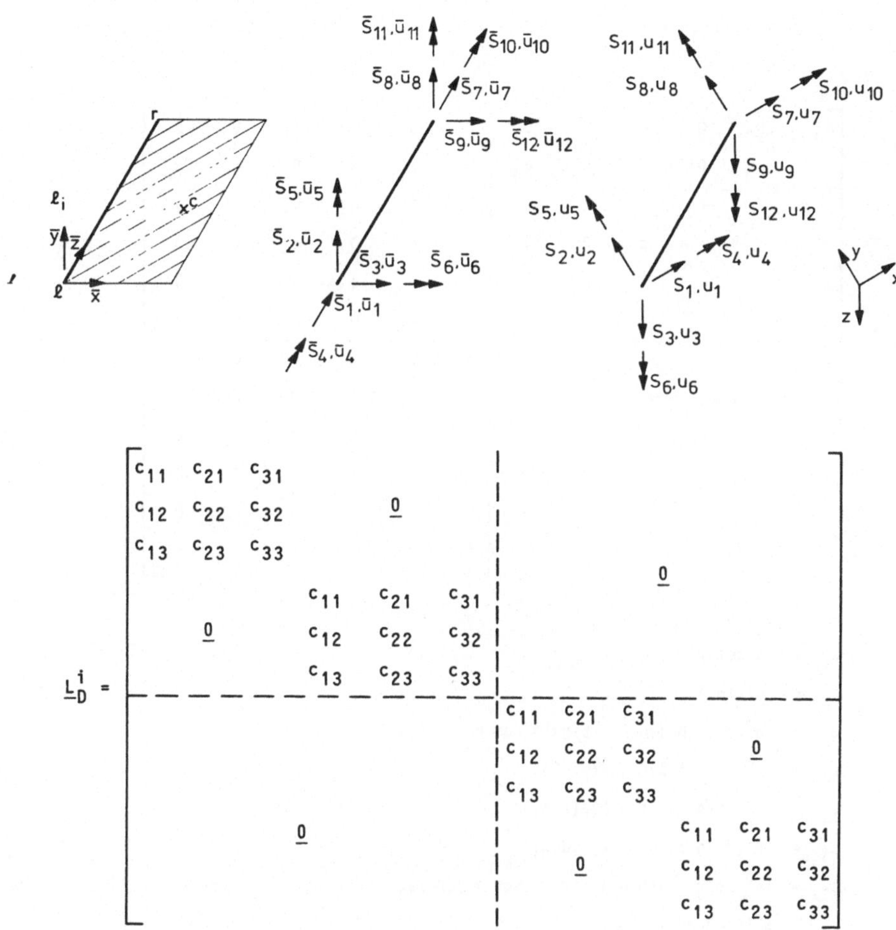

$$
\underline{L}_D^i = \left[\begin{array}{ccc|ccc}
\begin{matrix} c_{11} & c_{21} & c_{31} \\ c_{12} & c_{22} & c_{32} \\ c_{13} & c_{23} & c_{33} \end{matrix} & \underline{0} & & & \underline{0} & \\
\underline{0} & \begin{matrix} c_{11} & c_{21} & c_{31} \\ c_{12} & c_{22} & c_{32} \\ c_{13} & c_{23} & c_{33} \end{matrix} & & & & \\
\hline
& & & \begin{matrix} c_{11} & c_{21} & c_{31} \\ c_{12} & c_{22} & c_{32} \\ c_{13} & c_{23} & c_{33} \end{matrix} & \underline{0} & \\
& \underline{0} & & \underline{0} & \begin{matrix} c_{11} & c_{21} & c_{31} \\ c_{12} & c_{22} & c_{32} \\ c_{13} & c_{23} & c_{33} \end{matrix} &
\end{array}\right]
$$

$$\ell_i = \sqrt{(x_r-x_\ell)^2 + (y_r-y_\ell)^2 + (z_r-z_\ell)^2}$$

$$q = (x_r-x_c)\,(x_r-x_\ell) + (y_r-y_c)\,(y_r-y_\ell) + (z_r-z_c)\,(z_r-z_\ell)$$

$$u_1 = q(x_r-x_\ell) + \ell_i^2(x_c-x_r); \quad u_2 = q(y_r-y_\ell) + \ell_i^2(y_c-y_r)$$

$$u_3 = q(z_r-z_\ell) + \ell_i^2(z_c-z_r); \quad u = \sqrt{u_1^2 + u_2^2 + u_3^2}$$

$$c_{11} = (x_r-x_\ell)/\ell_i; \quad c_{31} = u_1/u; \quad c_{21} = c_{13}c_{32}-c_{12}c_{33}$$

$$c_{12} = (y_r-y_\ell)/\ell_i; \quad c_{32} = u_2/u; \quad c_{22} = c_{11}c_{33}-c_{13}c_{31}$$

$$c_{13} = (z_r-z_\ell)/\ell_i; \quad c_{33} = u_3/u; \quad c_{23} = c_{12}c_{31}-c_{11}c_{32}$$

Räumliches Stabelement ohne Querkrafteinfluß auf die Durchbiegungen

$$\bar{k}_D^i = \left[\begin{array}{cccccc|cccccc}
c_1 & 0 & 0 & 0 & 0 & 0 & c_2 & 0 & 0 & 0 & 0 & 0 \\
 & c_3 & 0 & 0 & 0 & c_4 & 0 & c_5 & 0 & 0 & 0 & c_6 \\
 & & c_7 & 0 & c_8 & 0 & 0 & 0 & c_9 & 0 & c_{10} & 0 \\
 & & & c_{11} & 0 & 0 & 0 & 0 & 0 & c_{12} & 0 & 0 \\
 & & & & c_{13} & 0 & 0 & 0 & -c_{10} & 0 & c_{14} & 0 \\
 & & & & & c_{15} & 0 & -c_6 & 0 & 0 & 0 & c_{16} \\
\hline
 & & & & & & c_1 & 0 & 0 & 0 & 0 & 0 \\
 & & \text{symmetrisch} & & & & & c_3 & 0 & 0 & 0 & -c_4 \\
 & & & & & & & & c_7 & 0 & -c_8 & 0 \\
 & & & & & & & & & c_{11} & 0 & 0 \\
 & & & & & & & & & & c_{13} & 0 \\
 & & & & & & & & & & & c_{15}
\end{array}\right]$$

$c_1 = g \cot f$

$c_2 = -g/\sin f$

$c_3 = -b^3(\cosh b \sin b + \sinh b \cos b)/(e\, \ell_i^2)$

$c_4 = -b^2(\sinh b \sin b)/(e\, \ell_i)$

$c_5 = b^3(\sinh b + \sin b)/(e\, \ell_i^2)$

$c_6 = -b^2(\cosh b - \cos b)/(e\, \ell_i)$

$c_7 = -a^3(\cosh a \sin a + \sinh a \cos a)/(d\, \ell_i^2)$

$c_8 = a^2(\sinh a \sin a)/(d\, \ell_i)$

$c_9 = a^3(\sinh a + \sin a)/(d\, \ell_i^2)$

$c_{10} = a^2(\cosh a - \cos a)/(d\, \ell_i)$

$c_{11} = q \cot p$

$c_{12} = -q/\sin p$

$c_{13} = -a(\cosh a \sin a - \sinh a \cos a)/d$

$c_{14} = -a(\sinh a - \sin a)/d$

$c_{15} = -b(\cosh b \sin b - \sinh b \cos b)/e$

$c_{16} = -b(\sinh b - \sin b)/e$

Mit

$a = \ell_i \sqrt[4]{\rho A \omega^2/(EI_y)}$

$b = \ell_i \sqrt[4]{\rho A \omega^2/(EI_z)}$

$d = (\cosh a \cos a - 1)\ell_i/EI_y$

$e = (\cosh b \cos b - 1)\ell_i/EI_z$

$f = \omega\, \ell_i \sqrt{\rho/E}$

$g = EA\, f/\ell_i$

$p = \omega\, \ell_i \sqrt{\rho I_o/(GI_T)}$

$q = GI_T p/\ell_i$

Räumliches Stabelement mit Querkrafteinfluß auf die Durchbiegungen

Die Besetzung der Matrix ist wie vor, die Konstanten c_1 bis c_{16} haben folgende Bedeutung:

$c_1 = g \cot f$

$c_2 = -g/\sin f$

$c_3 = -\beta\delta(\beta b + \delta d)\ (\beta \cosh d \sin b + \delta \sinh d \cos b)/(\varepsilon\ \ell_i^2)$

$c_4 = -\beta\delta((\delta d-\beta b)\ (\cosh d \cos b - 1) + (\beta d + \delta b)\sinh d \sin b)/(\varepsilon\ \ell_i)$

$c_5 = \beta\delta(\beta b + \delta d)\ (\delta \sinh d + \beta \sin b)/(\varepsilon\ \ell_i^2)$

$c_6 = -\beta\delta(\beta b + \delta d)\ (\cosh d - \cos b)/(\varepsilon\ \ell_i)$

$c_7 = -\alpha\gamma(\alpha a + \gamma c)\ (\alpha \cosh c \sin a + \gamma \sinh c \cos a)/(e\ \ell_i^2)$

$c_8 = \alpha\gamma((\gamma c - \alpha a)\ (\cosh c \cos a - 1) + (\alpha c + \gamma a)\sinh c \sin a)/(e\ \ell_i)$

$c_9 = \alpha\gamma(\alpha a + \gamma c)\ (\gamma \sinh c + \alpha \sin a)/(e\ \ell_i^2)$

$c_{10} = \alpha\gamma(\alpha a + \gamma c)\ (\cosh c - \cos a)/(e\ \ell_i)$

$c_{11} = q \cot p$

$c_{12} = -q/\sin p$

$c_{13} = -(\alpha a + \gamma c)\ (\alpha \cosh d \sin a - \alpha \sinh c \cos a)/e$

$c_{14} = -(\alpha a + \gamma c)\ (\alpha \sinh c - \gamma \sin c)/e$

$c_{15} = -(\beta b + \delta d)\ (\delta \cosh d \sin b - \beta \sinh d \cos b)/\varepsilon$

$c_{16} = -(\beta b + \delta d)\ (\beta \sinh d - \delta \sin b)/\varepsilon$

Mit

$$a = \ell_i \sqrt{\frac{\rho\omega^2}{2}\left(\frac{1}{E} + \frac{1}{\kappa_y G}\right) + \sqrt{\frac{\rho\omega^2}{2}\left(\frac{1}{E} + \frac{1}{\kappa_y G}\right)^2 + \frac{\rho A\omega^2}{EI_y}\left(1 - \frac{\rho\omega^2 I_y}{\kappa_y AG}\right)}}$$

$$b = \ell_i \sqrt{\frac{\rho\omega^2}{2}\left(\frac{1}{E} + \frac{1}{\kappa_z G}\right) + \sqrt{\frac{\rho\omega^2}{2}\left(\frac{1}{E} + \frac{1}{\kappa_z G}\right)^2 + \frac{\rho A\omega^2}{EI_z}\left(1 - \frac{\rho\omega^2 I_z}{\kappa_z AG}\right)}}$$

$$c = \ell_i \sqrt{\frac{\rho\omega^2}{2}\left(\frac{1}{E} + \frac{1}{\kappa_y G}\right) - \sqrt{\frac{\rho\omega^2}{2}\left(\frac{1}{E} + \frac{1}{\kappa_y G}\right)^2 + \frac{\rho A\omega^2}{EI_y}\left(1 - \frac{\rho\omega^2 I_y}{\kappa_y AG}\right)}}$$

$$d = \ell_i \sqrt{\frac{\rho\omega^2}{2}\left(\frac{1}{E} + \frac{1}{\kappa_z G}\right) - \sqrt{\frac{\rho\omega^2}{2}\left(\frac{1}{E} + \frac{1}{\kappa_z G}\right)^2 + \frac{\rho A\omega^2}{EI_y}\left(1 - \frac{\rho\omega^2 I_z}{\kappa_z AG}\right)}}$$

$$\alpha = a(1-(c^2EI_y)/(\ell_i^2(\kappa_yAG - \rho\omega^2I_y)))$$

$$\beta = b(1-(d^2EI_z)/(\ell_i^2(\kappa_zAG - \rho\omega^2I_z)))$$

$$\gamma = c(1+(a^2EI_y)/(\ell_i^2(\kappa_yAG - \rho\omega^2I_y)))$$

$$\delta = d(1+(b^2EI_z)/(\ell_i^2(\kappa_zAG - \rho\omega^2I_z)))$$

$$e = (2\alpha\gamma(\cosh c \cos a - 1) + (\alpha^2 - \gamma^2)\sinh c \sin a)\,\ell_i/EI_y$$

$$\varepsilon = (2\beta\delta(\cosh d \cos b - 1) + (\beta^2 - \delta^2)\sinh d \sin b)\,\ell_i/EI_z$$

$$\underline{k}^i = \left[\begin{array}{cccccc|cccccc}
\frac{EA}{\ell} & 0 & 0 & 0 & 0 & 0 & -\frac{EA}{\ell} & 0 & 0 & 0 & 0 & 0 \\
 & \frac{12EI_z}{\ell^3(1+c_1)} & 0 & 0 & 0 & \frac{6EI_z}{\ell^2(1+c_1)} & 0 & \frac{-12EI_z}{\ell^3(1+c_1)} & 0 & 0 & 0 & \frac{6EI_z}{\ell^2(1+c_1)} \\
 & & \frac{12EI_y}{\ell^3(1+c_2)} & 0 & \frac{-6EI_y}{\ell^2(1+c_2)} & 0 & 0 & 0 & \frac{-12EI_y}{\ell^3(1+c_2)} & 0 & \frac{-6EI_y}{\ell^2(1+c_2)} & 0 \\
 & & & \frac{GI_T}{\ell} & 0 & 0 & 0 & 0 & 0 & -\frac{GI_T}{\ell} & 0 & 0 \\
 & & & & \frac{(4+c_2)EI_y}{\ell(1+c_2)} & 0 & 0 & 0 & \frac{6EI_y}{\ell^2(1+c_2)} & 0 & \frac{(2-c_2)EI_y}{\ell(1+c_2)} & 0 \\
 & & & & & \frac{(4+c_1)EI_z}{\ell(1+c_1)} & 0 & \frac{-6EI_z}{\ell^2(1+c_1)} & 0 & 0 & 0 & \frac{(2-c_1)EI_z}{\ell(1+c_1)} \\
\hline
 & & \text{symmetrisch} & & & & \frac{EA}{\ell} & 0 & 0 & 0 & 0 & 0 \\
 & & & & & & & \frac{12EI_z}{\ell^3(1+c_1)} & 0 & 0 & 0 & \frac{-6EI_z}{\ell^2(1+c_1)} \\
 & & & & & & & & \frac{12EI_y}{\ell^3(1+c_2)} & 0 & \frac{6EI_y}{\ell^2(1+c_2)} & 0 \\
 & & & & & & & & & \frac{GI_T}{\ell} & 0 & 0 \\
 & & & & & & & & & & \frac{(4+c_2)EI_y}{\ell(1+c_2)} & 0 \\
 & & & & & & & & & & & \frac{(4+c_1)EI_z}{\ell(1+c_1)}
\end{array}\right]$$

Mit $c_1 = \dfrac{12EI_z}{GA\kappa_y\ell_i^2}$ $\quad c_2 = \dfrac{12EI_y}{GA\kappa_z\ell_i^2}$

$$\underline{\bar{m}}^i = \frac{\rho A \ell}{420} \left[\begin{array}{cccccc|cccccc}
140 & 0 & 0 & 0 & 0 & 0 & 70 & 0 & 0 & 0 & 0 & 0 \\
 & 156 & 0 & 0 & 0 & 22\ell & 0 & 54 & 0 & 0 & 0 & -13\ell \\
 & & 156 & 0 & -22\ell & 0 & 0 & 0 & 54 & 0 & 13\ell & 0 \\
 & & & 140d_1 & 0 & 0 & 0 & 0 & 0 & 70d_1 & 0 & 0 \\
 & & & & 4\ell^2 & 0 & 0 & 0 & -13\ell & 0 & -3\ell^2 & 0 \\
 & & & & & 4\ell^2 & 0 & 13\ell & 0 & 0 & 0 & -3\ell^2 \\
\hline
 & & & & & & 140 & 0 & 0 & 0 & 0 & 0 \\
 & & \text{symmetrisch} & & & & & 156 & 0 & 0 & 0 & -22\ell \\
 & & & & & & & & 156 & 0 & 22\ell & 0 \\
 & & & & & & & & & 140d_1 & 0 & 0 \\
 & & & & & & & & & & 4\ell^2 & 0 \\
 & & & & & & & & & & & 4\ell^2
\end{array}\right]$$

Mit $d_1 = I_o/A$

Die Drehungen

$$\underline{k}^i = \underline{L}_D^i \, \underline{\bar{k}}^i (\underline{L}_D^i)^T$$

und

$$\underline{m}^i = \underline{L}_D^i \, \underline{\bar{m}}^i (\underline{L}_D^i)^T$$

führt man numerisch aus.

A4.4 Trägerrostelement

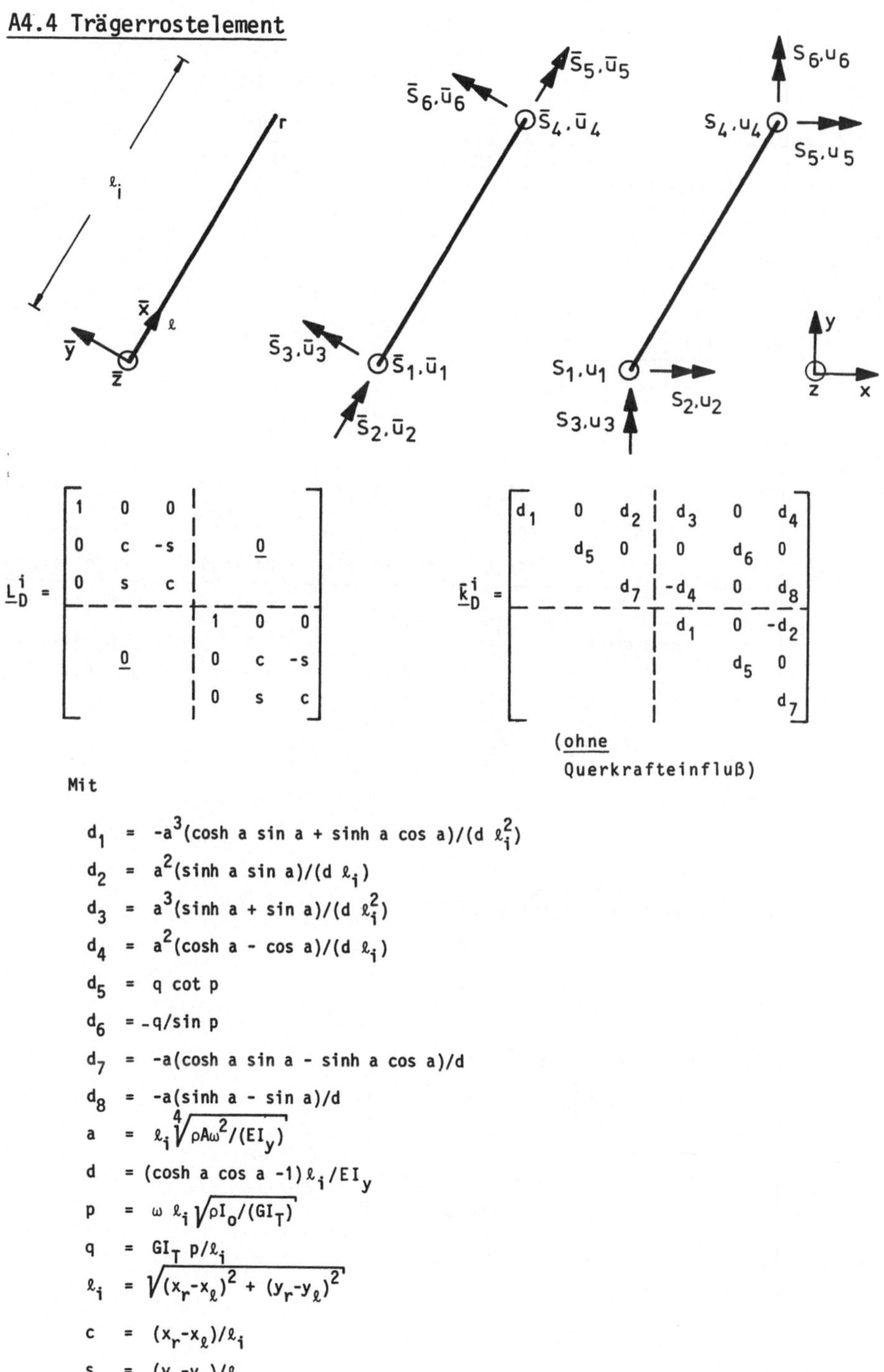

$$
\underline{L}_D^i = \left[\begin{array}{ccc|ccc} 1 & 0 & 0 & & & \\ 0 & c & -s & & \underline{0} & \\ 0 & s & c & & & \\ \hline & & & 1 & 0 & 0 \\ & \underline{0} & & 0 & c & -s \\ & & & 0 & s & c \end{array}\right]
\qquad
\bar{\underline{k}}_D^i = \left[\begin{array}{ccc|ccc} d_1 & 0 & d_2 & d_3 & 0 & d_4 \\ & d_5 & 0 & 0 & d_6 & 0 \\ & & d_7 & -d_4 & 0 & d_8 \\ \hline & & & d_1 & 0 & -d_2 \\ & & & & d_5 & 0 \\ & & & & & d_7 \end{array}\right]
$$

(ohne Querkrafteinfluß)

Mit

$$d_1 = -a^3(\cosh a \sin a + \sinh a \cos a)/(d\, \ell_i^2)$$

$$d_2 = a^2(\sinh a \sin a)/(d\, \ell_i)$$

$$d_3 = a^3(\sinh a + \sin a)/(d\, \ell_i^2)$$

$$d_4 = a^2(\cosh a - \cos a)/(d\, \ell_i)$$

$$d_5 = q \cot p$$

$$d_6 = -q/\sin p$$

$$d_7 = -a(\cosh a \sin a - \sinh a \cos a)/d$$

$$d_8 = -a(\sinh a - \sin a)/d$$

$$a = \ell_i \sqrt[4]{\rho A \omega^2/(EI_y)}$$

$$d = (\cosh a \cos a - 1)\, \ell_i/EI_y$$

$$p = \omega\, \ell_i \sqrt{\rho I_o/(GI_T)}$$

$$q = GI_T\, p/\ell_i$$

$$\ell_i = \sqrt{(x_r - x_\ell)^2 + (y_r - y_\ell)^2}$$

$$c = (x_r - x_\ell)/\ell_i$$

$$s = (y_r - y_\ell)/\ell_i$$

$$\bar{\underline{k}}^i = \left[\begin{array}{ccc|ccc} 12c_1/\ell^2 & 0 & -6c_1/\ell & -12c_1/\ell^2 & 0 & -6c_1/\ell \\ & c_2 & 0 & 0 & -c_2 & 0 \\ & & 4c_1 & 6c_1/\ell & 0 & 2c_1 \\ \hline & & & 12c_1/\ell^2 & 0 & 6c_1/\ell \\ & \text{symmetrisch} & & & c_2 & 0 \\ & & & & & 4c_1 \end{array}\right]$$

$c_1 = EI_y/\ell_i$

$c_2 = GI_T/\ell_i$

$\ell_i = \sqrt{(x_r-x_\ell)^2+(y_r-y_\ell)^2}$

$$\underline{k}^i = \left[\begin{array}{ccc|ccc} 12c_1/\ell^2 & 6c_1s/\ell & -6c_1c/\ell & -12c_1/\ell^2 & 6c_1s/\ell & -6c_1c/\ell \\ & 4c_1s^2+c_2c^2 & (c_2-4c_1)sc & -6c_1s/\ell & 2c_1s^2-c_2c^2 & -(2c_1+c_2)sc \\ & & 4c_1c^2+c_2s^2 & 6c_1c/\ell & -(2c_1+c_2)sc & 2c_1c^2-c_2s^2 \\ \hline & & & 12c_1/\ell^2 & -6c_1s/\ell & 6c_1c/\ell \\ & \text{symmetrisch} & & & 4c_1s^2+c_2c^2 & (c_2-4c_1)sc \\ & & & & & 4c_1c^2+c_2s^2 \end{array}\right]$$

$c_1 = EI_y/\ell_i$

$c_2 = GI_T/\ell_i$

$c = (x_r-x_\ell)/\ell_i$

$s = (y_r-y_\ell)/\ell_i$

$\ell_i = \sqrt{(x_r-x_\ell)^2+(y_r-y_\ell)^2}$

$$\bar{\underline{m}}^i = \frac{\rho A\ell}{420}\left[\begin{array}{ccc|ccc} 156 & 0 & -22\ell & 54 & 0 & 13\ell \\ & 140c_3 & 0 & 0 & 70c_3 & 0 \\ & & 4\ell^2 & -13\ell & 0 & -3\ell^2 \\ \hline & \text{symmetrisch} & & 156 & 0 & 22\ell \\ & & & & 140c_3 & 0 \\ & & & & & 4\ell^2 \end{array}\right] \qquad c_3 = I_o/A$$

$$\underline{m}^i = \frac{\rho A \ell}{420}\left[\begin{array}{ccc|ccc}
156 & 22\ell s & -22\ell c & 54 & -13\ell s & 13\ell c \\
 & 4\ell^2 s^2+140c_3c^2 & (140c_3-4\ell^2)sc & 13\ell s & 70c_3c^2-3\ell^2s^2 & (3\ell^2+70c_3)sc \\
 & & 4\ell^2c^2+140c_3s^2 & -13\ell c & (3\ell^2+70c_3)sc & 70c_3s^2-3\ell^2c^2 \\
\hline
 & & & 156 & -22\ell s & 22\ell c \\
 & \text{symmetrisch} & & & 4\ell^2s^2+140c_3c^2 & (140c_3-4\ell^2)sc \\
 & & & & & 4\ell^2c^2+140c_3s^2
\end{array}\right]$$

$c_3 = I_0/A$; $\ell = \sqrt{(x_r-x_\ell)^2 + (y_r-y_\ell)^2}$; $c = (x_r-x_\ell)/\ell$; $s = (y_r-y_\ell)/\ell$

A4.5 Ebenes Stabelement

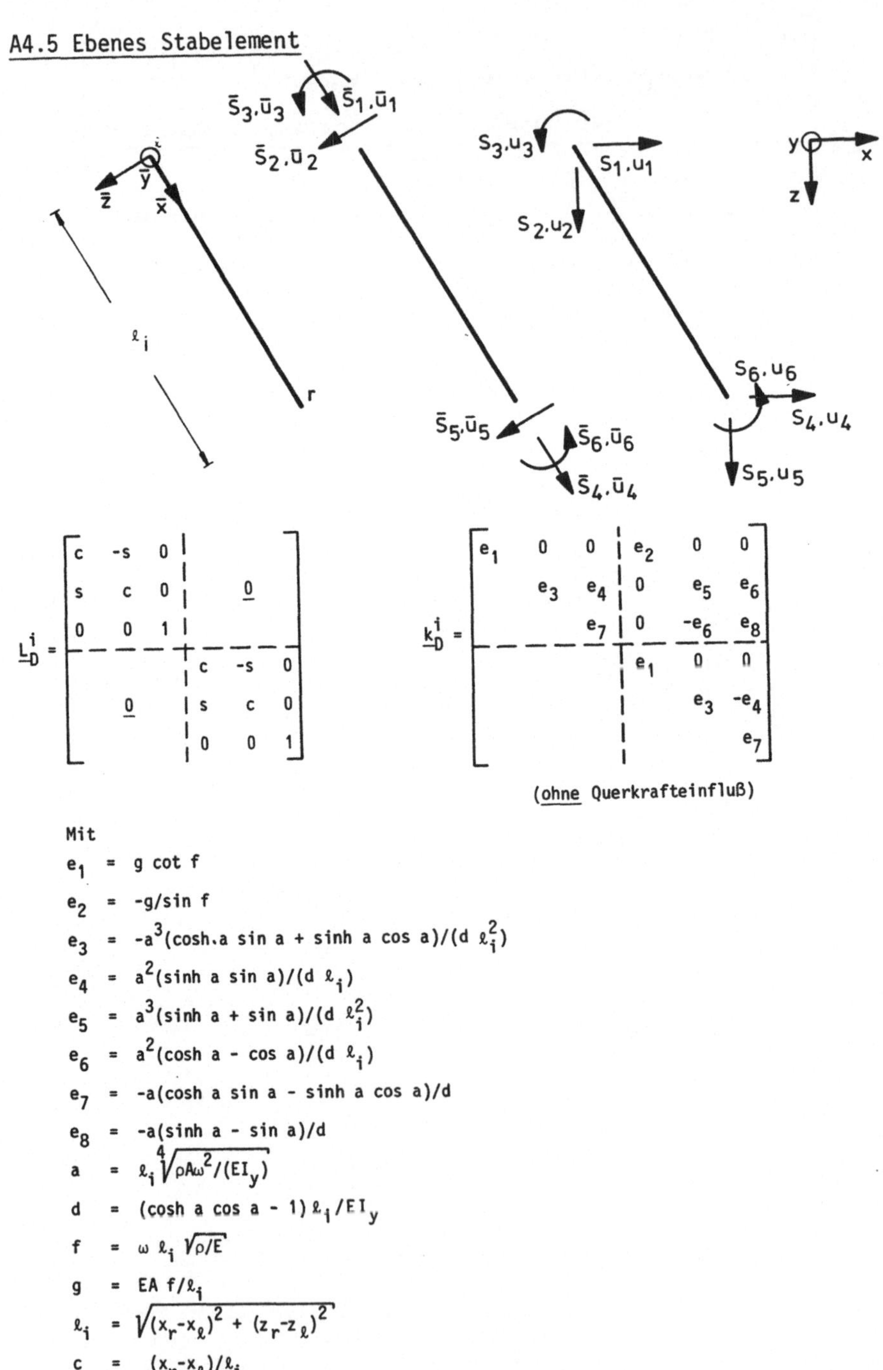

$$\underline{L}_D^i = \left[\begin{array}{ccc|ccc} c & -s & 0 & & & \\ s & c & 0 & & \underline{0} & \\ 0 & 0 & 1 & & & \\ \hline & & & c & -s & 0 \\ & \underline{0} & & s & c & 0 \\ & & & 0 & 0 & 1 \end{array}\right] \qquad \underline{k}_D^i = \left[\begin{array}{ccc|ccc} e_1 & 0 & 0 & e_2 & 0 & 0 \\ & e_3 & e_4 & 0 & e_5 & e_6 \\ & & e_7 & 0 & -e_6 & e_8 \\ \hline & & & e_1 & 0 & 0 \\ & & & & e_3 & -e_4 \\ & & & & & e_7 \end{array}\right]$$

(ohne Querkrafteinfluß)

Mit

$e_1 = g \cot f$

$e_2 = -g/\sin f$

$e_3 = -a^3(\cosh a \sin a + \sinh a \cos a)/(d\, \ell_i^2)$

$e_4 = a^2(\sinh a \sin a)/(d\, \ell_i)$

$e_5 = a^3(\sinh a + \sin a)/(d\, \ell_i^2)$

$e_6 = a^2(\cosh a - \cos a)/(d\, \ell_i)$

$e_7 = -a(\cosh a \sin a - \sinh a \cos a)/d$

$e_8 = -a(\sinh a - \sin a)/d$

$a = \ell_i \sqrt[4]{\rho A \omega^2/(EI_y)}$

$d = (\cosh a \cos a - 1)\, \ell_i / EI_y$

$f = \omega\, \ell_i \sqrt{\rho/E}$

$g = EA\, f/\ell_i$

$\ell_i = \sqrt{(x_r - x_\ell)^2 + (z_r - z_\ell)^2}$

$c = (x_r - x_\ell)/\ell_i$

$s = (z_r - z_\ell)/\ell_i$

$$\underline{\bar{k}}^i = \left[\begin{array}{ccc|ccc} c_2 & 0 & 0 & -c_2 & 0 & 0 \\ & 12c_1/\ell^2 & -6c_1/\ell & 0 & -12c_1/\ell^2 & -6c_1/\ell \\ & & 4c_1 & 0 & 6c_1/\ell & 2c_1 \\ \hline & & & c_1 & 0 & 0 \\ & \text{symmetrisch} & & & 12c_1/\ell^2 & 6c_1/\ell \\ & & & & & 4c_1 \end{array}\right]$$

$c_1 = EI_y/\ell_i$

$c_2 = EA/\ell_i$

$\ell_i = \sqrt{(x_r - x_\ell)^2 + (z_r - z_\ell)^2}$

$$\underline{k}^i = \left[\begin{array}{ccc|ccc} 12c_1 s^2/\ell^2 + c_2 c^2 & (c_2 - 12c_1/\ell^2)sc & 6c_1 s/\ell & -12c_1 s^2/\ell^2 - c_2 c^2 & (12c_1/\ell^2 - c_2)sc & 6c_1 s/\ell \\ & 12c_1 c^2/\ell^2 + c_2 s^2 & -6c_1 c/\ell & (12c_1/\ell^2 - c_2)sc & -12c_1 c^2/\ell^2 - c_2 s^2 & -6c_1 c/\ell \\ & & 4c_1 & -6c_1 s/\ell & 6c_1 c/\ell & 2c_1 \\ \hline & & & 12c_1 s^2/\ell^2 + c_2 c^2 & (c_2 - 12c_1/\ell^2)sc & -6c_1 s/\ell \\ & \text{symmetrisch} & & & 12c_1 c^2/\ell^2 + c_2 s^2 & 6c_1 c/\ell \\ & & & & & 4c_1 \end{array}\right]$$

$c_1 = EI_y/\ell_i$

$c_2 = EA/\ell_i$

$c = (x_r - x_\ell)/\ell_i$

$s = (z_r - z_\ell)/\ell_i$

$\ell_i = \sqrt{(x_r - x_\ell)^2 + (z_r - z_\ell)^2}$

$$\underline{\bar{m}}^i = \frac{\rho A \ell}{420} \left[\begin{array}{ccc|ccc} 140 & 0 & 0 & 70 & 0 & 0 \\ & 156 & -22\ell & 0 & 54 & 13\ell \\ & & 4\ell^2 & 0 & -13\ell & -3\ell^2 \\ \hline & & & 140 & 0 & 0 \\ & \text{symmetrisch} & & & 156 & 22\ell \\ & & & & & 4\ell^2 \end{array}\right]$$

$$\underline{m}^i = \frac{\rho A \ell}{420} \left[\begin{array}{ccc|ccc} 140+16s^2 & -16sc & 22\ell s & 54+16c^2 & 16sc & -13\ell s \\ & 140+16c^2 & -22\ell c & 16sc & 54+16s^2 & 13\ell c \\ & & 4\ell^2 & 13\ell s & -13\ell c & -3\ell^2 \\ \hline & & & 140+16s^2 & -16sc & -22\ell s \\ & \text{symmetrisch} & & & 140+16c^2 & 22\ell c \\ & & & & & 4\ell^2 \end{array} \right]$$

A4.6 Ebenes Stabelement mit Momentengelenk am linken oder rechten Knoten

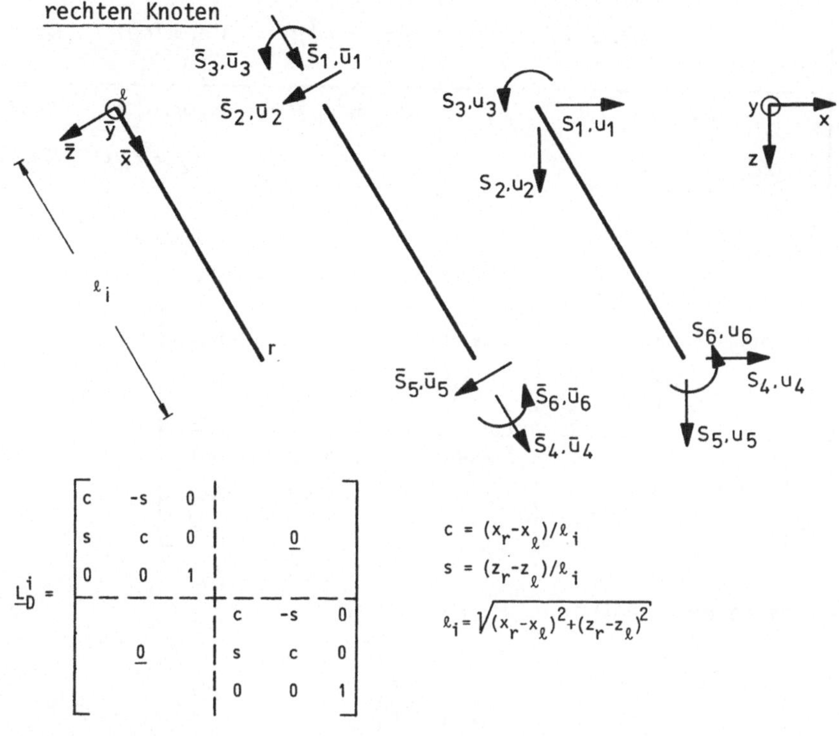

$$\underline{L}_D^i = \left[\begin{array}{ccc|ccc} c & -s & 0 & & & \\ s & c & 0 & & \underline{0} & \\ 0 & 0 & 1 & & & \\ \hline & & & c & -s & 0 \\ & \underline{0} & & s & c & 0 \\ & & & 0 & 0 & 1 \end{array}\right]$$

$$c = (x_r - x_\ell)/\ell_i$$
$$s = (z_r - z_\ell)/\ell_i$$
$$\ell_i = \sqrt{(x_r - x_\ell)^2 + (z_r - z_\ell)^2}$$

Gelenk am linken Knoten

$$\underline{\bar{k}}^i = \left[\begin{array}{ccc|ccc} c_2 & 0 & 0 & -c_2 & 0 & 0 \\ & 3c_1/\ell^2 & 0 & 0 & -3c_1/\ell^2 & -3c_1/\ell \\ & & 0 & 0 & 0 & 0 \\ \hline & & & c_2 & 0 & 0 \\ & \text{symmetrisch} & & & 3c_1/\ell^2 & 3c_1/\ell \\ & & & & & 3c_1 \end{array}\right]$$

$$c_1 = EI_y/\ell_i$$
$$c_2 = EA/\ell_i$$

$$\underline{\bar{m}}^i = \frac{\rho A \ell}{420}\left[\begin{array}{ccc|ccc} 140 & 0 & 0 & 70 & 0 & 0 \\ & 99 & 0 & 0 & 58{,}5 & 16{,}5\ell \\ & & 0 & 0 & 0 & 0 \\ \hline & & & 140 & 0 & 0 \\ & \text{symmetrisch} & & & 204 & 36\ell \\ & & & & & 8\ell^2 \end{array}\right]$$

$$\underline{k}^i = \left[\begin{array}{ccc|ccc} c^2c_2+3s^2c_1/\ell^2 & (c_2-3c_1/\ell^2)sc & 0 & -c^2c_2-3s^2c_1/\ell^2 & -(c_2-3c_1/\ell^2)sc & 3sc_1/\ell \\ & s^2c_2+3c^2c_1/\ell^2 & 0 & -(c_2-3c_1/\ell^2)sc & -s^2c_2-3c^2c_1/\ell^2 & -3cc_1/\ell \\ & & 0 & 0 & 0 & 0 \\ \hline & \text{symmetrisch} & & c^2c_2+3s^2c_1/\ell^2 & (c_2-3c_1/\ell^2)sc & -3sc_1/\ell \\ & & & & s^2c_2+3c^2c_1/\ell^2 & 3cc_1/\ell \\ & & & & & 3c_1 \end{array}\right]$$

$$\underline{m}^i = \frac{\rho A\ell}{420}\left[\begin{array}{ccc|ccc} 99+41c^2 & 41sc & 0 & 58{,}5+11{,}5c^2 & 11{,}5sc & -16{,}5s\ell \\ & 99+41s^2 & 0 & 11{,}5sc & 58{,}5+11{,}5s^2 & 16{,}5c\ell \\ & & 0 & 0 & 0 & 0 \\ \hline & & & 140+64s^2 & -64sc & -36s\ell \\ & \text{symmetrisch} & & & 140+64c^2 & 36c\ell \\ & & & & & 8\ell^2 \end{array}\right]$$

Gelenk am rechten Knoten

$$\bar{\underline{k}}^i = \left[\begin{array}{ccc|ccc} c_2 & 0 & 0 & -c_2 & 0 & 0 \\ & 3c_1/\ell^2 & -3c_1/\ell & 0 & -3c_1/\ell^2 & 0 \\ & & 3c_1 & 0 & 3c_1/\ell & 0 \\ \hline & & & c_2 & 0 & 0 \\ & \text{symmetrisch} & & & 3c_1/\ell^2 & 0 \\ & & & & & 0 \end{array}\right]$$

$$\bar{\underline{m}}^i = \frac{\rho A\ell}{420}\left[\begin{array}{ccc|ccc} 140 & 0 & 0 & 70 & 0 & 0 \\ & 204 & -36\ell & 0 & 58{,}5 & 0 \\ & & 8\ell^2 & 0 & -16{,}5\ell & 0 \\ \hline & & & 140 & 0 & 0 \\ & \text{symmetrisch} & & & 99 & 0 \\ & & & & & 0 \end{array}\right]$$

$$\underline{k}^i = \left[\begin{array}{ccc|ccc} c^2c_2+3s^2c_1/\ell^2 & (c_2-3c_1/\ell^2)sc & 3sc_1/\ell & -c^2c_2-3s^2c_1/\ell^2 & -(c_2-3c_1/\ell^2)sc & 0 \\ & s^2c_2+3c^2c_1/\ell^2 & -3cc_1/\ell & -(c_2-3c_1/\ell^2)sc & -s^2c_2-3c^2c_1/\ell^2 & 0 \\ & & 3c_1 & -3sc_1/\ell & 3cc_1/\ell & 0 \\ \hline & & & c^2c_2+3s^2c_1/\ell^2 & (c_2-3c_1/\ell^2)sc & 0 \\ & \text{symmetrisch} & & & s^2c_2+3c^2c_1/\ell^2 & 0 \\ & & & & & 0 \end{array}\right]$$

$$\underline{m}^i = \frac{\rho A\ell}{420}\left[\begin{array}{ccc|ccc} 140+64s^2 & -64sc & 36s\ell & 58,5+11,5c^2 & 11,5sc & 0 \\ & 140+64c^2 & -36c\ell & 11,5sc & 58,5+11,5s^2 & 0 \\ & & 8\ell^2 & 16,5s\ell & -16,5c\ell & 0 \\ \hline & & & 99+41s^2 & 41sc & 0 \\ & \text{symmetrisch} & & & 99+41c^2 & 0 \\ & & & & & 0 \end{array}\right]$$

Literaturverzeichnis

/1/ Acton, F. S.: Numerical Methods that Work, New York. Harper & Row, 1970.

/2/ Barkhausen, G.: Die Forthbrücke. Z. VDI, 1891, Bd. 35, Nr. 2, S. 35-39.

/3/ Bathe, K.-J.; Wilson, E. L.: Numerical Methods in Finite Element Analysis. Englewood Cliffs, N. J., Prentice-Hall, 1976.

/4/ Battermann, W.; Köhler, R.: Elastomere Federung - Elastische Lagerung. Berlin. W. Ernst & Sohn, 1982

/5/ Biggs, J. M.: Introduction to Structural Dynamics. New York. McGraw-Hill, 1964.

/6/ Bleich, F.: Beitrag zur Dynamik der Brückentragwerke. Der Stahlbau, 9. Jahrgang., Heft 11, 1936. S. 81-84.

/7/ Bronstein, I. N.; Semendjajev, K. A.: Taschenbuch der Mathematik.

/8/ Brückner, K.: Einsturz der Tacoma-Hängebrücke in den Vereinigten Staaten. Z. VDI, Bd. 85, Nr. 15, April 1941, S. 367-368.

/9/ Buchmann, H.: Dampflokomotiven in den USA 1825-1950. Basel. Birkhäuser, 1977.

/10/ Civil Engineering - ASCE, April 1979, S. 53-56.

/11/ Clough, R. W.: Earthquake Response of Structures. Kap. 12 in "Earthquake Engineering", Hrsg.: R. L. Wiegel, Englewood Cliffs, N. J., Prentice-Hall, 1970.

/12/ Clough, R. W.; Penzien, J.: Dynamics and Structures. Tokyo. Kogakusha McGraw-Hill, 1982.

/13/ Courant, R.; Hilbert, D.: Methoden der Mathematischen Physik. 3. Auflage Bd. 1, 2. Auflage Bd. 2. Berlin. Springer, 1968.

/14/ Dilger, W.: Veränderlichkeit der Biege- und Schubfestigkeit bei Stahlbetonwerken und ihr Einfluß auf die Schnittkraftverteilung und Traglast bei statisch unbestimmter Lagerung. DASt, Heft 179. Berlin. W. Ernst & Sohn, 1966.

/15/ DIN 1055: Lastannahmen für Bauten, Teil IV: Windlasten nicht schwingungsanfälliger Bauwerke. Berlin. Beuth, Mai 1977.

/16/ DIN 4149: Bauten in deutschen Erdbebengebieten. Berlin. Beuth, April 1981.

/17/ Drechsel, W.: Turmbauwerke. Wiesbaden. Bauverlag, 1967.

/18/ Gantmacher, F. R.: Matrizenrechnung I. 2. Aufl. Berlin. VEB Deutscher Verlag der Wissenschaften, 1965.

/19/ Garbow, B. S. und andere: Matrix Eigensystem Routines-EISPACK-Guide Extension, Lecture Notes in Computer Sciences 51. Berlin. Springer, 1977.

/20/ Gioli, W.: Simulation und Analyse stochastischer Vorgänge. München. R. Oldenbourg, 1967.

/21/ Goble, G. G.; Rausche, F.; Likins, G.: The Art of Pile Driving. State-of-the-Art Report, Pile Dynamics Symposium, Stockholm. 1981.

/22/ Hartmann, F.: Der Einsturz der Brücke über die Birs bei Mönchenstein. Z. VDI, Bd. 36, Nr. 8, 1892, S. 197-204; Nr. 9, 1892, S. 251-256; Nr. 10, 1892, S. 275-278.

/23/ Hawranek, A.: Theorie und Berechnung der Stahlbrücken. Neu bearb. Auflage. von O. Steinhardt. Göttingen. Springer, 1958.
Theorie und Berechnung der Stahlbrücken. Teil II, Berlin. Deutscher Stahlbauverlag, 1942.

/24/ Hirsch, G.: Kritischer Vergleich von aktiven und passiven Dämpfungssystemen zur Unterdrückung windererregter Schwingungen schlanker Strukturen. Beiträge zur Anwendung der Aeroelastik im Bauwesen, Heft 11, München. 1980.

/25/ Hohenemser, K.; Prager, W.: Dynamik der Stabwerke. Berlin. Springer, 1933.

/26/ Hurty, W. C.; Rubinstein, M. F.: Dynamics of Structures Englewood Cliffs, N. J., Prentice-Hall, 1964.

/27/ Klingmüller, O.: Load Function Modelling for Light Impact and Impulse Loading on Concrete Structures, BAM, Berlin, 1982.

/28/ Klotter, K.: Technische Schwingungslehre, Bd. 1, Teil A: Lineare Schwingungen. 3., neubearb. Aufl., Berlin. Springer, 1981.
Teil B: Nichtlineare Schwingungen. 3. Aufl., Berlin. Springer, 1980.
Bd. 2: Schwinger von mehreren Freiheitsgraden. (Mehrläufige Schwinger). 2. Aufl., Berlin. Springer, 1981.

/29/ Köpcke, C.: Glockenstühle. In: "Handbuch der Architektur", Hrsg.: E. Schmitt, 3. Teil, 3. Aufl., Stuttgart. A. Kroner, 1904.

/30/ Krätzig, W. B.; Metz, H.; Schmid, G.; Weber, B.: MISS-SMIS, Ein Matrizeninterpretationssystem der Strukturmechanik für Praxis, Forschung und Lehre, Mitteilungen aus dem Institut für konstruktiven Ingenieurbau, Nr. 77-5, Ruhr-Universität Bochum. 1977.

/31/ Krings, W.; Waller, H.: Zur Berechnung von Bauwerksschwingungen bei Kernkraftwerken. Der Bauingenieur, Jahrgang 54, 1979, S. 291-298.

/32/ Lehmann, Th.: Elemente der Mechanik, Bd. III: Kinetik, Studienbücher Naturwissenschaft und Technik. Braunschweig. Vieweg, 1979.

/33/ Lehmann, Th.: Elemente der Mechanik, Bd. IV: Schwingungen, Variationsprinzipe. Braunschweig. Vieweg, 1979.

/34/ Leung, A. Y.-T.: An accurate method of dynamic condensation in structural analysis. Int. Journ. for Num. Meth. in Engineering, Vol. 12, 1978, S. 1705-1715.

/35/ Magnus, K.: Schwingungen. 3., durchges. Aufl. Stuttgart. Teubner, 1976.

/36/ Miller, C. A.: Dynamic reduction of structural models. Journal of the structural division of the ASCE, 1980, S. 2097-2108.

/37/ Müller. F. P.; Keintzel, E.: Erdbebensicherung von Hochbauten. Berlin. W. Ernst & Sohn, 1978.

/38/ Muto, K.: Erdbebenbelastung und Auswirkung. In: "Internationaler Hochhausbericht", Hrsg.: IVBH, Wiesbaden. Bauverlag, 1975.

/39/ Neumark, S.: Concepts of Complex Stiffness Applied to Problems of Oscillations with Viscons and Hysteric Damping. Aeronautical Research Council, Reports and Memoranda, Her Majesty's Stationery Office, London. 1962.

/40/ Newmark, N. M.; Rosenbleuth, E.: Fundamentals of Earthquake Engineering. Englewood Cliffs, N. J., Prentice-Hall, 1971.

/41/ Petersen, Chr.: Aerodynamische und seismische Einflüsse auf die Schwingungen insbesondere schlanker Bauwerke. VDI-Fortschrittberichte, Reihe 11, Heft 11. Düsseldorf. VDI-Verlag, 1971.

/42/ Petersen, Chr.: Baupraxis und Aeroelastik, Probleme - Lösungen - Schadensfälle, aus "Aeroelastische Probleme außerhalb der Luft- und Raumfahrt", Mitteilungen des Curt-Risch-Instituts, TU Hannover, 1978.

/43/ Pfaffinger, D. D.: Die Methode der Antwortspektren aus der Sicht der probalistischen Tragwerksdynamik. Institut für Baustatik und Konstruktion, ETH Zürich, Bericht Nr. 90. Basel. Birkhäuser, 1979.

/44/ Postollec, J.-C.: Les fundations antiseismiques de la Centre nucleaire de Crus-Meysse, Travaux, Sept. 1982, S. 75-83.

/45/ Przemieniecki, J. S.: Theory of Matrix Structural Analysis New York. McGraw-Hill, 1968.

/46/ Rausch, E.: Maschinenfundamente und andere dynamisch beanspruchte Konstruktionen. 3. überarb. u. erw. Aufl. Düsseldorf. VDI-Verlag, 1959.

/47/ Reißner, H.: Schwingungsaufgaben aus der Theorie des Fachwerks. Zeitschr. für Bauwesen, 1903, S. 135.

/48/ Schmid, G.; Röhrli, H.: The Analytical Representation of Damping in the Dynamics of Structures, Proc. of the 3rd Testing Symposium, Frascati, Italy, 10. 73, ESRO ST-99, März 1974.

/49/ Schwarz, H. R.: Methode der finiten Elemente. Stuttgart. Teubner, 1980.

/50/ Smith, B. T. e. a.: Matrix Eigensysteme Routines - EISPACK Guide. Lecture Notes in Computer Sciences 6. Berlin. Springer, 1976.

/51/ Stahlbau, Ein Handbuch für Studium und Praxis. Bd. 2, 2. neubearb. Aufl. Hrsg.: Deutscher Stahlbau-Verband, Köln. Stahlbau-Verlag, 1964.

/52/ Stangenberg, F.: Berechnung von Stahlbetonbauteilen für dynamische Beanspruchungen bis zur Tragfähigkeitsgrenze. Konstruktiver-Ingenieurbau-Berichte, Heft 16. Essen. Vulkan, 1973.

/53/ Stürmer, G.: Geschichte der Eisenbahnen. 2 Teile in 1 Bd., Reprograph. Ausg. Bromberg 1872-1876, Hildesheim. Gerstenberg, 1978.

/54/ Tauchert, T. R.: Energy Principles in Structural Mechanics. Tokyo. Kogakusha McGraw-Hill, 1974.

/55/ Timoshenko, S.; Young, D. H.; Weaver, W. jr.: Vibration Problems in Engineering. 4th Ed., New York. J. Wiley & Sons, 1974.

/56/ Waller, H.; Krings, W.: Matrizenmethoden in der Maschinen- und Bauwerksdynamik. Mannheim. Bibliographisches Institut, Wissenschaftsverlag, 1975.

/57/ Werner, E.: Die Eisenbahnbrücke über die Wupper bei Müngsten, 1893-1997. Hrsg. im Auftrag des Kultusministers von NRW und des Landschaftsverbandes, Köln. Rheinlandverlag, 1975.

/58/ Werner, E.: Technisierung des Bauens: Geschichtliche Grundlagen moderner Bautechnik. Düsseldorf. Werner, 1980.

/59/ Yamada, M.: Erdbebensicherheit von Hochbauten. Teil I: Grundideen. Stahlbau 8, 1980, S. 225-231 und Stahlbau 9, 1980, S. 276-281.

/60/ Yamada, M.; Kawamura, H.: Erdbebensicherheit von Hochbauten. Teil II: Stahlhochbauten - Stahlrahmentragwerke. Stahlbau 10, 1980, S. 302-311.

/61/ Zeitschrift des Vereins deutscher Ingenieure, Sitzung des Hannoverschen Bezirksvereins am 22. Feb. 1895, Protokoll: Z. VDI 1895, S. 690

/62/ Zeitschrift des Vereins deutscher Ingenieure, Sitzung des Sächsischen Bezirksvereins am 26. Jan. 1897, Protokoll: Z. VDI 1897, S. 291-294.

/63/ Zeitschrift des Vereins deutscher Ingenieure, Rundschau Z 1907, S. 1643 und Z 1908, S. 519.

/64/ Zimmermann, H.: Die Schwingungen eines Trägers mit bewegter Last. Berlin. W. Ernst & Sohn, 1896.

/65/ Zschetzsche, A.: Berechnung dynamisch beanspruchter Tragkonstruktionen. Z. VDI 1894, Bd. 38, Nr. 5, S. 134-140.

/66/ Zurmühl, R.: Matrizen und ihre technischen Anwendungen. 4. neubearb. Aufl., Berlin. Springer, 1964.

/67/ Zurmühl, R.: Praktische Mathematik für Ingenieure und Physiker. 5. neubearb. Aufl., Berlin. Springer, 1965.

/68/ Zweigle: Einsturz der Brücke in Praunheim. Z. VDI, Bd. 37, Nr. 15, 1893, S. 426-428.

Sach- und Namensregister